Sabine Winkler
Petra Durst-Benning
Carola Kusch

Hunde

erziehen und beschäftigen

KOSMOS

INHALT

Grundlagen für die Erziehung ▶ 8

- 10 ▶ Ohne Erziehung geht es nicht
- 11 ▶ Wie Hunde lernen
- 13 ▶ Warum Hunde lernen
- 15 ▶ Richtig belohnen
- 20 ▶ Unerwünschtes Verhalten
- 26 ▶ Kommandos beibringen
- 27 ▶ Tipps fürs Lernen

Voraussetzungen fürs Miteinander ▶ 29

- 30 ▶ Gute Sozialisation
- 32 ▶ Dominanz
- 36 ▶ Vertrauen
- 38 ▶ Bindung
- 39 ▶ Artgerechte Beschäftigung
- 41 ▶ Ausstattung

Grunderziehung leicht gemacht ▶ 46

- 48 ▶ »Nein«
- 50 ▶ »Brav«
- 50 ▶ Stubenreinheit
- 54 ▶ Gutes Benehmen im Haus
- 55 ▶ Menschen begrüßen
- 55 ▶ Hundebegegnungen
- 56 ▶ Nicht an der Leine ziehen
- 58 ▶ Beißhemmung
- 59 ▶ »Aus«
- 62 ▶ Handling-Übungen
- 64 ▶ »Warte«
- 65 ▶ Allein bleiben
- 67 ▶ Auto fahren
- 68 ▶ Nicht hetzen

Ausbilden – so geht's ▶ 69

- 70 ▶ Das Prinzip
- 72 ▶ Übungseinheiten planen
- 73 ▶ Teilschritte
- 73 ▶ Brückensignale
- 74 ▶ »Fein«
- 75 ▶ »Falsch«
- 75 ▶ Das Ausbildungsprogramm (Herkommen, »Sitz«, »Platz«, »Bleib«, »Bei Fuß«)
- 93 ▶ Belohnungen abbauen

Beschäftigung mit dem Hund ▶ 94

- 96 ▶ Spazieren gehen
- 97 ▶ Fahrrad fahren
- 99 ▶ Spielen
- 100 ▶ »Nasenarbeit«
- 102 ▶ Tricks
- 103 ▶ Organisierter Hundesport
- 106 ▶ Die richtige Hundeschule

Probleme lösen ▶ 107

- 109 ▶ Hartnäckiges Leineziehen
- 112 ▶ Hartnäckiges Anspringen
- 113 ▶ Weglaufen und Rückrufprobleme
- 114 ▶ Hetzen
- 115 ▶ Übermäßiges Bellen
- 115 ▶ Aggressives Verhalten
- 119 ▶ Angstprobleme

Spielen nach Lust und Laune ▶ 122

Die meisten Hunde spielen für ihr Leben gern und ein Leben lang. Und das am liebsten mit ihren Menschen. Hier erfahren Sie, warum Spiele so wertvoll für das Hundeglück sind und wie sie die Mensch-Hund-Beziehung vertiefen.

Spielen macht fit ▶ 129

Für Hunde ist Spielen wichtig, denn sie lernen dabei fürs Leben. Im Spiel erkunden sie ihre Umwelt, treffen andere Hunde und lernen Hundebenehmen. Und: Spielen hält fit, fordert den Geist und macht allen Beteiligten Spaß.

Erziehung erleichtert das Spiel ▶ 136

Die sichere Beherrschung von »Komm«, »Sitz« und »Platz« erleichtert nicht nur das tägliche Miteinander, sie ist auch bei den meisten Spielen hilfreich. Hier können Sie schnell die wichtigsten Erziehungs-Elemente auffrischen.

Kinder und Hunde – ein Kinderspiel ▶ 153

Hund und Kind werden zum Dream-Team und spielen ganz wunderbar miteinander, wenn man ein paar Dinge beachtet. Hier finden Sie Tipps für kleine und größere Spielpartner.

Spielregeln und Spielzeug ▶ 159

Zu jedem Spiel gehören ein paar Spielregeln, damit das Fair Play nicht zu kurz kommt. Wie man Spiele Schritt für Schritt aufbaut und welche Spielsachen bei Hunden besonders beliebt sind, das steht in diesem Kapitel.

Spiele für Haus und Garten ▶178

- 178 ▶ Spiele-Spaß im Haus
- 179 ▶ Salvatores Hütchenspiel
- 180 ▶ Das Stöberhund-Spiel
- 181 ▶ Das Sockenspiel
- 182 ▶ Das Um-die-Wette-Zieh-Spiel
- 184 ▶ Der Mutsprung
- 184 ▶ Das-Bisschen-Haushalt-Spiel
- 185 ▶ Das Wühlmausspiel
- 186 ▶ Das Geschicklichkeitsspiel
- 187 ▶ Das Namen-Spiel
- 188 ▶ Das Wo-ist-der-Lachsack-Spiel
- 188 ▶ Das Räum-dein-Spielzeug-auf-Spiel
- 189 ▶ Das Hat-der-Hund-Hunger?-Spiel
- 190 ▶ Das Sag-Hallo-Spiel
- 191 ▶ Das Gassi-Ritual
- 191 ▶ Das King-Kong-Spiel
- 192 ▶ Das Zeitungsträger-Spiel
- 193 ▶ Das Recycling-Spiel
- 194 ▶ Knack die Nuss
- 195 ▶ Das Zirkus-Spiel
- 195 ▶ Das Zimmerservice-Spiel
- 196 ▶ Das Käsewürfel-Spiel
- 196 ▶ Das Wie-spricht-der-Hund-Spiel
- 197 ▶ Das Wundertüten-Spiel
- 198 ▶ Das Hatschi!-Spiel
- 199 ▶ Das Fang-das-Leckerli-Spiel
- 200 ▶ Das Hundskaputt!-Spiel
- 200 ▶ Das Flaschenspiel
- 201 ▶ Das Gesellschafter-Spiel
- 201 ▶ Das Fotomodell-Spiel
- 202 ▶ Die Spielzeug-Tauschbörse
- 203 ▶ »Peng!«
- 203 ▶ »Schäm dich!«
- 204 ▶ Hotelportier Dobi

Erklärung der Symbole

Anhand der Symbole können Sie blitzschnell erkennen, ob das jeweilige Spiel leicht ist oder etwas anspuchsvoller, für Sportliche oder Gemütliche, Kinder oder Erwachsene geeignet oder ob es der Hund alleine spielen kann.

✓ leicht zu lernen

✱ ein wenig anspruchsvoller

🐾 setzt etwas Sportlichkeit bei Hund und/oder Mensch voraus

🐶 macht Kindern besonders viel Spaß

🐕 das kann ein Hund auch gut alleine spielen

INHALT 7

Spiele für unterwegs ▶ 205

206 ▶ Raus aus dem Haus	222 ▶ Eine Nacht unter freiem Himmel
206 ▶ Der Abenteuer-Spaziergang	
207 ▶ Der Weitwurf-Apport	222 ▶ Wie ein Fisch an der Angel
208 ▶ Der Stadtspaziergang	223 ▶ Eine Nachtwanderung machen
209 ▶ Gemeinsam Fahrrad fahren	
211 ▶ Spring mir in die Arme, Kleiner!	224 ▶ Frisbee spielen
212 ▶ Dogging statt Jogging	224 ▶ Eins-zwei-drei-Verstecken!
212 ▶ Auf der richtigen Fährte sein	225 ▶ Der Memory-Spaziergang
214 ▶ Durch einen Reifen springen	226 ▶ Helfer im Obstgarten
214 ▶ Fußball, Fußball über alles	226 ▶ Kletterübungen
215 ▶ Auf-die-Plätze-fertig-los!	227 ▶ Slalom laufen
215 ▶ »Deine Spuren im Sand«	227 ▶ Alpin-Wanderungen mit Hund
216 ▶ Mit dem Hund schwimmen gehen	
	228 ▶ Skijöring mit dem Hund
217 ▶ Hunde-Planschbecken	228 ▶ Mit dem Hund Skilanglaufen
218 ▶ Sich auf dem Fahrrad ziehen lassen	
	229 ▶ Den Hund vor den Schlitten spannen
219 ▶ Den Hund vor ein Wägelchen spannen	
	230 ▶ Slalom durch die Beine
220 ▶ Hindernis-Parcours Marke Eigenbau	231 ▶ Wie ein Bumerang
	232 ▶ Skaten mit dem Hund
221 ▶ Mit Packtaschen wandern	

Service ▶ 234

235 ▶ Zum Weiterlesen	239 ▶ Bildnachweis
236 ▶ Nützliche Adressen	240 ▶ Impressum
237 ▶ Register	241 ▶ InfoLine

Grundlagen für die Erziehung

Grundlagen für die Erziehung

10 ▸ Ohne Erziehung geht es nicht	20 ▸ Unerwünschtes Verhalten
11 ▸ Wie Hunde lernen	26 ▸ Kommandos beibringen
13 ▸ Warum Hunde lernen	27 ▸ Tipps fürs Lernen
15 ▸ Richtig belohnen	

▸ Ohne Erziehung geht es nicht

Von einem Hund erwartet man heutzutage sehr viel. Als hochsoziales Rudeltier soll er einerseits problemlos den halben Tag allein bleiben, uns andererseits trotz seines äußerst feinen Gehörs und Geruchssinns ungerührt durch den Straßenverkehr begleiten. Mit den vielen fremden Hunden und Menschen, denen er begegnet, soll er auf Anhieb gut auskommen, denn schon das geringste Knurren oder Schnappen stempelt ihn in der Öffentlichkeit zur gemeingefährlichen Bestie. Selbstverständlich soll ein Hund in jeder Situation gehorsam sein. Und jagt er, der geborene Hetzjäger, einmal Wild, gilt das als schwer wiegendes Fehlverhalten.

Es spricht für die beachtliche Anpassungsfähigkeit der Hunde, dass sie tatsächlich lernen können, diese Anforderungen im Großen und Ganzen zu erfüllen. Jedoch bedarf ein Hund unserer Anleitung, um sich in unserer menschlichen Welt zurechtzufinden. Damit Sie sich Ihrem Hund verständlich machen können, müssen Sie als Hundehalter nachvollziehen können, wie Hunde »denken« und lernen und in welcher Gefühlswelt sie leben. Dieses Einfühlen in die andersartige Welt eines fremden Lebewesens ist immer wieder eine spannende Aufgabe. Es wäre schade, wenn es für Sie nicht mehr als eine lästige Pflicht wäre. Immerhin hätten Sie ja auch ein Heimtier wählen können, bei dem eine Erziehung und Ausbildung nicht nötig ist …

> **▸ Tipp**
>
> Ein Hund ist sein ganzes Leben lang lernfähig und passt sich immer neu den wechselnden Gegebenheiten an. Benehmen und Gehorsam Ihres Hundes werden daher im Laufe der Zeit entweder besser oder schlechter, je nachdem, was Sie dazu tun oder unterlassen.

Sie brauchen übrigens nicht zu befürchten, dass Sie Ihrem Hund durch eine konsequente Erziehung etwas von seiner Lebensfreude nehmen oder dass Gehorsamsübungen auf eine Art Kasernenhofdrill hinauslaufen. Im Gegenteil, Ihr Hund fühlt sich nur dann wirklich wohl und geborgen, wenn er in einem geordneten »Rudelverband« leben kann, der von einem freundlichen, fähigen Anführer (das sind Sie!) geleitet wird. Außerdem hat sich in der Hundeausbildung gerade in den letzten Jahren einiges getan, und gewaltfreie Methoden finden erfreulicherweise immer mehr Verbreitung. Um eine solche artgerechte und zeitgemäße Hundeerziehung soll es in diesem Buch gehen.

► Wie Hunde lernen

EIN KRASSER EGOIST ► Wie er da so vor Ihnen sitzt und Sie treu anschaut, kann man es kaum glauben, aber dennoch: Alle Hunde, auch niedliche kleine Welpen, sind krasse Egoisten! Das Märchen von dem berühmten »will to please« (engl. der Wunsch, seinem Herrn gefällig zu sein) können Sie also zusammen mit dem Märchen vom »schlechten Gewissen« gleich wieder vergessen. Ihrem Hund ist es leider herzlich egal, ob Sie von ihm enttäuscht sind oder sich blamiert fühlen, wenn er nicht gehorcht. Er weiß auch nicht, dass es »undankbar« ist, wenn er sich schlecht benimmt, obwohl Sie ihn doch so lieben oder gar aus dem Tierheim gerettet haben.

Ein Hund hat wahrscheinlich nicht einmal einen Begriff von »erlaubt« und »verboten«, geschweige denn von »gut« und »böse«. Er unterscheidet grundsätzlich nur zwischen »ungefährlich« (»angenehm«) und »gefährlich« (»unangenehm«). Ihr Hund klaut den Kuchen nicht etwa deshalb heimlich und verstohlen vom Tisch, »weil er genau weiß, dass er das nicht darf«, sondern weil er gelernt hat, dass es in Abwesenheit von Menschen ungefährlich (= angenehm), im Beisein von Menschen aber gefährlich (= unangenehm) für ihn ist. Nehmen Sie ihm diese Eigenart bitte nicht übel. Sicher liebt er Sie auf seine Weise trotzdem, nur ist es ihm eben nicht gegeben, sich in ein anderes Lebewesen (gar in einen Menschen) hineinzuversetzen. Er kann sein eigenes Verhalten nicht davon abhängig machen, was für Gefühle es in Ihnen auslöst, sondern nur davon, was für unmittelbare Vor- oder Nachteile es für ihn selbst hat. Falls diese Vorstellung Sie ernüchtert, hier die gute Nachricht: Ihr Hund tut zwar nichts, um Ihnen zu gefallen, aber auch nichts, um Sie zu ärgern oder sich an Ihnen zu rächen.

VERKNÜPFEN UND AUSPROBIEREN
► Allen Kommissar-Rex- und Lassie-Filmen zum Trotz: Hunde haben es nicht so sehr mit Nachdenken und logischem Kombinieren. Offen gestanden können sie es überhaupt nicht! Hunde lernen hauptsächlich auf zweierlei Weise: Erstens verknüpfen sie Dinge miteinander, die oft genug gleichzeitig oder genauer gesagt ganz kurz hintereinander passieren. (Der Fachbegriff für diese Art des Lernens ist »klassische Konditionierung«.) Z.B. bellt Ihr

Zwei, die sich verstehen

Hund – nennen wir ihn der Einfachheit halber einmal »Charly« – vielleicht, sobald die Türglocke ertönt, weil das Klingeln normalerweise Besuch ankündigt. Und wenn Sie in die Jackentasche fassen, freut er sich, weil er diese Geste nach einigen Wiederholungen mit dem Auftauchen eines Leckerchens verknüpft hat.

Durch Verknüpfung lernt Charly auch, auf Hör- oder Sichtzeichen (»Kommandos«) zu reagieren und die Bedeutung bestimmter Gesten, Worte oder Situationen zu verstehen. Verknüpfungen können wieder schwächer werden, wenn sie lange Zeit nicht aufgefrischt werden: Wenn Sie die Türglocke 100-mal betätigen, ohne dass jemand kommt, wird Charly höchstwahrscheinlich kaum noch darauf reagieren.

Die zweite wichtige Lernform der Hunde ist die Methode Versuch und Irrtum oder, treffender ausgedrückt, Versuch und Erfolg (die so genannte »operante Konditionierung«). Hat der Hund ein Problem, probiert er verschiedene Verhaltensweisen aus. Um durch eine geschlossene Tür zu kommen, versucht es Charly z.B. mit Bellen, Hochspringen, Kratzen, Stillsitzen, Im-Kreis-Laufen usw. Verhaltensweisen, die sich als nutzlos erweisen, »sterben« mit der Zeit aus, d.h., sie werden in der betreffenden Situation schließlich gar nicht mehr gezeigt. Was aber zum Erfolg führt, merkt sich der Hund, um es künftig in ähnlichen Situationen wieder anzuwenden. Nun liegt es an Ihnen, diesen Lernprozess in die richtigen Bahnen zu lenken. Was für ein Verhalten wünschen Sie sich von Charly, wenn Sie ihn hinter einer geschlossenen Tür zurücklassen? Bellen, Kratzen und Winseln? Dann brauchen Sie nur einige Male die Tür zu öffnen, während Charly dahinter tobt. Wenn er damit auch nur wenige Male erfolgreich war, wird er es wieder und wieder probieren. Soll er stattdessen aber lernen, ruhig zu warten, dürfen Sie die Tür nur dann öffnen, wenn es dahinter still ist.

Zwei weitere Lernformen des Hundes haben ebenfalls praktische Bedeutung im Umgang mit dem Hund: Gewöhnung und Sensibilisierung (= empfindlicher werden). Man gewöhnt sich an einen bestimmten Geruch, Lärmpegel usw., wenn man ihm oft oder lange ausgesetzt ist, d.h., man reagiert kaum noch darauf. Charly geht es ebenso, wenn Sie ihn ans Halsband oder ans Autofahren gewöhnen. Eine Gewöhnung kann aber auch gegenüber dauerndem Schimpfen oder Leinenrucken eintreten!

Statt sich an eine bestimmte Wahrnehmung zu gewöhnen, kann man ihr gegenüber aber auch empfindlicher werden, d.h., man reagiert immer stärker darauf (auf Schnarchen z.B.!). Hunde entwickeln auf diesem Wege manchmal starke Ängste: Ein geräuschempfindlicher Hund kann sich in der Nähe eines Schießstandes entweder an das Knallen gewöhnen oder immer ängstlicher werden und dann in wenigen Minuten eine ausgewachsene Schussangst entwickeln.

TIMING IST ALLES ▸ Die Wahl des richtigen Zeitpunkts (»Timing«) ist bei der ganzen Hundeerziehung das Wichtigste. Lernen durch Verknüpfung oder Ausprobieren funktioniert nämlich nur, wenn ein enger zeitlicher Zusammenhang zwischen den Ereignissen besteht. Ihr Hund kann zwei Ereignisse nur dann miteinander verknüpfen, wenn sie ganz kurz aufeinander folgen, am besten mit einem Abstand von nicht mehr als einer (!), allerhöchstens zwei Sekunden. Ebenso erkennt er etwas nur dann als Folge seines eigenen Handelns, wenn es ganz unmittelbar, innerhalb von ein bis zwei Sekunden, darauf folgt. In der Praxis bedeutet dies, dass die Wirkung Ihrer Erziehungsmaßnahmen vor allem davon abhängt, ob Sie schnell genug sind. Sie kommen in die Küche, wo Charly mit den Vorderpfoten auf der Anrichte steht und am Kuchen knabbert. Beim Geräusch Ihrer Schritte springt er wieder herunter und läuft auf Sie zu. Inzwischen haben Sie Ihre Sprache wiedergefunden und schimpfen ihn tüchtig aus. Was haben Sie nun bestraft? Dass er auf Sie zukommt! Charly wird höchstwahrscheinlich weiterhin Kuchen klauen, aber Ihnen ausweichen oder ein »schlechtes Gewissen« zeigen, wenn Sie hinzukommen. Oder Sie üben mit Charly »Platz-Bleib«. Da er brav liegen geblieben ist, gehen Sie zu ihm zurück, lassen ihn »Sitz« machen und geben ihm ein Leckerchen. Was belohnen Sie damit? Richtig! Nicht das Liegenbleiben, sondern das Aufsetzen.

▸ **Warum Hunde lernen**
Lernen und Handeln braucht immer einen Antrieb. Diesen Antrieb nennt man »Motivation« (Beweggrund zum Handeln). Die Klage mancher Hundebesitzer: »Er gehorcht nur, wenn er will!«, ist daher genau betrachtet etwas seltsam: Jeder Hund, auch der bravste, gehorcht nur dann, wenn er selbst es will, wenn er also genügend motiviert ist. Die Kunst besteht immer darin, ihn dazu zu bringen, dass er will.

Bei der Ausbildung sind Strafe und Zwang fehl am Platz.

Grundsätzlich gibt es dafür zwei Möglichkeiten: »Zuckerbrot und Peitsche«, also die Aussicht auf Belohnung und die Angst vor Strafe. Eine Belohnung (= Verstärkung) ist alles, was bewirkt, dass der Hund in Zukunft die belohnte Verhaltensweise häufiger ausführt als bisher. Eine Strafe hingegen hat zur Folge, dass der Hund die bestrafte Handlung in Zukunft seltener oder gar nicht mehr ausführt. Diese Erklärung mag auf den ersten Blick überflüssig erscheinen, aber sie macht klar, dass Belohnung und Strafe kein Selbstzweck sind. Einen Hund bestraft oder belohnt man nicht, weil er es »verdient« hat, sondern um sein Verhalten zu ändern. Führt z.B. eine als Strafe gedachte Maßnahme nicht zu einer Verhaltensänderung, ist sie nichts weiter als Tierquälerei.

Auch dieser Welpe hat kein schlechtes Gewissen. Er ist nur verunsichert.

So entsteht das »schlechte Gewissen«

Kevin ist allein zu Haus, er ist einsam und langweilt sich. Er knabbert an der Tapete und fühlt sich gleich besser, denn kauen beruhigt, und die Tapete abzureißen, ist eine interessante Beschäftigung. Zufrieden macht Kevin neben der demolierten Wand ein kleines Nickerchen. Eine halbe Stunde später kommen Sie nach Hause, entdecken die zerstörte Tapete, zerren Kevin hin und schimpfen ihn tüchtig aus.

Am nächsten Tag hat Kevin morgens ausgiebig mit Nachbars Tessa gespielt. Er macht nichts kaputt, sondern schläft die ganze Zeit. Als Sie nach Hause kommen, werfen Sie einen misstrauischen Blick ins Wohnzimmer – aber alles ist in Ordnung. Sie loben Kevin, weil er so brav war. Aber am folgenden Tag war er doch wieder an der Tapete! Wutentbrannt schütteln Sie ihn am Nackenfell. Kevin ist sehr bestürzt und unterwürfig, er wird seine Lektion nun wohl begriffen haben. Und tatsächlich: Am nächsten Tag verkriecht Kevin sich ängstlich hinterm Sofa, sobald Sie zur Tür hereinkommen und noch ehe Sie bemerkt haben, dass wieder ein Stück Tapete fehlt. Vermutlich sind Sie nun endgültig überzeugt davon, dass Kevin sich an Ihnen rächen will, weil Sie ihn so oft allein lassen müssen.

Aus Kevins Sicht sieht die Sache allerdings etwas anders aus, und zwar folgendermaßen:
- allein Tapete abreißen = angenehm
- allein mit heiler Tapete = neutral
- allein mit angefressener Tapete = neutral
- Sie + heile Tapete = neutral
- Sie + angefressene Tapete = unangenehm

Fazit: Kevin lernt durch Verknüpfung, dass Tapete abreißen Spaß macht und dass Sie aus unerfindlichen Gründen jähzornig werden, wenn Sie mit einer angefressenen Tapete zusammentreffen. Folgerichtig versucht er in solchen Situationen vorbeugend, Sie, den übermächtigen und unberechenbaren Rudelführer, durch Unterwürfigkeit freundlich zu stimmen. Dass Sie gar nicht erst zornig geworden wären, wenn er einige Stunden zuvor auf das Tapetenknabbern verzichtet hätte, kann er beim besten Willen nicht begreifen.

Motivation ist außerdem etwas sehr Individuelles. Für Charly ist ein Stückchen Knäckebrot eine Belohnung, für seine Schwester Candy aber nicht. Und selbst Charly ist durch die Hoffnung auf ein Knäckebrot nicht mehr so stark motiviert, wenn er gerade satt ist.

Leider denken die meisten Menschen im Zusammenhang mit Hundeerziehung immer noch zuerst an Strafe: »Tu, was ich will, sonst ...«. Dabei ist positive Verstärkung der Strafe in ihrer Wirkung in den meisten Fällen weit überlegen. Kein Wunder, führt doch die Aussicht auf eine Belohnung dazu, dass der Hund sich voll einsetzt und mit Eifer und Freude dabei ist. Strafe kann einem Hund zwar ggf. auch »Beine machen«, hat jedoch auch allerlei unerwünschte Nebenwirkungen wie z.B. übertriebene Unterwürfigkeit, Lustlosigkeit oder »Sturheit«, ja, schlimmstenfalls sogar Angst und Meideverhalten.

Unser Ziel ist daher, auf Strafe so weit wie möglich zu verzichten. Konzentrieren Sie sich vor allem darauf, erwünschtes Verhalten Ihres Hundes zu fördern und zu belohnen, statt unerwünschtes zu bestrafen. Sie werden überrascht sein, wie weit Sie damit kommen. Wenn es darum geht, dass der Hund lernt, etwas aktiv zu tun (Ausbildung, z.B. auf »Komm« und »Platz« reagieren), sind Strafe und Zwang sowieso fehl am Platz. Wo das Ziel aber ist, dass der Hund etwas unterlässt (Erziehung, z.B. nicht jagen, nicht klauen, nichts anfressen), ist es nicht immer möglich oder sinnvoll, völlig auf Strafe zu verzichten. Daher müssen Sie als Hundehalter auch wissen, wie man Strafe richtig einsetzt und wann sie angebracht ist.

▶ **Richtig belohnen**

Eine Belohnung muss Ihrem Hund gefallen, nicht Ihnen. Und er muss die Belohnung nicht nur mögen, sondern auch bereit sein, dafür zu »arbeiten«. Wenn Ihr Hund sich gern streicheln lässt, heißt das nämlich noch lange nicht, dass er sich auch aus dem Spiel mit einem anderen Hund abrufen lässt, wenn ein kurzes Tätscheln alles ist, was er dafür erwarten darf. Zwar gibt es Hunde, denen freundliche Worte und streicheln Belohnung genug sind, aber nur allzu oft handelt es sich dabei um Tiere, die mit Zwang und Einschüchterung ausgebildet werden. Unter diesen Umständen ist das Tätscheln ein Sicherheitssignal, über das der Hund sich vor allem deswegen »freut«, weil es bedeutet, dass er im Moment keine Strafe zu befürchten hat.

Für die meisten Hunde erfüllen Futter oder Spiel die oben genannten Bedingungen am besten. Was ist nun als Belohnung vorzuziehen, Spiel oder Leckerchen? Fragen Sie vor allem Ihren Hund! Spielzeug bzw. spielen ist sparsam im Verbrauch. Ein Spielzeug hält relativ lange, doch man muss es vom Hund auch schnell und problemlos wiederbekommen können, damit das Training weitergehen kann. Das zu erreichen, ist manchmal nicht ganz leicht. Spiel muss man steuern, damit der Hund dabei nicht allzu wild wird. Aber es muss auch immer interessant bleiben und erfordert eine gewisse Fitness vom Hundeführer.

Leckerchen dagegen verschluckt der Hund, sodass das Problem mit dem Ausgeben wegfällt. Dafür muss man immer wieder neue Leckerchen bereitstellen und ein wenig darauf achten, dass der Hund nicht zu dick wird. Für

Belohnung oder Bestechung?

Merkwürdigerweise denken viele Hundehalter bei Leckerchen, anders als bei Spielbelohnung, sofort an Bestechung. Häufige Argumente gegen das Training mit Futter:

▸ »Der Hund gehorcht nur, wenn ich ein Leckerchen in der Hand habe.«

Falls man zu Beginn der Ausbildung Leckerchen als Lockmittel verwendet (z.B. indem man dem Hund eines zeigt, damit er herankommt), muss man das im weiteren Verlauf der Ausbildung natürlich wieder abbauen, sonst bleibt es bei unbefriedigenden Halbheiten.

▸ »Ich kann doch nicht ewig mit Fleischwurst in der Tasche herumlaufen!«

Sollen Sie auch gar nicht! Am Anfang des Trainings ist es tatsächlich wichtig, dass der Hund für jede richtige Reaktion ein Leckerchen bekommt. Aber später würde sein Gehorsam sogar wieder schlechter, wenn man ihn weiterhin für jede Kleinigkeit belohnt.

▸ »Wenn ich Leckerchen dabeihabe, bettelt mein Hund nur noch und ist völlig abgelenkt!«

Freuen Sie sich, Sie haben einen leicht zu motivierenden Hund! Sobald er erst einmal begriffen hat, dass er die Leckerchen nicht fürs Hochspringen und Betteln bekommt, sondern nur für richtige Reaktionen auf Ihre Kommandos, wird er ebenso eifrig gehorchen, wie er zu Anfang gebettelt hat. Sie müssen nur konsequent sein und anfangs ein wenig Geduld mit ihm haben.

den Besitzer ist Futterbelohnung in der Regel einfacher zu handhaben als Spielbelohnung. Auch ist es meist leichter, einen weniger verfressenen Hund doch noch dazu zu bringen, dass er Gefallen an Leckerchen findet, als einen spielunlustigen Hund zum Spielen zu bewegen. Aus diesen Gründen ist Futter für Anfänger in der Hundehaltung meist besser geeignet. Schön ist es natürlich, wenn man beides nutzen kann.

FUTTERBELOHNUNG ▸ Leckerchen sollten möglichst klein sein, damit Sie in einer Trainingseinheit 20-30 davon verfüttern können, ohne dass Ihr Hund satt wird. Er soll auch nicht lange mit Kauen beschäftigt sein und keine Krümel hinterlassen. Geeignet sind z.B. handelsübliche Leckerchen oder Hundekuchen, sofern sie klein genug sind.

▸ Tipp

Leckerchen sind eine wertvolle Handelsware, für die Sie Gehorsam Ihres Hundes eintauschen können. Stecken Sie sie ihm nicht wahllos zu, sondern nur, wenn er etwas dafür getan hat!

Welpenfutter und Katzentrockenfutter mögen die meisten Hunde besonders gern. Für besondere Zwecke sind vorübergehend auch einmal Käse- oder Fleischwurstwürfelchen angeraten. Am besten mischen Sie mehrere Sorten, damit es abwechslungsreich bleibt. Wenn Sie Ihren Hund besonders motivieren müssen, halten Sie ihn vorher mit Futter knapp, damit er zur Trainingszeit hungrig ist. Sie müssen die Belohnungen sowieso von seiner üblichen Futterration abziehen. Bringen Sie die Leckerchen griffbereit unter (Gürteltasche o.ä.), damit Sie nicht lange danach fummeln müssen, wenn Sie sie brauchen.

SPIELBELOHNUNG ▸ Spiel zur Belohnung sollte überwiegend dicht bei Ihnen und mit Ihnen zusammen stattfinden. Ihr Hund soll sich nicht fernab von Ihnen allein mit einem geworfenen Ball amüsieren, sondern mit Ihnen zusammen Spaß haben. Dazu sind besonders Spielzeuge geeignet, die eine Schnur haben und zum Tauziehen einladen. Das Spielzeug müssen Sie (auch wenn es dreckig und angeschlabbert ist) an Ihrem Körper verstauen können, sodass Ihr Hund es nicht mehr sieht und Sie es doch schnell wieder herausziehen können, wenn Sie es brauchen. Spiel zur Belohnung dauert nur kurz, 10 Sekunden sind genug. Falls Ihr Hund kein unermüdlicher Spieler ist, reduzieren Sie ggf. vorübergehend das Spiel außerhalb der Trainingseinheiten drastisch, damit er nicht schon vor dem Training »satt gespielt« ist.

> ▸ **Tipp**
>
> Das Lieblingsspielzeug Ihres Hundes wird zum Arbeitsspielzeug erklärt und nur für die Trainingseinheiten aus dem Schrank geholt. Es bleibt dadurch attraktiv und gleichzeitig stellen Sie klar, dass Sie über das Spielzeug verfügen: Wenn er es haben will, muss er etwas dafür tun.

BELOHNUNGEN UND LOCKMITTEL ABBAUEN ▸ Während ein Hund etwas Neues lernt, ist es sehr wichtig, ihn für jede richtige Ausführung zu belohnen, denn die Belohnung übermittelt in diesem Stadium auch die Information: »Richtig gemacht!« Außerdem muss Ihr Hund erst einmal felsenfest davon überzeugt sein, dass es sich wirklich für ihn lohnt, ein Kommando zu befolgen oder sich in einer bestimmten Situation brav zu verhalten. Wenn Sie die Belohnungen zu früh oder zu schnell abbauen oder gar von einem Tag auf den anderen weglassen, bekommt Charly den Eindruck, dass dieses Spiel nicht genug Gewinn für ihn abwirft. Entsprechend gering ist dann seine Motivation.

Bei manchen Übungen empfiehlt es sich, anfangs ein Lockmittel zu verwenden, z.B. ein in der Hand gehaltenes Leckerchen, mit dem Sie Ihren Hund ins »Sitz« oder »Platz« dirigieren. Wenn Sie nun bei solchen Übungen beginnen, das Lockmittel wegzulassen und Charly gleichzeitig auch seltener belohnen, glaubt er bald, es lohne sich nur dann, die Übung auszuführen, wenn Sie etwas Leckeres in der Hand haben. Er wird folglich auch nur dann

Spiel als Belohnung soll nur kurz, aber intensiv sein.

gehorchen. Ehe Sie die Häufigkeit der Belohnungen verringern können, müssen Sie Charly also davon überzeugen, dass er immer etwas bekommt, wenn er sich kooperativ verhält, egal ob er die Belohnung vorher sieht oder nicht.

Als Nächstes steht eine Lohnkürzung an: Gewöhnen Sie Charly daran, dass er härter »arbeiten« muss, um sich etwas zu verdienen. Das Gelernte wird dadurch sehr gefestigt und viel zuverlässiger in der Ausführung. Am besten belohnen Sie Ihren Hund eine Zeit lang ganz stur nur noch für jede zweite gelungene Ausführung der neuen Übung. Charly wird enttäuscht sein, wenn die gewohnte Belohnung nicht kommt. Je nach Typ wird er entweder nur noch sehr zögernd auf Ihre Anweisungen reagieren oder sich aufregen und übereifrig werden. Er ist skeptisch, ob es sich für ihn noch lohnt, weiter mitzumachen. Aber da es beim nächsten Mal doch wieder etwas gibt, gewöhnt er sich bald daran. Fahren Sie fort, Charly nur noch für jede zweite Ausführung derselben Übung (oder auch für jedes zweite befolgte Kommando) zu belohnen, bis seine Leistung wieder stabil ist, egal ob es beim vorigen Mal ein Leckerchen gab oder nicht. Halten Sie sich an dieses Schema, sogar wenn er vorübergehend schlechter reagiert als üblich. Setzen Sie ihn dann nach und nach auf 3:1 oder 4:1-Belohnungen, was bedeutet, dass er nur noch für jede dritte oder vierte Ausführung etwas bekommt.

Ist diese Hürde geschafft, können Sie dazu übergehen, Charly nach dem Zufallsprinzip zu belohnen: Mal gibt es gar nichts, mal eine normale Belohnung und mal etwas ganz besonders Schönes. Dabei kommen die Belohnungen nach und nach immer seltener. Da Charly nicht zählen kann, wird ihm das kaum auffallen. Schließlich belohnen Sie ihn nur noch ab und zu, gerade so oft, wie nötig ist, um seine Motivation auf Dauer zu erhalten.

Das geschilderte systematische Verringern der Belohnungen ist nicht nur wichtig, damit Sie Leckerchen sparen können oder Charly nicht zu dick wird. Es dient vor allem dazu, durch den so genannten Glücksspieleffekt seine Motivation zu erhöhen. Stellen Sie sich einen Spielautomaten vor, an dem man jedes Spiel gewinnt. Wenn die Auszahlung nicht gerade riesig wäre, würden Sie bald aufhören zu spielen: Es wäre einfach zu langweilig. Sie würden nur noch an den Automaten gehen, wenn Sie unbedingt Geld brauchten.

Ihrem Hund geht es ebenso: Wenn die Belohnungen zu regelmäßig und vorhersehbar sind, macht es ihm keinen Spaß mehr und wird außerdem zu berechenbar: »Aha, mein Mensch ruft mich. Wenn ich jetzt komme, gibt er mir einen Hundekuchen.« Wenn Charly aber gerade lieber Mäuse jagen will, statt einen Hundekuchen zu fressen? Ganz anders sieht die Sache aus, wenn es mal gar nichts gibt, mal einen Hundekuchen und manchmal eine halbe Bockwurst. Dann muss Charly einfach kommen, weil es ja sein könnte, dass diesmal die Wurst als Belohnung winkt. Aus genau diesem Grund spielen viele Menschen Lotto – und gehorchen gut ausgebildete Hunde!

SITUATIONSGERECHT BELOHNEN ▸

Alles was Ihr Hund hartnäckig wiederholt, wird irgendwie belohnt. Wäre das nicht so, würde er es nicht mehr tun. Das klingt auf den ersten Blick etwas

Öffnen Sie das Tor erst, wenn alle Welpen so brav warten wie die beiden ganz links.

paradox, vor allem, wenn es sich um etwas handelt, was Sie Charly schon seit langem abzugewöhnen versuchen.

Aber wenn Sie die Sache einmal aus seiner Perspektive betrachten, werden Sie immer etwas finden, durch das sein Verhalten unmittelbar belohnt wird. Wenn Charly z.B. trotz allen Schimpfens immer wieder hartnäckig anspringt oder bellt, wenn er angebunden warten soll, kann das daran liegen, dass er sich durch Ihre – wenn auch unfreundliche – Aufmerksamkeit belohnt fühlt. Die beste Belohnung ist oft das, was der Hund gerade am meisten will. Das Öffnen einer Tür, das Lösen der Leine, Aufmerksamkeit von Ihnen, Spiel mit anderen Hunden u.v.a.m. sind daher mindestens ebenso wirksame Belohnungen wie ein Leckerchen oder ein dickes Lob mit Streicheln. Sorgen Sie dafür, dass Charly solche Dinge möglichst nur dann gewährt werden, wenn er sich gerade gut benimmt, und Sie können viele Leckerchen und viel Ärger sparen!

Eine Belohnung kann außerdem auch darin bestehen, dass ein unangenehmer Zustand beendet wird. Schließlich ist auch das etwas, wofür man bereit ist, sich anzustrengen, nach dem

> **Tipp**
>
> Ein »Jackpot« ist eine ungewöhnlich schöne oder große Belohnung (z.B. eine ganze Hand voll Leckerchen), die für den Hund ganz überraschend kommt. Geben Sie einen »Jackpot«, wenn Ihr Hund eine neue Übung zum ersten Mal richtig macht oder seine Leistung sprunghaft verbessert. Dadurch prägt sich dieses Verhalten dem Hund besonders ein, vor allem wenn Sie die Übungseinheit damit beenden.

Ein Hund, der viel Bewegung hat, kommt nicht so schnell auf dumme Gedanken.

Motto: »Es ist so schön, wenn der Schmerz nachlässt.« (Der Fachbegriff für diese Art der Belohnung ist »negative Verstärkung«.) Besonders im Alltag lauern zahlreiche versteckte Belohnungen, die Sie aufspüren sollten, wenn Sie Ihren Hund gut erziehen wollen. Ihr Welpe jault, zappelt und schnappt, wenn Sie ihm die Pfoten abwischen? Hören Sie jetzt bloß nicht auf und lassen ihn ziehen! Das wäre eine tolle Belohnung für das Theater, das er macht, und Sie müssen damit rechnen, dass er diese Methode auch bei anderen, ähnlichen Gelegenheiten ausprobieren wird. Achten Sie also darauf, dass Sie Charly möglichst nur dann aus einer für ihn etwas unangenehmen Lage befreien, wenn er sich gerade manierlich benimmt. Dadurch können Sie wieder ein paar Leckerchen und ganz besonders viel Ärger sparen.

▸ Unerwünschtes Verhalten

Strafe ist nur eine von vielen Möglichkeiten, unerwünschtes Verhalten des Hundes zu beeinflussen. Und sie ist noch nicht einmal die beste und wirksamste. Ehe Sie zu einer Strafe greifen, versuchen Sie es mit folgenden Maßnahmen:

MANAGEMENT ▸ Verhindern Sie unerwünschtes Verhalten zuerst einmal rein »mechanisch«. Wenn Charly immer wieder den Mülleimer ausräumt, kaufen Sie einen mit Klemmdeckel. Lassen Sie ihn nicht unbeaufsichtigt mit dem Sonntagsbraten in der Küche. Wenn er zum Jagen neigt, nehmen Sie ihn am Waldrand vorbeugend an die Leine. Wenn er heimlich auf dem Sofa schläft, blockieren Sie es mit einem Karton oder Brett. Und falls er jault, wenn er allein bleiben muss, nehmen Sie ihn im Auto mit oder besorgen Sie einen Hundesitter. Oder Sie stehen eine Stunde eher auf und machen eine lange Fahrradtour mit ihm, bevor Sie zur Arbeit müssen. Auch das ist Management, und es kann Wunder wirken! Management entlastet vor allem Ihre Beziehung, weil Sie sich nicht mehr so oft über Charly ärgern und er keine Angst vor Strafe und Ihrer schlechten Laune haben muss. Und manches gewöhnt Charly sich sogar wieder ab (oder noch besser: gar nicht erst an), wenn Sie es eine Zeit lang verhindern.

ERFOLGSKONTROLLE ▸ Sorgen Sie dafür, dass Charly nur mit erwünschtem Verhalten Erfolg hat, nicht aber mit unerwünschtem. Haben Sie ihn angebunden, holen Sie ihn nur dann ab, wenn er gerade ruhig ist, nicht während er jault. Wenn er an der Leine zieht, können Sie eben leider nicht weitergehen – nur an lockerer Leine geht es dahin, wo er will. Ignorieren Sie ihn eisern, wenn er bettelt, anspringt oder Sie mit Spielaufforderungen nervt. Ignorieren ist gerade bei lästigem und aufdringlichem Verhalten das Beste, was Sie tun können, denn wenn Charly Aufmerksamkeit von Ihnen fordert, wäre es in seinen Augen sogar ein Erfolg, wenn Sie mit ihm schimpfen. Vergessen Sie nur nicht, Charly genug freundliche Aufmerksamkeit zu schenken, wenn er sich brav verhält! Diese Methode ist sehr wirksam, und es bieten sich zahlreiche Möglichkeiten. Sie müssen sich nur angewöhnen, sie zu nutzen.

Ein Hund, der »Platz« macht, kann nicht betteln.

ERSATZVERHALTEN ▸ Für Sie und Charly ist es viel schöner, wenn er etwas Neues lernen oder ein Kommando ausführen und dafür Lob verdienen kann, als wenn Sie ihm dauernd etwas verbieten müssen. Lassen Sie Charly bei der Begrüßung von Gästen »Sitz« machen, dann kann er nicht anspringen. Ein Hund, der auf Verwandtenbesuch oder im Restaurant »Platz« macht, kann nicht betteln oder am Schirmständer das Bein heben.

Rufen Sie Charly heran, ehe er die Grenze zum Nachbargrundstück übertritt, statt ihn dafür auszuschimpfen, dass er es tut. Bringen Sie ihm bei, jedes Mal an Ihre Hand zu stupsen, wenn ein Jogger kommt – Jogger jagen und ihre Hand stupsen schließt sich gegenseitig aus. Machen Sie ihn von klein auf richtig heiß auf das Spiel mit seinem Lieblingsspielzeug, dann können Sie es ihm später als Ersatzbeute anbieten und ihn so vielleicht gar vom Katzenjagen oder Wildhetzen abbringen.

GEWÖHNUNG ▸ Manche »Ungezogenheiten« macht ein Hund nur deswegen, weil er vor etwas Angst hat oder nicht sorgfältig genug daran gewöhnt worden ist. Wenn Charly z.B. normalerweise ohne Leine laufen darf, zieht er vielleicht furchtbar, wenn Sie ihn auf einen Tagesausflug in ein Gebiet mitnehmen, in dem Leinenzwang herrscht. Er ist es einfach nicht gewohnt, seinen Bewegungsdrang so lange einschränken zu müssen. Zieht ein Hund, wenn Sie mit ihm an einer verkehrsreichen Straße entlanggehen, tut er es möglicherweise aus panischer Angst vor dem Autolärm. Mangelnde Gewöhnung und Angst können auch der Grund dafür sein, dass ein Hund sich heftig wehrt, wenn man ihm ins Maul oder in die Ohren schauen will.

Abverlangen können Sie Charly grundsätzlich nur das, worauf Sie ihn durch Training oder Gewöhnung vorbereitet haben. Überfordern Sie ihn,

Durch häufige kurze Spaziergänge an der Straße gewöhnt sich der Hund an den Verkehrslärm.

wird er versagen. Wenn Sie dann mit ihm schimpfen oder ihn strafen, machen Sie langfristig alles nur noch schlimmer, vor allem wenn Angst die Ursache seines Fehlverhaltens ist. Da hilft nur eine ganz allmähliche Gewöhnung.

AUSZEIT ▸ Eine Auszeit ist eine milde, aber sehr wirksame Form der Strafe, nämlich das vorübergehende Entziehen von etwas Angenehmem oder eine Art Zwangspause. Charly ist beim Spiel mit Ihnen zu grob und schnappt zu fest? Beenden Sie das Spiel sofort. Er will Ihnen beim Streicheln die Hand lecken, aber Sie schätzen das nicht besonders? Ziehen Sie die Hand weg und unterbrechen Sie das Streicheln für ein paar Augenblicke.

Auszeit ist die einzige Strafe, die gelegentlich sogar im Ausbildungsbereich ihren Sinn hat. Wenn ein Hund z.B. beim Agilitytraining aus Übereifer immer wieder einen Frühstart hinlegt, nimmt man ihn wortlos an die Leine und macht eine Pause. »Zur Strafe« muss der Hund noch etwas warten, bis er auf den Parcours darf.

STRAFE ▸ Strafe im engeren Sinn ist etwas für Ihren speziellen Hund Unangenehmes, das ihm im selben Augenblick widerfährt, in dem er ein bestimmtes Verhalten zeigt. Ziel der Strafe ist, dass der Hund eine Verknüpfung zwischen seinem Verhalten und den Unannehmlichkeiten herstellt und sein (Fehl-)Verhalten daher künftig unterlässt.

So weit die Theorie. Die Praxis sieht häufig anders aus. Denn erstens können Sie nicht sicher sein, welche Verknüpfung Ihr Hund wirklich herstellt. Was, wenn er den strafenden Griff in den Nacken nicht mit dem Teppich anknabbern verbindet, sondern mit Ihnen persönlich oder mit dem Ort des Geschehens?

Zweitens ist der Informationswert einer Strafe ziemlich gering: Wenn Sie schimpfen, weil Charly allein gelassen bellt, weiß er zwar bestenfalls, dass Bellen falsch ist, aber noch lange nicht, was er stattdessen tun soll. Die Wahrscheinlichkeit ist dann groß, dass er doch bald wieder anfängt zu bellen oder sich ein ebenso unerwünschtes Ersatzverhalten »ausdenkt«, wie z.B. Ihre Einrichtung zu zerlegen. Mit Strafe erreicht man oft nur, dass der Hund vorübergehend eingeschüchtert ist. Hat er sich von dem Schrecken erholt, macht er munter weiter wie bisher und wird mit der Zeit immer »sturer«, sprich: abgehärteter gegen Strafen. Eine Strafe sollten Sie daher nur einsetzen, wenn die Rahmenbedingungen stimmen. Das heißt:
▸ Strafe muss unbedingt im genau richtigen Moment erfolgen. Das Timing ist hier extrem wichtig. Eine im falschen Moment gegebene Belohnung schadet nicht weiter, aber eine durch mangelhaftes Timing falsch verknüpfte

Strafe kann sich verheerend auf Ihr Verhältnis zum Hund oder auf sein anderes Verhalten auswirken. (Stellen Sie sich vor, Sie zielen mit einer Wurfkette auf Charlys Hinterteil, weil er gerade Hühner jagen will, aber dann dreht er sich doch noch um, und Sie treffen stattdessen seine Nase, während er auf Sie zuläuft.)

▸ Strafe sollte beim allerersten Versuch des Hundes, etwas Unerwünschtes zu tun, erfolgen. Wenn etwas beim ersten Mal unangenehm ausgeht, ist die Chance groß, dass er es auch nie wieder versucht. Wird dasselbe Verhalten aber erst dann bestraft, wenn der Hund zuvor schon ein paar Mal Erfolg damit hatte, sieht die Sache ganz anders aus. (Wenn Sie es schaffen, Charly bei seiner ersten Hühnerjagd in flagranti zu erwischen, wird es vermutlich auch die letzte sein. Hat er aber schon Spaß am Hühnerjagen gefunden, werden Sie auch mit harten Strafen kaum noch etwas ausrichten können und bestenfalls erreichen, dass er sich zusammenreißt, solange Sie in unmittelbarer Nähe sind.)

▸ Strafe soll nur selten erfolgen, dann aber nachdrücklich sein, Motto: zumindest anfangs eher zu hart als zu weich, vor allem wenn Sie das Glück haben, Charly beim ersten Mal zu erwischen. Wenn Sie aus falschem Mitleid mit einer zu schwachen Strafe beginnen, härtet er ab, ehe er etwas daraus gelernt hat, und Sie geraten in eine Spirale der Gewalt. Ein Desaster, das oft damit endet, dass Sie zu wesentlich härteren Maßnahmen greifen, als Sie Ihrem Hund je zumuten wollten, und dennoch nicht viel damit erreichen. (Wenn Sie Charly nur an der Leine zurückhalten und mild tadeln, reicht das nicht aus, um die Hühnerjagd wirklich zu unterbinden und unangenehm zu machen. Er kommt in Bezug auf die Hühner trotzdem »auf den Geschmack« und lernt auch noch, dass Ihr »Nein« nicht viel bedeutet.)

▸ Strafe muss ausnahmslos jedes Mal erfolgen, wenn der Hund sein Fehlverhalten zeigt. Sonst wird ihm nicht das Verhalten als solches verleidet, sondern er lernt an der Situation zu unterschei-

Gekonnt ausgeführter Nackengriff!

den, ob eine Strafe zu erwarten ist oder nicht, und auf seine Chance zu warten. (Solange Sie nicht hundertprozentig sicher sind, dass Charly gelernt hat, die Hühner in Ruhe zu lassen, dürfen Sie ihn niemals (!) unbeaufsichtigt oder außer Ihrer Reichweite mit Hühnern zusammen lassen. Denn wenn er herausfindet, dass Hühnerjagen »funktioniert«, solange Sie weit genug weg sind, und dass er schneller rennen kann als Sie, haben Sie verloren!)

▸ Strafe soll möglichst anonym sein. Umso besser stehen die Chancen, dass der Hund glaubt, die Unannehmlichkeiten wären nur durch sein eigenes Verhalten ausgelöst worden. Ihr Verhältnis zu ihm bleibt dann ungetrübt, und er wird sich auch in Ihrer Abwesenheit brav benehmen. (Sollten Sie zufällig einen Eimer Wasser zur Hand haben, während Charly auf seiner ersten Hühnerjagd an Ihnen vorbeirennt, schütten Sie ihm das Wasser wortlos über den Kopf und geben Sie sich auch danach ganz unbeteiligt. Da er so vertieft in die Jagd war, wird er die Dusche mit ziemlicher Sicherheit mit den Hühnern und nur mit den Hühnern verknüpfen.)

▸ Strafe ist nur dann sinnvoll, wenn parallel dazu ein Ersatzverhalten trainiert wird. Am besten übt man das Ersatzverhalten ein, noch bevor man zu einer Strafe greift. Manchmal kann man dann sogar ganz auf eine Strafe verzichten. Ist sie trotzdem noch nötig, wird sie umso wirksamer sein, je besser der Hund zuvor ein Alternativverhalten gelernt hat, auf das er zurückgreifen kann, wenn die Strafe ihm das Fehlverhalten verleidet. (Loben und belohnen Sie Charly dafür, dass er die Hühner in Ruhe lässt und in ihrer Anwesenheit gehorcht, noch ehe er überhaupt auf die Idee kommt, sie zu jagen. Wenn es dafür zu spät ist, ziehen Sie dasselbe Programm durch, nachdem Sie Charly den Eimer Wasser über den Kopf gekippt oder ihn ordentlich ausgeschimpft haben. Die Gefahr eines Rückfalls verringert sich dadurch beträchtlich.)

▸ **Anonyme Strafen**

Möglichkeiten der anonymen Strafe:
▸ Beträufeln Sie Dinge, die Charly immer wieder anknabbert, mit Tabascosoße o.ä.
▸ Bauen Sie an Stellen, an denen Charly nichts zu suchen hat (Küchenanrichte, Sofa), eine »Falle«, z.B. aus leeren Konservendosen, die mit lautem Krach umfallen.
▸ Lassen Sie neben Charly einen Topfdeckel fallen (nicht bei geräuschempfindlichen Hunden!), werfen Sie mit einem Kissen nach ihm oder spritzen Sie ihn nass. Wichtig: Sagen Sie nichts und widmen Sie sich nach der Strafe sofort wieder Ihrer normalen Tätigkeit. Je unbeteiligter Sie sich geben, desto geringer ist die Gefahr, dass Charly die Strafe mit Ihnen in Verbindung bringt.

Aus all dem geht hervor, dass Sie Strafe sehr gezielt und bewusst einsetzen müssen. Strafen Sie Ihren Hund niemals unbedacht und mit Wut im Bauch! Falls Sie eine Strafe verwenden und das Fehlverhalten nicht nach ganz wenigen Anwendungen aufhört oder sich zumindest sehr deutlich verringert, machen Sie etwas falsch und sollten eine andere Taktik wählen. Zusammenfassend kann man sagen: Strafe hat in der Ausbildung grundsätzlich nichts zu suchen. Strafe hat in der Erziehung da ihren Platz, wo man mit wenig Strafe viel erreichen kann.

> **Tipp**
>
> Einen Welpen oder erwachsenen noch unerzogenen Hund müssen Sie deswegen rund um die Uhr beaufsichtigen, damit Sie ausnahmslos jedes Fehlverhalten sofort bestrafen oder zumindest unterbrechen können, bis er gelernt hat, wie er sich im Haus benehmen soll.

PERSÖNLICHES EINSCHREITEN ▶

Für alle Fälle, in denen Sie persönlich einschreiten, gilt: Tun Sie es kurz (nur wenige Sekunden) und energisch. Lassen Sie Ihren Hund danach sofort wieder in Ruhe und geben Sie sich normal. Richtig war es, wenn Ihr Hund beeindruckt erscheint, aber dann doch eher zu Ihnen kommt, um Sie zu versöhnen und wieder friedlich zu stimmen. Verkriecht er sich vor Ihnen oder ist stundenlang »beleidigt«, war die Strafe viel zu hart. Ist er aber völlig unbeeindruckt und versucht sofort, das Verbotene weiter zu tun, waren Sie zu zaghaft. Bei einem Welpen oder Junghund können Sie ganz gut ein paar Mal handgreiflich werden. Bei einem unerzogenen erwachsenen Hund mit ungewisser Vorgeschichte ist es unter Umständen besser, auf anonyme Strafen zurückzugreifen, denn Sie wissen nicht, ob er eine handfeste Strafe durch Sie persönlich womöglich als Angriff auffasst und beißt.

▶ **Bei Welpen:** Schubsen Sie Charly mit der flachen Hand am Brustkorb oder der Seite energisch von dem verbotenen Ding weg. (Ältere Hunde empfinden dasselbe oft eher als eine Art grobes Spiel.)

▶ **Nacken- oder Schnauzengriff:** Packen Sie Charly von oben über die Schnauze oder drücken Sie ihn am Nacken herunter und halten ihn ein paar Augenblicke am Boden fest. Sie ahmen dadurch das Verhalten der Mutterhündin gegenüber frechen Welpen nach. Zuvor wird durch »Knurren« (»Nein«) gewarnt.

▶ **Anschreien:** Auch Hunde bellen sich manchmal drohend an. Schreien wirkt aber nur, wenn Sie es extrem selten machen und Ihr Hund aus Erfahrung weiß, dass Ihrem Schimpfen auch Taten folgen können. Dauerndes Herumschreien oder leere Drohungen verfehlen ihre Wirkung und machen den Hund harthörig und stur.

▶ **»Leviten lesen«:** Packen Sie den Hund für ein paar Sekunden an beiden Seiten der Halskrause, starren Sie ihm aus nächster Nähe in die Augen und schimpfen Sie dabei mit tiefer Stimme

Der ideale Zeitpunkt für eine Strafe ist hier schon verpasst. Trotzdem sollten Sie die Plünderei unterbrechen.

Wenn Sie jetzt schon das Hörzeichen »Sitz« verwenden, macht Ihr Hund eine falsche Verknüpfung.

mit ihm. Dies sollte aber, wenn überhaupt, nur ganz selten einmal verwendet werden.

▶ **Übrigens:** Schläge sind natürlich keine geeignete Erziehungsmaßnahme. Da es aber bei der Strafe vor allem auf das Timing ankommt, ist es allemal besser, Sie geben Ihrem Frechdachs einen Klaps auf die Nase, wenn er Ihnen die Wurst vom Teller stehlen will, als dass Sie gar nichts tun.

▶ ### Kommandos beibringen

Unter Gehorsam versteht man die zuverlässige Ausführung von Kommandos: Auf »Sitz« soll Charly sich setzen. Das hat nichts mit militärischem Drill oder Dominanz zu tun, sondern ist einfach eine Folge davon, dass Ihr Hund durch Verknüpfung gelernt hat, auf ein bestimmtes Zeichen mit einer bestimmten Handlung zu reagieren. Eine wirklich gute Reaktion auf das Kommando kommt dabei nur zu Stande, wenn in der Lernphase auf das Kommando beinahe ausnahmslos jedes Mal

▶ ### Tipp

Ein Kommando kann ein Hörzeichen, also ein Wort, oder auch ein Sichtzeichen sein, z.B. eine Handbewegung. Sprechen Sie Hörzeichen in normaler Lautstärke, mit betontem Vokal und deutlich verschieden aus, z.B. »Siiiitz« lang und hoch, »Platz« kurz und tief. Verändern Sie die Kommandos nicht durch Umschreibungen wie z.B. »Mach schön Sitz!«, das macht es Ihrem Hund nur schwer, sie zu erkennen. Auch Sichtzeichen müssen sich deutlich voneinander unterscheiden und immer gleichförmig gegeben werden.

das gewünschte Verhalten folgt. Doch wie bekommt man das hin?

Das Kunststück besteht darin, das Training so zu arrangieren, dass Charly sich auch jedes Mal setzt, wenn Sie »Sitz« gesagt haben. Sie müssen dafür zuerst einen Weg finden, wie Sie Charly dazu bringen können, das Gewünschte zu tun, z.B. indem Sie ihm ein Leckerchen über den Kopf halten. Dabei sagen Sie noch gar nichts. Erst wenn Sie nach einigen Wiederholungen fast hundertprozentig sicher sind, dass er sich setzt, sobald Sie das Leckerchen in bestimmter Weise halten, sagen Sie jeweils kurz vorher einmal deutlich »Sitz«. Und siehe da – Charly sitzt. Das »vorher« ist hier sehr wichtig, denn der Lerneffekt wäre viel geringer, wenn Sie erst dann »Sitz« sagen, wenn Charly bereits sitzt.

Nun ist noch Ihre Selbstdisziplin gefordert. Sie sollten nämlich in der Lernphase sehr bewusst mit den Kommandos umgehen und sie nur dann verwenden, wenn Sie ziemlich sicher sind, dass Ihr Hund hinterher auch das Gewünschte tut. Wenn Sie Charly zehnmal rufen und er nur einmal kommt, schwächen Sie nämlich die durch Ihr Training gerade entstehende Verknüpfung zwischen Kommando und Handlung ganz empfindlich. Eine gute Regel für die Trainingsphase ist, nur dann ein Kommando zu geben, wenn Sie 5 Euro darauf verwetten würden, dass Ihr Hund danach auch das Gewünschte tut. Verzichten Sie also lieber darauf, Ihren »Azubi« zu rufen, wenn er gerade völlig ins Spiel mit einem anderen Hund vertieft ist oder sogar beim Ringkampf unten liegt.

▸ Tipps fürs Lernen

Hunde lernen von Natur aus bestimmte Dinge schwerer als andere, und für manche Teile Ihres Trainingsprogramms müssen Sie daher etwas mehr Geduld aufbringen. Halten Sie Charly also bitte nicht gleich für einen Trottel, wenn er sich mit manchem Lernstoff etwas schwer tut.

▸ Hunde lernen Sichtzeichen sehr viel leichter als Hörzeichen, weil sie sich auch untereinander hauptsächlich über Körpersprache verständigen. Worte wie »Sitz« und »Platz« ohne jedes zusätzliche Sichtzeichen stets korrekt zu unterscheiden, ist für Charly sehr schwer. Jedoch unterscheidet er mühelos feinste Änderungen in Ihrer Haltung und Bewegung und richtet sich danach.
▸ Hunde können nur schlecht verallgemeinern. Es ist für Charly schwer zu begreifen, dass »Sitz« immer und überall »hinsetzen« bedeutet, und zwar egal wo Sie beide sind, ob er sich links oder rechts von Ihnen befindet, wie das Wetter ist, welche Laune Sie haben, wie der Untergrund beschaffen ist usw. Sie müssen daher in vielen verschiedenen Situationen mit ihm üben, bis er gelernt hat zu verallgemeinern.
▸ Lernen erfolgt auch beim Hund immer in Kurven. Vorübergehende Verschlechterungen sind also ganz normal und kein Grund, sauer auf Charly zu

Ein Ausbildungsproblem ist oft schlagartig behoben, wenn Sie beide eine Nacht darüber geschlafen haben.

werden. Schimpfen Sie nicht, sondern helfen Sie ihm lieber, indem Sie ihm die Übung vorübergehend wieder leichter machen. Oft ist das Problem auch schlagartig behoben, wenn Sie beide eine Nacht darüber geschlafen haben.

Kleines Hörzeichen-Lexikon

Hörzeichen (Vorschläge)	Bedeutung
Name	Du bist gemeint!
Pass auf	Schau mich an. Konzentriere dich auf mich.
Hier	Komm schnell zu mir, egal was du gerade tust und wo du bist!
Warte	Folge mir nicht. Bleib, wo du bist.
Aus	Lass das sofort los! Gib das her.
Brav	Gut, weiter so. Dies könnte belohnt werden. Was du machst, ist in Ordnung.
Fein	Richtig! Tolle Leistung! Dafür hast du dir eine Belohnung verdient!
Falsch	Was du gerade machst, wird nicht belohnt. Versuche etwas anderes.
Nein	Hör sofort damit auf. Geh da nicht dran.
Fuß	Bleib an meiner Seite, bis ich dir etwas anderes sage.
Sitz	Setz dich hin, wo du gerade bist, und bleib sitzen, bis ich dir etwas anderes sage.
Platz	Leg dich hin, wo du gerade bist, und bleib liegen, bis ich dir etwas anderes sage.
Okay	Übung beendet. Du hast frei. (Hebt die anderen Kommandos auf)

Voraussetzungen fürs Miteinander

Voraussetzungen fürs Miteinander

30 ▶	**Gute Sozialisation**	38 ▶	**Bindung**
32 ▶	**Dominanz**	39 ▶	**Artgerechte Beschäftigung**
36 ▶	**Vertrauen**	41 ▶	**Ausstattung**

Auch die besten Erziehungs- und Ausbildungsmethoden werden nichts nützen, wenn Sie Ihren Hund nicht art- und rassegerecht halten. Kein Hund kann seine angeborenen Verhaltensprogramme und Bedürfnisse auf Dauer unterdrücken. Versuche, einem Hund das Hundsein abgewöhnen zu wollen, enden daher regelmäßig wie ein überkochender Topf, auf den Sie einen Deckel klemmen – in einer mehr oder weniger großen Katastrophe für Sie und den Topf, sprich: Hund. Denken Sie daran: Es ist immer gefährlich, ein anderes Lebewesen unglücklich zu machen!

▶ Gute Sozialisation

Ein Hund kann bereits im Alter von 8 Wochen durch falsche Aufzucht so schwer geschädigt sein, dass man die Mängel auch durch beste Erziehung und Haltung nie ganz wettmachen kann. Grund dafür ist das Phänomen der Prägung: Viele Tiere können nur in einem ganz bestimmten Lebensabschnitt bestimmte und lebenslang wichtige Dinge lernen, z.B. wer Artgenosse ist, wie die Umgebung beschaffen ist, wie man mit Stress umgeht und sich an Neues anpasst. Bei Hunden beginnt diese Phase, die Sozialisierungsperiode, mit ca. 3 Wochen und endet mit ca. 4-5 Monaten, wobei die Zeit von der 4. bis zur 8. Woche die wichtigste ist. Verstreicht diese Periode ungenutzt, treten später schwere Verhaltensstörungen auf. Das ganze Ausmaß der Schädigung kommt dabei oft erst nach der Pubertät zum Vorschein. Beim Kauf im Alter von 8 Wochen ist der Welpe unter Umständen noch unauffällig. Es ist daher ungeheuer wichtig, dass Sie einen Welpen nur bei einem Züchter kaufen, der sich viel um die Tiere kümmert und für Menschenkontakte,

> ### ▶ Tipp
>
> Eine gute Gelegenheit, dem Welpen Kontakt zu gleichaltrigen Hunden zu ermöglichen, sind Welpenspielgruppen. Schauen Sie vorher einmal ohne Hund zu. Die Gruppe sollte nicht allzu groß und intensiv betreut sein. Manchmal ist es nötig, steuernd einzugreifen, damit kleine oder ängstliche Welpen nicht von älteren, dreisten zu sehr gepiesackt werden. Im Großen und Ganzen sollten sich die Menschen aber wenig einmischen und auch nicht wegen jedem kleinen Streit überbesorgt sein. Hunde lernen in diesem Alter am besten voneinander, wie man sich zankt – und wieder verträgt. Genau das ist der Sinn einer Welpengruppe.

Abwechslung und eine interessante Umgebung sorgt.

Welpen, die aus anonymen Massenzuchten stammen oder in einem abgelegenen Stall oder Zwinger aufgewachsen sind, sollten Sie nicht einmal aus Mitleid kaufen. Sie holen sich für die nächsten 10 bis 15 Jahre ein Problem ins Haus und schaffen nur Platz für neues Hundeelend.

Weil die Sozialisierungsperiode so kurz ist, ist Welpenaufzucht vor allem ein Wettlauf mit der Zeit. Nutzen Sie deshalb unbedingt die wenigen Wochen vom Abholen Ihres Welpen bis zum Ende der Prägungszeit, so gut Sie können. Ganz besonders wichtig ist für Ihren Welpen der Umgang mit vielen verschiedenen Menschen, aber auch mit vielen verschiedenen Hunden, denn Hunde, die nicht richtig sozialisiert wurden, sind als Erwachsene übertrieben ängstlich und oft auch aggressiv gegenüber Menschen oder Artgenossen.

Das soll Ihr Welpe mit 5 Monaten kennen

- [ ] viele verschiedene Menschen aller Altersstufen und beiderlei Geschlechts, auch spielende Kinder

- [ ] viele verschiedene Hunde aller Altersstufen und beiderlei Geschlechts und andere Tiere (Katzen, Schafe, Hühner, Pferde, Kühe ...)

- [ ] Fahrzeuge, ggf. auch von innen: Autos, Lastwagen, Bus, Straßenbahn, Zug, Motorrad, Fahrrad, Einkaufswagen, Schubkarre, Kinderwagen, Skater ...

- [ ] Geräusche: Verkehrslärm, Baulärm, Zischen (Heißluftballon), Rasenmäher, Türenknallen, Staubsauger, Mixer, metallische Geräusche, Knallen, Kindergeschrei, Musik, Klirren, Scheppern, Hämmern ...

- [ ] optische Eindrücke: Ballons, flatternde Tücher, Fahnen, Spiegel, Flatterbänder, Dunkelheit, Scheinwerfer (Autos), Regenschirme, Hüte, Ponchos ...

- [ ] Räumlichkeiten: Unterführungen, Einkaufspassagen, Hallen, Fahrstuhl, Kaufhaus ...

- [ ] Bodenarten: Unebenheiten, Schrägen, Stufen, Gitterroste, glatte Böden, Folien, wackelnde Bretter, Brücken ...

- [ ] Futterarten: diverse Futtersorten in kleinen Portionen

Andere wichtige Dinge, die der Hund bereits im Welpenalter kennen lernen sollte, sind Geräusche (Straßenverkehr!), Bodenarten und Hindernisse, optische Eindrücke wie flatternde Fahnen u.ä. und verschiedene Futtersorten. benen« auf ein bestimmtes Zeichen bei Fuß gehen oder auf 20 Schritt Entfernung »Platz« machen lassen. Er könnte nicht einmal einen faulen Rudelgenossen dazu zwingen, mit auf die Jagd zu kommen. Falsche Dominanzverhältnisse

In der wichtigen Sozialisierungsperiode braucht der Welpe freundlichen und engen Kontakt zu vielen verschiedenen Menschen.

▸ Dominanz

Das Thema Dominanz wird vielfach missverstanden. Es ist zwar richtig, dass die Rangordnung in Ihrem kleinen Mensch-Hund-Rudel zu Ihren Gunsten geklärt sein sollte. Aber »Boss sein« ist weder ein Allheilmittel für sämtliche Erziehungsprobleme, noch führt es automatisch dazu, dass Ihr Hund endlich alle Kommandos befolgt. Denn »Kommandos befolgen« lässt sich nicht aus der natürlichen Rangordnung in einem Wolfsrudel ableiten. Kein Alphawolf kann seine »Untergeallein führen auch nur verhältnismäßig selten dazu, dass ein Hund z.B. knurrt und schnappt, wenn man ihn bürsten oder ihm den Futternapf wegnehmen will. Solche Probleme entstehen viel öfter aus mangelndem Vertrauen oder Missverständnissen zwischen Hund und Halter.

Warum ist es dann überhaupt wichtig, über einen Hund dominant zu sein? Vor allem, weil die untergeordneten Tiere im Hunderudel Vorrechte und »Privatsphäre« der ranghöheren Tiere respektieren und sich ihnen

Diese Welpen versuchen, die dominante Beaglehündin durch aktive Unterwerfung gnädig zu stimmen.

gegenüber keine Übergriffe und Frechheiten herausnehmen. Außerdem schenken im Rudel die rangniederen Tiere den ranghöheren weitaus mehr Beachtung als umgekehrt.

Fühlt Charly sich ranghöher als Sie, ist er daher typischerweise ein richtiger Nervbolzen, der Sie als seinen persönlichen Laufburschen und Alleinunterhalter ansieht. Er fordert aufdringlich, dass Sie ihn streicheln, Bälle für ihn werfen oder ihm dauernd die Terrassentür auf- und zumachen, aber wenn Sie mal was von ihm wollen, übersieht er Sie geflissentlich. Seine Körperkräfte setzt er gezielt gegen die in seinen Augen untergeordneten Menschen ein, indem er rücksichtslos grob spielt, sich mit aller Kraft in die Leine wirft, an der Tür rempelt und die Kleinkinder der Familie bei der Begrüßung umschubst. Kurz gesagt: Ein dominanter Hund ist eine Pest, hat aber meist auch äußerst charmante Seiten, die es ihm überhaupt erst ermöglichen, seine Menschen so um die Pfote zu wickeln. Entwickeln Sie also einen gesunden Egoismus und lassen Sie es sich nicht gefallen, dass Ihr Hund Sie schlechter behandelt als Sie ihn!

Es gibt noch einen weiteren Grund, warum Sie nicht nur Kumpel, sondern auch »Alphatier« für Ihren Hund sein müssen. In der Rolle des Anführers eines gemischten »Mensch-Hund-Rudels« ist jeder Hund im Grunde ge-

Der Alphahund führt das Rudel an.

nommen restlos überfordert. Dominante Hunde sind daher oft hektisch und gestresst. Stuft man sie in der Rangordnung herunter, sind sie deutlich ausgeglichener und zufriedener. Es ist deshalb nicht nur für Sie, sondern auch für Ihren Hund besser, wenn Sie der »Alpha« sind. Charly wird es Ihnen also ganz und gar nicht übel nehmen, wenn Sie diese Rolle von Anfang an übernehmen oder sich wieder zurückerobern. Er wird wesentlich anhäng-

> **So stellen Sie Ihre Dominanz klar**
>
> ▸ Futter, Leckerchen, Spiel, Streicheleinheiten, Spaziergänge usw. gibt es normalerweise erst dann, wenn Sie es wollen, nicht aber wenn Ihr Hund es von Ihnen fordert.
> ▸ In Ihrem Tagesablauf sollte es immer mal wieder Zeiten geben, in denen Sie zwar zu Hause sind, Ihren Hund aber links liegen lassen. Zu anderen von Ihnen bestimmten Zeiten widmen Sie sich Ihrem Hund dann wieder intensiv.
> ▸ Beenden Sie Spiel, Streicheln und Übungseinheiten in aller Regel selbst, ehe Ihr Hund die Lust verliert und Sie stehen lässt.
> ▸ Erhöhte Aussichtsplätze sind ein Privileg der Alphatiere. Am besten lassen Sie Ihren Hund gar nicht mit auf Ihren Sessel oder Ihr Bett. Zumindest sollte er nur mit Ihrer ausdrücklichen Erlaubnis hinaufspringen dürfen und das Möbel ohne Murren sofort wieder verlassen, wenn Sie das fordern.
> ▸ Ihr Hund sollte sich von Ihnen ohne Widerstand festhalten und überall anfassen lassen. Dies ist aber mindestens ebenso eine Frage des Vertrauens wie der Dominanz!
> ▸ Schubsen, drängeln oder den Durchgang zu blockieren ist eine Frechheit, die sich rangniedere Tiere gegenüber ranghohen nicht herausnehmen dürfen. Verlangen Sie daher von Ihrem Hund, dass er Ihnen an Türen usw. selbstverständlich den Vortritt lässt und beiseite geht, wenn er Ihnen im Weg liegt.
> ▸ Beim Spielen wird getestet, wie standfest der Alpha ist und was man sich ihm gegenüber ungestraft herausnehmen kann. Dulden Sie auch im Spiel keine Übergriffe und Grobheiten! Das Spiel muss jederzeit von Ihnen unterbrochen werden können. Das Lieblingsspielzeug Ihres Hundes gehört Ihnen: Holen Sie es nur zum gemeinsamen Spiel heraus und packen Sie es dann wieder weg.
> ▸ Ranghohe Tiere fressen zuerst und können es sich erlauben, Futter stehen zu lassen, da die rangniederen nicht wagen, daran zu gehen. Nehmen Sie das Futter Ihres Hundes nach 10 Minuten wieder weg, egal ob er gefressen hat oder nicht. Füttern Sie ihn nicht unmittelbar vor, sondern nach Ihrer eigenen Mahlzeit oder zu ganz anderen Zeiten.

Links: Ihnen die Vorderpfoten auf die Schulter zu stellen ist eine Dominanzgeste, die Sie Ihrem Hund nicht erlauben sollten.

Oben: Die rangniederen Rudelmitglieder schenken den Ranghöheren mehr Aufmerksamkeit als umgekehrt.

licher sein, Sie freudiger begrüßen und Ihnen insgesamt mehr Beachtung schenken.

Um dominant zu sein, müssen Sie Ihren Hund weder gewaltsam unterwerfen noch besonders hart anfassen. Ganz im Gegenteil: Ein guter Rudelführer ist gelassen, freundlich und tolerant. Nur wessen Stuhl wackelt, hat es nötig, sich aufzuregen und andere zu tyrannisieren. Dominant sein heißt vor allem bestimmend sein: Der Alphawolf führt das Rudel an, und die anderen folgen. Er gibt den Anstoß zu gemeinsamen Aktivitäten, und die anderen machen mit. Körperliche Überlegenheit spielt dabei nur eine sehr geringe Rolle, eher schon die Tatsache, dass die rangniederen Rudelmitglieder meist die Nachkommen des Alphapaares und von klein auf gewohnt sind, sich von den »Alten« führen zu lassen. Es ist vor allem das selbstsichere und willensstarke Auftreten, das einen Alphawolf ausmacht und ihm eine natürliche Überlegenheit und Durchsetzungsfähigkeit verleiht: Er weiß, was er will, und tut dies ganz selbstverständlich und zielstrebig.

Zwar wird ein ranghohes Tier ein rangniederes auch einmal kurz und hart abstrafen, wenn dieses eines seiner Vorrechte antastet oder ihn herausfordert. Doch das ist in einem intakten Rudel mit stabiler Rangordnung nur äußerst selten nötig. Bestätigt, aufrechterhalten und meist sogar ausgemacht wird die Rangordnung nicht über körperliche Auseinandersetzungen, sondern über viele kleine Gesten im täglichen Zusammenleben, mit denen beide Partner sich gegenseitig zu verstehen geben, wie sie ihre eigene Stellung in der Rangordnung empfinden und ob sie die Stellung des anderen noch anerkennen oder in Frage stellen. Im Kasten steht, wie Sie mit Hilfe solcher Gesten Ihrem Hund von Anfang an seine Stellung in der »Rudelhierarchie« zuweisen oder ihn auch zurückstufen können. Übrigens: Es gibt Hunde, denen man in dieser Hinsicht viel durchgehen lassen kann und die trotzdem nie Schwierigkeiten machen. Bei anderen wieder muss man zeitlebens sehr streng auf die Einhaltung der Rangordnung achten.

Die Beziehung Kind – Hund bedarf der Aufsicht durch einen Erwachsenen.

▶ **Vertrauen**

Vieles, was auf den ersten Blick wie ein Dominanzproblem wirkt, ist in Wirklichkeit eine Folge mangelnden Vertrauens des Hundes zu seinen Menschen, z.B. wenn der Hund beim Bürsten oder Baden ein Riesentheater macht, aber auch Knurren und Schnappen in manchen Situationen. Denn leider ist es nicht unbedingt so, dass ein Hund »es schon spürt«, dass wir Menschen es gut mit ihm meinen, auch wenn wir Dinge tun, die ihn ängstigen oder ihm wehtun. Vertrauen ist für einen Hund eben kein abstrakter Begriff, sondern beruht auf nackten Tatsachen. Jeder Tierarzt kann davon ein Lied singen!

Damit Ihr Hund Vertrauen zu Ihnen und zu Menschen überhaupt haben kann, muss er als Erstes gut sozialisiert sein. Weiterhin sollten Sie oft genug und möglichst früh üben, dass Ihr Hund sich überall von Ihnen anfassen lässt, und zwar in freundlicher Atmosphäre. Denn wenn Sie Charly bei solchen Übungen (oder im »Ernstfall« beim Abduschen oder Ohrensaubermachen) einschüchtern, damit er stillhält, bekommt er natürlich erst recht Angst. Das Gleiche passiert, wenn Sie ihn überhaupt nur dann einmal festhalten und untersuchen, wenn er eine schmerzhafte Verletzung oder Erkrankung hat. Er verknüpft dann all diese Dinge mit großen Unannehmlichkeiten und wird bei ähnlichen Gelegenheiten das Weite suchen, sich heftig zappelnd wehren und vielleicht sogar knurren und schnappen.

Große Einbrüche im Vertrauen gibt es auch, wenn Sie launisch und jähzornig sind oder Ihren Hund bestrafen, obwohl er bereits alle Anzeichen der

Unterwerfung und Angst zeigt. Wenn Charly vor Ihnen kriecht oder gar hinters Sofa flieht, waren Sie sowieso viel zu hart. Vermutlich versteht er auch gar nicht, wofür Sie ihn bestrafen – er hat einfach nur Angst vor Ihnen. Wenn Sie ihn dann immer noch nicht in Ruhe lassen, sind Sie selbst schuld, wenn er aus lauter Verzweiflung schnappt. Oft knurrt ein derart verunsicherter und in die Enge getriebener Hund beim nächsten Mal schon vorbeugend – und wird dafür dann wieder hart bestraft. Ein richtiger Teufelskreis, der aus Unwissenheit entsteht. Knurren sollte man nicht bestrafen, denn es ist in den allermeisten Fällen kein Zeichen von Dominanz oder Frechheit, sondern ganz im Gegenteil die letzte Warnung eines unglücklichen Underdogs, der sich nicht mehr anders zu helfen weiß.

In Bezug auf Ihr Vertrauen in Ihren Hund gilt vor allem die Devise: Vertrauen ist gut, Kontrolle ist besser. Charly z.B. ohne Leine an einer verkehrsreichen Straße zu führen, ist einfach leichtsinnig, egal wie gut er gehorcht. Da Sie für alles verantwortlich sind, was er anstellt oder was durch ihn passiert, ist eine Haftpflichtversicherung unverzichtbar. Es kann auch niemand absolut sicher sein, dass der eigene Hund nicht doch einmal in irgendeiner Situation beißen wird. Hunde sind nun mal wehrhafte Beutegreifer mit Zähnen, die sie unter Umständen auch einsetzen. Deshalb ist vor allem im Zusammenhang mit Kindern eine gesunde Portion Vorsicht geboten, ohne gleich in Panikmache verfallen zu wollen.

Vergessen Sie aber auch nicht, den Hund vor den Kindern zu schützen! Ich bin immer sehr besorgt, wenn mir ein Hundehalter stolz erzählt, wie gutmütig es sich der Hund gefallen lässt, dass die Dreijährige mit einem Bleistift in seiner Nase bohrt. Wenn das Kind älter und vom Hund nicht mehr als »Welpe« eingestuft wird, wird er dies höchstwahrscheinlich nicht mehr dulden. Und wenn er oft von Kindern misshandelt worden ist, kann es dann leicht zu Unfällen kommen.

Wenn ein Hund gebissen hat, heißt es für gewöhnlich, das sei »ohne jede Vorwarnung« geschehen. Doch das stimmt fast nie. Wenn Charly Kindern ausweicht, vor Fremden handscheu ist und eine Stelle am Rücken hat, an der sogar Sie ihn nicht berühren dürfen, weil er sonst knurrt, kann er mit etwas Glück jahrelang unauffällig bleiben. Dann aber fasst ihn in der Straßenbahn ein kleines Kind von hinten am Rücken, und er beißt zu – »ohne jeden Grund«, wie Sie empört meinen. Aber Ausweichen, Handscheue und Knurren in all den Jahren davor waren sehr deutliche Warnsignale, nur haben Sie sie nicht verstanden und ernst genommen.

Sorgen Sie also dafür, dass Ihr Hund gut sozialisiert ist, behandeln und erziehen Sie ihn gut und freundlich und lernen Sie möglichst viel über Hundeverhalten – das ist die beste Vorbeugung gegen Unfälle mit Hunden.

Ihr Hund braucht auch Vertrauen in seine eigenen Fähigkeiten, Selbstvertrauen. Das kann er aber nur bekommen, wenn er nicht überbehütet wird. Zum Leben gehören nun einmal auch ein gewisser Stress und einige unangenehme Erfahrungen. Wie man damit umgeht und sich wieder beruhigt, muss der Hund ebenso lernen, wie mit Hilfe seiner natürlichen Neugier Ängste zu überwinden und sich in fremden Situationen zurechtzufinden. Haben

Sie ein wachsames Auge auf Klein-Charly, wenn er die Welt entdeckt, aber »retten« Sie ihn nicht sofort aus jeder für ihn unangenehmen Situation, die er sich vielleicht selbst eingebrockt hat (wie z.B. eine Zurechtweisung durch einen älteren Hund).

Hat er vor etwas Neuem Angst, setzen Sie ruhig erst einmal darauf, dass seine jugendliche Neugierde die Oberhand gewinnt. Vor allem müssen Sie sich emotional zurücknehmen. Trösten, streicheln und in den Arm nehmen wirkt nämlich verschlimmernd: Der Hund lernt, dass es für ihn vorteilhaft ist, sich ängstlich zu verhalten. Außerdem fühlt er sich verunsichert, weil Sie sich so ungewöhnlich benehmen. Geben Sie sich daher eher unbeteiligt, wenn Charly einmal vor etwas erschrickt, und tun Sie so, als ob gar nichts Besonderes wäre. Loben Sie ihn nicht für ängstliches, sondern für mutiges Verhalten.

▶ **Bindung**

Ebenso wie Vertrauen entsteht Bindung nicht im luftleeren Raum. Hunde binden sich bevorzugt an Menschen, die ihnen gegenüber die Führungsrolle übernehmen, ihr Vertrauen nicht enttäuschen und sich viel und auf interessante Weise mit ihnen beschäftigen. Diese Beschäftigung kann in Spaziergängen und anderen Ausflügen, Spiel, Gehorsamsübungen, Körperpflege, gemeinsamem Ruhen usw. bestehen. Wer den Hund füttert, ist für die Bindung dagegen nicht so wichtig, wie man vielleicht annehmen könnte. Der »Futtermeister« hat natürlich die Sympathie des Hundes, wird aber nicht unbedingt seine Hauptbezugsperson. Wenn ein Hund sich in übertriebener Weise ausschließlich an eine einzige Person bindet, ist das in aller Regel eine Folge mangelnder Sozialisierung, also eher eine Verhaltensstörung als ein Zeichen besonderer Treue. Ein gut sozialisierter

Das Spiel mit Artgenossen begeistert jeden jungen Hund. Umso wichtiger ist es, dass auch Sie sich für Ihren Hund interessant machen.

Hund ist Menschen gegenüber insgesamt aufgeschlossen, ohne deswegen gleich ein »Allerweltskerl« zu sein.

Sie müssen sich außerdem darüber im Klaren sein, dass Sie mit anderen Hunden in Konkurrenz um Charlys Gunst stehen, denn diese sprechen im Gegensatz zu Ihnen seine »Muttersprache«. Kein Wunder also, wenn viele Hunde nach dem Spiel kaum dazu zu bewegen sind, die Hundewiese wieder zu verlassen! Natürlich sollte Charly auch gut auf andere Hunde sozialisiert sein, und es ist wichtig für ihn, oft genug Kontakt mit Artgenossen zu haben. Aber achten Sie darauf, dass er Spiel und Spaß nicht nur mit anderen Hunden hat, sondern auch mit Ihnen. Sonst betrachtet er Sie nur als eine Art Chauffeur, der ihn zwar zur Hundewiese und wieder zurück nach Hause bringt, ansonsten aber langweilig und nebensächlich ist.

Auch wenn Sie zwei oder mehr Hunde haben, müssen Sie sich natürlich ins Zeug legen, wenn Sie möchten, dass die Hunde sich nicht nur aneinander, sondern auch an Sie binden. Beschäftigen Sie sich täglich mit jedem einzeln und nehmen Sie die Hunde auch öfter mal einzeln mit, damit sich jeder auch einmal als »Einzelhund« fühlen kann. Ganz besonders wichtig, wenn Sie zu einem älteren Hund einen Welpen anschaffen!

▶ **Tipp**

Passen Sie auf, welchen »Umgang« Charly hat. Nur allzu leicht schaut sich ein junger Hund Unarten wie das Verbellen von fremden Hunden oder das Hetzen von Wild von einem älteren Kumpel ab.

Der »Futtermeister« hat natürlich immer die Sympathie des Hundes, ist aber nicht unbedingt die Person, an die er sich am meisten bindet.

▶ **Artgerechte Beschäftigung**

Die meisten Hunde sind heutzutage unterbeschäftigt und langweilen sich fast zu Tode. Eine Vielzahl von Verhaltensproblemen hat ihre Ursache vor allem in der »Arbeitslosigkeit« der Hunde. Merke: Nur ein müder Hund ist ein guter Hund! Wie aber bekommen Sie Charly müde?

Bewegung ist nur ein Teil der artgerechten Beschäftigung. Wenn Sie jeden Tag 10 km Fahrrad mit ihm fahren, ist es nur eine Frage der Zeit, wann Charly körperlich so gut trainiert ist, dass er 15 oder 20 km braucht, um zufrieden zu sein. Viel besser ist es, Charly auch »geistig« zu fordern, etwa durch abwechslungsreiches Spiel, Gehorsamsübungen, Zirkustricks oder Hundesportarten, Suchaufgaben, vergnügliche Problemlösungsaufgaben usw. Eine gute Art, ihn zu beschäftigen, ist auch, ihn überallhin mitzunehmen, wo es möglich ist. Hauptberuflicher Begleiter zu sein, kann einen Hund ganz

schön in Anspruch nehmen, und Spaziergänge in immer mal wieder neuer oder geruchlich interessanter Umgebung lasten ihn viel mehr aus als die gewohnte Runde um den Block.

Wie viel Beschäftigung und Bewegung Ihr Charly braucht, hängt natürlich auch von seiner Rasse, seinem Alter und seinem Gesundheitszustand ab. Obwohl genaue Angaben kaum möglich sind, müssen Sie bei einem lebhaften, gesunden Hund einer Arbeitsrasse von mindestens 2 bis 3 Stunden täglich ausgehen, und eine Stunde am Tag ist wohl das Minimum, das auch ruhigere oder ältere Vertreter brauchen. Junge Hunde unter 2 Jahren benötigen dabei auch viel rein körperliche Bewegung. Je älter der Hund wird, desto mehr tritt dies zu Gunsten anderer Beschäftigungsarten in den Hintergrund. Der alte oder durch eine Krankheit oder Behinderung eingeschränkte Hund kann zwar nicht mehr so viel laufen, möchte aber auch etwas zu tun haben. Er freut sich über Gelegenheiten zum Schnuppern oder über Suchspiele und liebt es vielleicht, Sie im Auto auf kleine Besorgungsfahrten zu begleiten, auch wenn dabei eigentlich gar nichts Spannendes passiert.

Schon bevor Sie sich einen Hund anschaffen, sollten Sie möglichst viel über seine Rasse (oder die Rassen, aus denen er höchstwahrscheinlich gemischt ist) herausfinden. Manche Rassen stellen besonders hohe Ansprüche an die Beschäftigung und brauchen eine regelrechte »Arbeit«, um sich wohl zu fühlen und keine Probleme zu machen. Wollen Sie wirklich so einen Hund? Passt das Temperament und »Spezialgebiet« Ihrer Wunschrasse zu Ihren Lebensumständen? Es macht z.B. wenig Sinn, einen Jagdhund anzuschaffen, wenn es Sie stört, dass er viel Bewegung braucht, bei Spaziergängen dauernd die Nase am Boden hat und, wann immer er entkommen kann, stundenlang im Wald verschwindet, um Wild zu hetzen.

In der Regel wird Ihr Hund zwar begeistert das mitmachen, was Sie ihm an Beschäftigung anbieten. Doch besonders gern macht er natürlich die »Arbeit«, für die seine Rasse einmal gezüchtet wurde. Jagdhunde (und nicht nur diese – schließlich ist jeder Hund ursprünglich ein Jäger!) kann man mit Suchspielen und Fährtenarbeit glücklich machen, Retriever mit Apportierübungen und -spielen. Windhunde wollen gelegentlich sprinten, Schlittenhunde kilometerweit laufen und vielleicht sogar etwas ziehen. Terrier schwärmen oft fürs Buddeln und für wilde Beutespiele. Schäferhunde und andere Hütehunde würden sich vielleicht wünschen, dass ihr Mensch stolzer Besitzer einer Schafherde ist, doch lassen sie sich zum Glück fast immer auch für Hundesportarten begeistern.

So oder so: Mit dem Hund zusammen etwas zu unternehmen, macht für beide Teile den Reiz der Beziehung aus. Vorschläge für organisierte und unorganisierte Beschäftigungsarten mit dem Hund finden Sie im Kapitel »Beschäftigung mit dem Hund« ab Seite 94.

▸ **Ausstattung**

An Zubehör für die Hundehaltung gibt es viel Überflüssiges, aber auch Nützliches. Folgende Hilfsmittel könnten sinnvoll für Sie und Ihren Hund sein:

HALSBAND ▸ Nehmen Sie ein einfaches Halsband aus Stoff oder Leder; je breiter, desto hundefreundlicher. Das Halsband muss aus Sicherheitsgründen so eng sitzen, dass Charly nicht rückwärts herauskann. Versuchen Sie, ihm das Halsband mit beiden Händen nach vorn über die Ohren zu ziehen. Klappt das, ist es zu weit. Ein Adressanhänger am Halsband wird Sie viel ruhiger schlafen lassen, falls Charly Ihnen einmal abhanden gekommen ist.

Bitte kein Würgehalsband! Erstens wollen Sie Ihrem besten Freund sicher nicht die Luft abschnüren, und zweitens kann Charly nicht mehr richtig denken, folglich auch nicht lernen, wenn sein Gehirn nicht ordentlich mit Sauerstoff versorgt wird. Egal was Ihnen irgendjemand erzählt: Stachelhalsbänder sind Tierquälerei, und Gumminoppen auf den Stacheln verstärken höchstens noch die schmerzhafte Quetschwirkung.

LEINE ▸ Die Art der Leine ist für Ihren Hund nicht so wichtig. Leinen aus Stoff oder Nylon sind leicht und waschbar, andererseits ist Leder griffiger. Vorsicht mit überflüssigen Schnallen und Ösen, an denen Ihre Finger hängen bleiben können! Eine lange Leine (mindestens 10 m) kann für die Ausbildung äußerst nützlich sein und verschafft Ihrem Hund in Gebieten mit Leinenzwang mehr Auslauf. Auch gibt es leider Hunde, die man dauerhaft an der Leine führen muss, weil sie wildern gehen, auf Grund einer Phobie jederzeit panisch weglaufen könnten oder für Menschen oder Hunde gefährlich sind. In all diesen Fällen ist absolut nichts gegen eine Aufroll-Leine (»Flexi-Leine«) einzuwenden. Sie ist leichter zu bedienen als eine feste lange Leine, der Hund verheddert sich nicht so leicht darin, und man behält saubere Hände.

BRUSTGESCHIRR ▸ Ein gut sitzendes Brustgeschirr ist sicherlich das hundefreundlichste Mittel, um eine Leine am Hund zu befestigen. Doch kann er ggf. an einem Geschirr noch mehr Kraft entfalten als an einem Halsband. Außerdem haben Sie keinerlei Kontrolle über sein Vorderende. Anti-

Auch kleine Hunde haben großen Spaß am Springen.

Skaten mit Hund – ein nicht ganz ungefährlicher Freizeitsport für Fortgeschrittene.

ziehgeschirre (»Gentledog«), bei denen die Leine an zwei dünnen Bändchen befestigt ist, die unter den Achselhöhlen des Hundes nach oben ziehen, sind übrigens nicht besser als Stachelhalsbänder: Sie wirken über Schmerz.

KOPFHALFTER ▸ Der Kopfhalfter (»Halti«, »Follow me«) ist eine relativ neue Erfindung, wohl die nützlichste auf dem Gebiet der Hundeerziehung überhaupt. Das Prinzip ist vom Pferdehalfter abgeschaut: die Leine wird unter dem Kinn des Hundes befestigt. Das erlaubt eine sehr gute Kontrolle, unter anderem auch bei aggressiven Hunden. Außerdem benötigt man, um den Hund am Kopf zu führen, nur einen Bruchteil der Kraft, die man sonst braucht. Das Halti ist überall da angebracht, wo ein Hund geführt werden muss, der dem Besitzer kräftemäßig überlegen ist oder sich bereits schlimmes Leinenziehen angewöhnt hat. Lassen Sie sich vom grimmigen Aussehen des Haltis nicht abschrecken: Ein Halfter ist tierfreundlicher als ein Halsband. Der Hund kann die Schnauze ungehindert aufmachen, er wird weder gewürgt, noch tut ihm etwas weh. Der einzige Nachteil ist: Kopfhalfter sind noch eher unbekannt, sodass Passanten oft glauben, der Hund trüge einen Maulkorb.

SCHLAFPLATZ ▸ Es lohnt sich, den Hundeschlafplatz gemütlich zu gestalten. Dann ist Charlys Drang, auf die Möbel zu klettern, geringer, und er kommt besser zur Ruhe. Manche Hunde schlafen gern in Körben (gewissermaßen mit Lehne), andere liegen lieber flach. Die meisten Hunde haben mehrere Schlafplätze, je nachdem, wo sie sich gerade aufhalten. Etwas erhöhte Liegeflächen sind bei Hunden sehr beliebt, da sie gegen Bodenkälte isoliert sind und die meisten Hunde gern einen Überblick haben. Falls Sie keine Rangordnungsprobleme mit Ihrem Hund haben, ist es daher auch akzeptabel, dass er einen eigenen Sessel hat. Zusammen zu ruhen, ergibt ein schönes Rudelgefühl und ist gut für die Bindung. Gegen Hunde im Schlafzimmer ist deswegen nichts einzuwenden (vorausgesetzt, sie schnarchen nicht!). Dass Charly sich im Schlafzimmer manierlich benimmt, können Sie ihm beibringen.

HUNDEBOX ▸ Eine Hundebox ist sehr praktisch, vor allem auf Reisen, am Arbeitsplatz, im Schlafzimmer oder wenn Ihr Hund noch nicht stubenrein ist. Wenn Sie ihn richtig daran gewöhnen (siehe Seite 53), wird er sich in der Box sehr wohl fühlen. Sie können ihn dann gelegentlich für 1 bis 2 Stunden oder auch nachts darin einschließen und sicher sein, dass er keinen Blödsinn macht, während Sie anderweitig beschäftigt sind.

PFEIFE ▶ Eine Hundepfeife kann ganz nützlich sein. Sie reicht weiter als Rufen und klingt immer gleich, sodass der Hund unabhängig von der Stimme reagiert, egal wer pfeift. Den Gehorsam Ihres Hundes kaufen Sie mit der Pfeife allerdings nicht! Er wird nur so gut auf die Pfeife hören, wie Sie ihn darauf trainiert haben.

CLICKER ▶ Ein Clicker ist nichts weiter als ein stabiler Knackfrosch. Der Hund lernt durch Verknüpfung, dass »Click-Clack« bedeutet: Leckerchen (oder etwas anderes Schönes) kommt gleich. Darauf baut eine ganze Trainingsmethode auf, die ausschließlich positive Verstärkung benutzt und verblüffende Erfolge möglich macht. Zum Clickertraining gehört etwas Hintergrundwissen. Clickern Sie deshalb lieber nicht einfach drauflos, sondern informieren Sie sich vorher. Falls Sie einen Clicker benutzen, können Sie bei allen Übungen, die in diesem Buch geschildert sind, an Stelle des Wortes »Fein« das Click des Clickers benutzen.

WURFKETTE, TRAININGSSCHEIBEN (DISCS), KLAPPERBÜCHSE ▶ All diese Gegenstände erzeugen ein eindeutiges Geräusch, das durch gezieltes Training mit etwas für den Hund Unangenehmem verknüpft werden kann.

Kette oder Büchse kann man auch einmal nach einem Hund werfen, ohne ihn zu verletzen. Die Discs werden etwas anders eingesetzt. (Bei der Klapperbüchse handelt es sich einfach um eine leere Aluminiumgetränkedose mit zugeklebter Öffnung, in der ein paar kleine Steine oder Münzen sind.) Die Gegenstände bzw. ihr Klappern oder Rasseln können eingesetzt werden, um dem Hund ein Verhalten zu verleiden oder ihn zu unterbrechen, wenn er ansetzt, etwas Unerwünschtes zu tun. Richtig eingesetzt, können auch diese Hilfsmittel extrem nützlich sein, doch sind Vorsicht und Sachverstand geboten: Schreckhafte oder geräuschempfindliche Hunde können verstört bis panisch reagieren, andere wieder stumpfen bei falschem Einsatz bald gegen das Klappern ab, das damit wirkungslos wird.

Berner Sennenhunde sind als Zughunde besonders geeignet.

»Achtung – Ufo im Anflug!«

▶ Das braucht Ihr Hund zum Glücklichsein

- [ ] Familienanschluss, Kontakt zu Ihnen, nicht zu lange allein sein
- [ ] einen fairen, ausgeglichenen und freundlich-dominanten menschlichen Partner
- [ ] klare Regeln innerhalb des Mensch-Hund-Rudels
- [ ] Streicheleinheiten (je nach Typ mehr oder weniger)
- [ ] eine gewisse Abwechslung, aber auch Beständigkeit und Regelmäßigkeit
- [ ] Kontakt zu Artgenossen
- [ ] genug Bewegung und Auslauf
- [ ] genug art- und rassegerechte Beschäftigung
- [ ] Futter und Wasser in ausreichender Qualität
- [ ] einen bequemen und sicheren Schlafplatz
- [ ] Gesundheitsvorsorge, Körperpflege und, wenn nötig, tierärztliche Versorgung

BEDÜRFNISSE | 45

▶ Das ist schlimm für einen Hund

- ☐ viel allein zu sein, Isolation, dauernde Zwingerhaltung
- ☐ ein launischer Besitzer
- ☐ viele Besitzerwechsel
- ☐ harte, brutale Ausbildungsmethoden oder falsch verstandene Ausübung der Dominanz
- ☐ vermenschlicht zu werden (z.B. durch ihm unverständliche Strafen)
- ☐ von Kontakten zu anderen Hunden isoliert zu sein
- ☐ zu wenig Auslauf und Beschäftigung
- ☐ viel zu viel Futter, kein Wasser, allzu wenig Futter
- ☐ keinen sicheren Ruheplatz zur Verfügung zu haben
- ☐ wenn Pflege und Gesundheitsfürsorge vernachlässigt werden
- ☐ wenn man ihn aus falsch verstandener Tierliebe oder Feigheit nicht einschläfern lässt, obwohl er leidet

»Ach nein, war doch nur ein Frisbee...«

Grunderziehung leicht gemacht

Grunderziehung leichtgemacht

48	»Nein«	58	Beißhemmung
50	»Brav«	59	»Aus«
50	Stubenreinheit	62	Handling-Übungen
54	Gutes Benehmen im Haus	64	»Warte«
55	Menschen begrüßen	65	Allein bleiben
55	Hundebegegnungen	67	Auto fahren
56	Nicht an der Leine ziehen	68	Nicht hetzen

In diesem Kapitel geht es ums gute Benehmen in Alltagssituationen. Gehen Sie besser nicht davon aus, dass »Unarten« wie Anspringen oder An-der-Leine-ziehen von selbst verschwinden. Sie tun es in aller Regel nicht, und es ist bestimmt mühsamer, sich jahrelang über einen schlecht erzogenen Hund zu ärgern, als ein paar Erziehungsübungen anzusetzen oder einige Wochen lang konsequent bestimmte Alltagssituationen zum Üben zu nutzen.

Kommandos erübrigen sich immer dann, wenn der Hund aus der Situation leicht erkennen kann, was verlangt wird. An der Leine zu sein sollte z.B. für Ihren Hund automatisch bedeuten: nicht ziehen. Das Kommen auf Ruf wird im nächsten Kapitel unter »Ausbildung« behandelt.

▸ »Nein«

Frisch gebackene Welpenbesitzer beklagen sich häufig: »Ich habe ›Nein‹ und ›Aus, lass das‹ gesagt, aber er hat einfach weitergemacht!« Kein Wunder – das Verständnis von »Nein« ist einem Hund natürlich nicht angeboren! Am besten stellen Sie gezielt ein paar Übungssituationen, um es Ihrem Hund beizubringen. Das ist besser, als im Alltag auf die richtige Gelegenheit zu lauern. Ziel der Übung ist, dass Sie gar nicht mehr handfest eingreifen müssen, weil Charly bereits auf Ihr »Nein« hin Abstand zu einem so bezeichneten Gegenstand hält bzw. seine momentane Tätigkeit unterbricht. Übertriebene Unterwürfigkeit ist nicht nötig. Im Gegenteil wäre es schön, wenn Charly Sie nach dem »Nein« vertrauensvoll anschauen oder auf Sie zukommen würde.

Zeigen Sie Charly ein Leckerchen. Sagen Sie einmal in normaler Lautstärke, aber ein bisschen brummelig und mit tiefer Stimme »Naaiin!« und halten Sie ihm danach das Leckerchen hin. Falls er versucht, an das Leckerchen zu kommen, wiederholen Sie Ihr brummiges »Nein« etwas nachdrücklicher und geben ihm mit der Leckerchen-Hand einen kleinen Nasenstüber. Wiederholen Sie das so lange, bis Charly seine Versuche, das Leckerchen zu ergattern, einstellt. Bei den meisten Hunden braucht

Ziska übt mit ihren 3 Monate alten Welpen das »Nein«.

das nicht mehr als zwei oder drei solcher Stupser. Hat Charly ein paar Sekunden lang einen deutlichen Abstand zu Ihrer Hand mit dem Leckerchen eingehalten, sagen Sie »Brav« oder »Okay« und reichen ihm das Leckerchen.

Wenn diese Übung nach ein paar Wiederholungen klappt, gehen Sie eine Stufe weiter: Zeigen Sie Charly das Leckerchen, sagen Sie »Nein« und legen Sie es vor ihm auf den Boden. Aufgepasst, es darf ihm jetzt auf gar keinen Fall gelingen, das Leckerchen zu schnappen! Wenn er es versucht, schubsen Sie ihn mit einem neuerlichen »Nein« kräftig an der Flanke oder am Brustkorb beiseite. Bitte nicht nur sanft wegschieben oder festhalten, davon lernt er nichts! Falls zwei- oder dreimaliges Wegschubsen ihn nicht beeindruckt, benutzen Sie den auf Seite 25 beschriebenen Nackengriff. Wiederholen Sie Schubsen oder Nackengriff, notfalls relativ hart, bis Charly aufgibt. Erst wenn er ein paar Sekunden keinerlei Versuche mehr gemacht hat, an das Leckerchen zu kommen, sagen Sie »Brav« und reichen es ihm mit der Hand.

Führen Sie in den folgenden Tagen noch ein paar weitere Übungen mit anderen Dingen (Kauknochen, Futterschüssel, Ihren guten Schuhen ...) durch. Wenn Charly keine Anstalten mehr macht, an einen Gegenstand zu gehen, den Sie mit »Nein« bezeichnet haben und der vor Ihnen liegt, tun Sie nach Ihrem ersten »Nein« auch einmal so, als ob Sie Charly und den Gegenstand gar nicht mehr beachten würden. Bummeln Sie im Zimmer herum oder lesen Sie Zeitung, aber halten Sie sich jederzeit bereit, Ihr »Nein« blitzschnell nochmals durchzusetzen (gegebenenfalls mit langer Leine »sichern«). Futter können Sie Charly nach der Übung mit einem »Brav« oder »Okay« geben, andere Gegenstände sammeln Sie besser wieder ein.

> **Tipp**
>
> Erwachsene Hunde reagieren manchmal besser auf eine anonyme Verknüpfung des »Nein«. Nehmen Sie eine Wurfkette oder Klapperbüchse oder einen großen weichen Gegenstand, wie z.B. ein zusammengeknotetes Tuch. Passen Sie einen Moment ab, in dem Ihr Hund gerade beschäftigt ist (z.B. am Wegrand schnuppert) und nicht auf Sie achtet. Sagen Sie »Nein« und werfen Sie ihm – falls er weiterschnuppert – ihr »Wurfgeschoss« ans Hinterteil. Trösten Sie ihn etwas und sammeln Sie Ihr Geschoss erst später unauffällig ein. Wiederholen Sie die Prozedur so oft wie nötig, bis Ihr Hund sofort auf Ihr »Nein« reagiert, jedoch nicht öfter als ein- oder zweimal am Tag und an immer wechselnden Stellen.

▶ »Brav«

Auch über Lob mit der Stimme freut sich ein Hund nicht von Natur aus, sondern weil er gelernt hat, dass es etwas Angenehmes für ihn bedeutet. »Brav« heißt für Charly, dass er die Chance auf eine reelle Belohnung hat und dass Sie einverstanden sind mit dem, was er gerade tut. Wenn er das »Brav« hört, soll er erfreut aussehen und vielleicht sogar erwartungsvoll wedeln.

Um Charly dieses schöne Wort beizubringen, sagen Sie öfter einmal »Brav«, ehe Sie ihm ein Leckerchen geben oder das Futter hinstellen und während Sie ihn streicheln. Sprechen Sie es etwas langgezogen, ermunternd und mit heller Stimme aus und machen Sie dabei ein freundliches Gesicht. Sie brauchen Charly nicht nach jedem »Brav« etwas Fressbares zu geben oder ihn zu streicheln, aber doch so oft, dass die positive Reaktion auf das Wort erhalten bleibt.

▶ Stubenreinheit

Es ist eigentlich ganz einfach: aufpassen und oft genug hinausbringen, so lange, bis es klappt. Die meisten Hunde werden nicht wegen, sondern trotz der Bemühungen ihrer Besitzer stubenrein. Passiert doch mal ein Malheur

»Geschafft – Übungslektion erfolgreich abgeschlossen.«

in der Wohnung, schimpfen Sie auf keinen Fall mit dem Hund. Rollen Sie stattdessen eine Zeitung zusammen und schlagen sich damit auf den Kopf, während Sie sich mehrfach vorsagen: »Ich soll meinen Hund besser beaufsichtigen!« Und damit könnte das Kapitel Stubenreinheit auch schon abgeschlossen sein. Doch vielleicht sind ein paar nähere Erläuterungen angebracht ...

Sobald kleine Welpen mit etwa 3 Wochen anfangen, auf allen vieren herumzuwackeln, verlassen sie für ihr Geschäftchen das Wurflager. Mit etwa 6 Wochen gehen sie dafür regelmäßig nach draußen, falls sie jederzeit ins Freie gelangen können. Sie sind also praktisch stubenrein. Der Welpe muss bei Ihnen zu Hause nun nur noch lernen, was Toilette und was Wohnfläche ist und wie er zur Toilette gelangen kann (nämlich indem er sich bei Ihnen bemerkbar macht). Außerdem überkommt es kleine Welpen natürlich ebenso wie Kleinkinder manchmal so plötzlich, dass sie es beim besten Willen nicht mehr bis zur Toilette schaffen. Sie müssen also gar nicht viel an dem Welpen herumerziehen, damit er stubenrein wird, aber Sie müssen lenkend eingreifen.

Welpen, die unter ungenügenden hygienischen Bedingungen aufwachsen oder keine Möglichkeit haben, nach draußen zu gehen, gewöhnen sich einen Teil Ihrer natürlichen Sauberkeit wieder ab und erfordern von ihren Besitzern viel mehr Geduld. Dasselbe gilt für erwachsene Hunde, die nicht oder nicht mehr stubenrein sind. Das Vorgehen ist aber immer dasselbe.

Beaufsichtigen Sie Ihren Hund lückenlos, solange er noch nicht stubenrein ist. Entweder Sie laufen hinter Charly her, oder Sie nehmen ihn mit sich, wo immer Sie hingehen. Wenn beides nicht geht, bringen Sie ihn möglichst an einem Ort unter, an dem er nichts falsch machen kann. Eine Hundebox ist für diese Zwecke ideal, denn ein Hund wird nur im äußersten Notfall seinen Schlafplatz verunreinigen. Anbinden geht auch, aber nur, falls Sie ein Auge darauf haben können, dass Charly sich nicht in der Leine verwickelt.

Versuchen Sie, einen Blick dafür zu entwickeln, wie Ihr Hund aussieht, wenn er mal muss. Viele Hunde laufen plötzlich zielstrebig abseits, andere schnüffeln verdächtig herum oder werden einfach unruhig. Wenn Sie diese Anzeichen sehen, außerdem direkt nach dem Spielen, Schlafen oder Fressen, nehmen Sie ihn unverzüglich hoch und tragen ihn hinaus an eine passende Stelle. Setzen Sie ihn ab, bleiben Sie unbedingt bei ihm und fassen Sie sich bitte in Geduld. Es kann sein, dass Charly durch den plötzlichen Ortswechsel abgelenkt ist und sein dringendes Bedürfnis vorübergehend »vergisst«. Doch irgendwann macht er. Loben Sie ihn mit leiser Stimme (»Brav«) und geben Sie ihm ruhig ab und zu ein Leckerchen, wenn er fertig ist. Bleiben Sie noch ein bisschen draußen, denn erstens machen manche Hunde in mehreren Portionen, zweitens wollen Sie nicht, dass Charly die negative Verknüpfung: »Geschäft erledigen = sofort wieder ins Haus müssen« herstellt und bald endlos herumtrödelt.

Sollte Charly nichts gemacht haben, kommt er im Haus in seine Box, oder Sie behalten ihn an der Leine und lassen ihn keine einzige Sekunde aus den Augen. Eine Viertelstunde später (oder wenn er »nötig« aussieht) wiederholen Sie dann die Prozedur.

Falls Charly sich vor Ihren Augen in der Wohnung hinhockt, schimpfen Sie nicht mit ihm. Er könnte nämlich daraus schließen, dass es gefährlich ist, sich in Ihrer Sichtweite zu lösen. Dann verhält er womöglich draußen und versucht drinnen, sich hinter das Sofa oder an andere merkwürdige Orte zu verdrücken. Nehmen Sie ihn einfach hoch und tragen ihn raus. Machen Sie später mit einem geruchstilgenden Reinigungsmittel gut sauber. Und denken Sie an die zusammengerollte Zeitung – passen Sie nächstens besser auf!

Vergessen Sie bitte nicht, dass ein Welpe, der allein gelassen wird, gar nicht anders kann, als ins Zimmer zu machen. Auf gar keinen Fall dürfen Sie ihn im Nachhinein strafen. Lassen Sie ihn lieber die ersten Wochen nachts in einer Hundebox mit im Schlafzimmer schlafen, dann merken Sie es, wenn er unruhig wird.

Bei einem Hund, der noch nicht stubenrein ist, sollte Füttern, Gassi Gehen, Spielen usw. zu festen Zeiten erfolgen, dann sind die Zeiten, zu denen er hinausmuss, auch regelmäßig. Dass ein Welpe nachts schon viele Stunden durchhalten kann, bedeutet übrigens noch lange nicht, dass das tagsüber, wenn er aktiv ist, auch so lange klappt!

Wenn Sie alles machen wie beschrieben, sollte es wenig Probleme geben. Mit etwas Glück ist die Sache in zwei bis drei Wochen ausgestanden, kleine Unfälle bei Aufregung oder verändertem Tagesablauf (Wochenende!) ausgenommen.

Aber dann gibt es doch oft Rückfälle. Was ist los? Charly ist bisher nur halb stubenrein, denn er hat zwar inzwischen mitbekommen, dass es eine Toilette gibt, aber er weiß noch nicht, dass und wie er sich melden kann, wenn er mal außer der Reihe dorthin möchte. Viele Hunde finden selbst heraus, dass sie durch Winseln, unruhiges Hin- und Herlaufen oder Pfote geben darum bitten können, hinausgelassen zu werden – vorübergehender »Missbrauch« inklusive. (Charly behauptet, ganz nötig vor die Tür zu müssen. Im Garten buddelt er dann stundenlang im Rosenbeet.) Sie können die Sache auch forcieren, indem Sie nicht zu den üblichen Zeiten hinausgehen, sondern Charly stattdessen an der Leine oder in der Box bei sich behalten. Er wird dann wohl in irgendeiner Weise unruhig werden. Loben Sie ihn sehr und gehen Sie unverzüglich mit ihm hinaus. Nach ein paar Übungen sollte Charly sich ein typisches Signal angewöhnt haben.

> **Tipp**
>
> Sie können das »Geschäft« mit einem Hörzeichen verknüpfen, indem Sie z.B. »Beeil dich« sagen, wenn Sie sehen, dass Charly sich hinhockt. Mit diesem Hörzeichen können Sie Ihren Hund später ziemlich zuverlässig veranlassen, sich an einer passenden Stelle und zu einer passenden Zeit zu lösen.

DIE HUNDEBOX ▶ Eine Hundebox ist eine unschätzbare Hilfe bei der Erziehung zur Stubenreinheit, beim Mitnehmen des Hundes im Auto oder bei Übernachtungen im Hotel. Ihr Hund wird sie nicht als »Gefängnis«, sondern als seine sichere und gemütliche Höhle betrachten, wenn Sie ihn richtig daran gewöhnen.

Die Box sollte – meist bei offener Tür – einer der normalen Schlafplätze des Hundes sein. Wenn Sie die Box nur

Gewöhnung an die Hundebox

1. Lassen Sie Ihren Hund an der Box schnuppern und loben Sie ihn für sein Interesse daran. Rütteln Sie ein wenig an der Hundebox, damit Ihr Hund sich an die Geräusche gewöhnt, die sie verursachen kann. Erschrickt er, müssen Sie ihn erst gegen das Klappern der Box desensibilisieren (siehe Seite 116).
2. Locken Sie den Hund mit einem Leckerchen in die Box. Sobald er drin ist, loben Sie ihn und geben ihm das Leckerchen. Hindern Sie ihn nicht daran, sofort wieder hinauszugehen, wenn er will. Wiederholen Sie das, bis er für ein Leckerchen bereitwillig hineingeht. (Notfalls »formen« Sie das Betreten der Box, indem Sie ihn ein paar Mal schon dafür belohnen, dass er zuerst nur den Kopf, dann eine Pfote, dann zwei Pfoten usw. hineinsteckt.)
3. Klappt das Betreten der Box reibungslos, schließen Sie die Tür, während der Hund drinnen ist. Kraulen Sie ihn durch das Gitter und geben Sie ihm ein Leckerchen. Lassen Sie ihn wieder hinaus. Dehnen Sie die Zeit, die Ihr Hund in der Box ist, dann allmählich aus.
4. Wenn Ihr Hund sich daran gewöhnt hat, mehrere Minuten in der Box zu verbringen, können Sie damit beginnen, den Raum und später auch das Haus zu verlassen – die ersten Male aber nur für wenige Sekunden.
5. Führen Sie ein Hörzeichen für das Schicken in die Box ein. Behalten Sie das Leckerchen nach dem Betreten der Box ruhig noch eine Zeit lang bei.

Welpen werden meist nicht wegen, sondern trotz der Bemühungen ihrer Besitzer stubenrein.

dann hervorholen, wenn Sie ihn allein lassen wollen, verknüpft er sie nämlich mit Ihrem Weggehen, und sie erhält eine negative Bedeutung für ihn.

Die Box sollte so groß sein, dass der Hund aufstehen, sich umdrehen und bequem niederlegen kann, aber nicht größer.

Tipp

Lassen Sie Ihren Hund niemals aus der Box, wenn er gerade bellt oder jault! Sie dürfen die Tür immer erst öffnen, wenn er mindestens 5 Sekunden still gewesen ist.

Es gibt zwei Arten von Hundeboxen: im wesentlichen geschlossene Kunststoffkisten, wie sie z.B. auf Flugreisen benutzt werden, und zusammenfaltbare Gitterkäfige.

Geben Sie Ihrem Hund interessantes Spielzeug. Dann vergreift er sich nicht so schnell an der Wohnungseinrichtung.

▶ Gutes Benehmen im Haus

Hierfür gilt im Prinzip fast dasselbe wie für die Stubenreinheit, nur dass Sie hier sehr wohl mit Strafe arbeiten können und sollen. Das Kaubedürfnis Ihres Hundes ist mit ca. 5 Monaten (beim Zahnwechsel) und mit ca. 8-10 Monaten (beim Festwachsen der Zähne im Kiefer) am größten. Da letztlich Ihre ganze Einrichtung für Charly nur Kauspielzeug ist, müssen Sie ihn eines Besseren belehren und alle Gegenstände, mit denen er nicht spielen darf, mit einem Tabu belegen. Lassen Sie Ihren noch nicht erzogenen Hund möglichst keine Sekunde aus den Augen, damit er keine Chance hat, herauszufinden, dass er mit Ihrem Mobiliar ungefährdet tun kann, was immer er will, sobald er allein in einem Raum ist. Jedes Mal, wenn er etwas Verbotenes tun will (Teppich anknabbern, Papierkorb umkippen, am Tisch hochstehen, aufs Sofa klettern usw.) verfahren Sie genauso, wie beim Beibringen von »Nein« beschrieben: Sie warnen mit einem einzigen »Nein«, und falls Ihr kleiner Racker dann nicht augenblicklich mit seinem Tun aufhört, schreiten Sie energisch und ohne zu zögern ein, so oft und so hart wie nötig.

Hin und wieder ergibt sich auch die Gelegenheit zu einer anonymen Strafe (Kissen werfen o.Ä.). Falls Charly zu Ihnen aufs Sofa oder Bett springen will, ist es das Beste, ihn mit einer raschen Armbewegung kommentarlos hinunterzufegen und nicht weiter zu beachten.

Wenn Sie Ihren Hund in dieser Zeit, die durchaus Wochen oder Monate dauern kann, doch einmal unbeaufsichtigt lassen müssen, packen Sie alles weg, was nicht niet- und nagelfest ist, besonders Dinge, an denen er sich schon öfter vergriffen hat. Oder präparieren Sie solche besonders beliebten Gegenstände mit Tabascosauce, Teebaumöl oder Bitterapplespray (Bitterstoff aus Äpfeln) und legen Sie sie erneut aus. Etwas, das so schlecht schmeckt, wird Charly auch in Ihrer Abwesenheit kein weiteres Mal anrühren, und Sie brauchen nicht ein-

> ### ▶ Tipp
>
> Statt nur zu schimpfen und zu strafen, bieten Sie Charly genug Beschäftigungen, attraktives Spielzeug und immer wieder neue, interessante Kaugegenstände an. Je besser er durch erlaubte Dinge ausgelastet ist, umso geringer ist die Gefahr, dass er sich mit etwas Verbotenem beschäftigt.

mal persönlich einzugreifen. Es ist auch durchaus vernünftig, bestimmte Situationen zu stellen, ehe Charly sich etwas Falsches angewöhnt hat. Verstecken Sie sich also ruhig mal hinter der Küchentür, nachdem Sie einen extra verführerischen Teller mit Wurst auf den Tisch gestellt haben.

▸ Menschen begrüßen

Menschen zu begrüßen ist eine Kunst, die gelernt sein will. Gerade bei kontaktfreudigen Rassen (Retriever!) kann man gar nicht früh genug anfangen, das ordentliche Begrüßen zu üben. Die eiserne Regel heißt: Charly wird nur beachtet, wenn er alle vier Pfoten auf dem Boden hat. Entziehen Sie ihm die Aufmerksamkeit, wenn er Sie anspringt: Er ist ab sofort Luft für Sie, und zwar so lange, bis er wieder unten ist. Vorsicht – auch schimpfen, wegstoßen, angucken oder anreden ist in diesem Sinne belohnende Aufmerksamkeit! Vergessen Sie auch nicht, großzügig mit Ihrer Zuwendung zu sein, wenn er länger als zwei Sekunden mit allen vieren am Boden bleibt.

Erklären Sie die eiserne Regel allen Familienmitgliedern und Besuchern. Auch Passanten dürfen den Welpen zwar gern streicheln, da das ja auch der Sozialisierung dient. Aber wenn sie Charly geradezu zum Anspringen ermuntern, müssen Sie ihn wohl oder übel an die Leine nehmen, damit er sich nichts Unerwünschtes angewöhnt. Davon, dass Sie ihn einfach an straffer Leine zurückhalten, lernt Charly allerdings noch nichts. Sie sollten daher gezielt das Nicht-Anspringen trainieren.

Machen Sie Charly durch Streicheln und Sprechen aufmerksam und sogar etwas aufgeregt. Richten Sie sich auf. Wenn er Sie anspringt, ignorieren Sie ihn. Wenn er mehrere Sekunden unten geblieben ist, loben Sie ihn mit »Brav« und geben ihm eine Belohnung. Steigern Sie bei weiteren Übungen die Aufregung und damit auch den Schwierigkeitsgrad, indem Sie ausgelassen mit ihm spielen oder ihn mit Leckerchen oder Spielzeug geradezu zum Anspringen verlocken. Nach einigen solcher Übungen wird es Ihnen nicht mehr gelingen, Charly zum Anspringen zu bewegen. Führen Sie dann dieselbe Prozedur noch einmal von vorn mit mehreren anderen Personen durch, bis Charly seine Lektion genügend verallgemeinert hat. Lob und Belohnung fürs Untenbleiben können dabei ebenso gut von Ihnen wie von der anderen Person kommen. Benutzen Sie die Leine, falls es Ärger geben würde, wenn Charly jemanden anspringt oder wenn Ihr »Statist« die eiserne Regel nicht kennt.

▸ Hundebegegnungen

Es ist natürlich nichts dagegen einzuwenden, dass Charly andere Hunde begrüßt. Doch auch hier kommt es auf das Wie an. Wenn Charly schon auf 100 m unkontrollierbar auf jeden anderen Hund zustürzt oder wie verrückt an der Leine zieht, ist das nicht nur lästig, sondern auch gefährlich. Charly könnte Sie zu Fall bringen, überfahren werden oder von dem fremden Hund gebissen werden, denn leider sind nicht alle Hunde bedingungslos freundlich zu Artgenossen.

Wenn Sie Ihrem Hund im Spiel das Anspringen erlauben, dürfen Sie sich nicht wundern, wenn er es auch in anderen Situationen tut.

Am besten suchen Sie wortlose Verständigung mit dem anderen Hundebesitzer. Lässt der seinen Hund weiter frei laufen, obwohl er Sie und Charly gesehen hat, ist für gewöhnlich alles in Ordnung, und Sie können auch Charly laufen lassen. Nimmt der andere aber bei Ihrem Anblick seinen Hund bei Fuß oder behält ihn an der kurzen Leine, sollten Sie Charly ebenfalls an die Leine nehmen und erst einmal abklären, ob eine direkte Begegnung der Hunde überhaupt möglich und erwünscht ist. Falls der andere Hundebesitzer die Hunde nicht zusammenlassen will, respektieren Sie das bitte. Er hat vielleicht gute Gründe dafür.

Am besten bringen Sie schon dem Welpen bei, dass er beim Auftauchen eines fremden Hundes nicht einfach losrennt, sondern sozusagen Ihre Erlaubnis abwartet. Es ist dann viel leichter, kritische Situationen zu entschärfen oder zu vermeiden. Holen Sie, wann immer möglich, bei einer Hundebegegnung Ihren Welpen erst zu sich heran, konzentrieren Sie ihn einen Moment lang auf sich und lassen Sie ihn vielleicht sogar kurz »Sitz« machen. Benutzen Sie dafür ruhig ein besonders schönes Leckerchen oder Spielzeug, das Sie ihm direkt vor die Nase halten, denn er wird sicher durch den anderen Hund sehr abgelenkt sein. Falls die Situation es erlaubt, können Sie ihn danach mit »Okay« zu dem anderen Hund lassen.

Leinen Sie Charly auf keinen Fall ab, wenn er gerade zappelt, in der Leine hängt oder bellt, denn das wäre eine direkte Belohnung fürs Zerren und Kläffen!

Zuerst ist das alles zugegebenermaßen etwas mühsam, und Sie müssen sich schon richtig ins Zeug legen, um Charly auf sich zu konzentrieren. Aber von Begegnung zu Begegnung wird es besser gehen.

▸ Nicht an der Leine ziehen

An einer Leine geführt zu werden, ist für ein Tier sehr unnatürlich und bedarf eigentlich geduldiger Übung. Doch leider zwingt der Straßenverkehr dazu, den Welpen schon früh und damit ohne große Vorbereitung an der Leine zu führen. Außerdem macht sich kaum ein Hundehalterneuling wirklich klar, wie unangenehm das Leineziehen beim ausgewachsenen Hund ist und wie hartnäckig es sich hält. Also lässt man zu, dass Klein-Charly sich mit allen Vieren in die Leine stemmt. Charly wird unterdessen immer größer und stärker und gewinnt den Eindruck, dass Leineziehen der einzige Weg ist, dahin zu kommen, wo er hinwill. Von diesem »Aberglauben« ist er später durch noch so viele Leinenrucke kaum mehr abzubringen, denn er wird dabei zwar kurz zurückgerissen, aber danach geht es ja gleich wieder vorwärts. Erfolg: Der Hund wird immer härter im Nehmen

Hunde begrüßen ja – aber bitte nicht so!

und stemmt sich weiterhin in die Leine, oft genug sogar noch mit einem Würge- oder Stachelhalsband.

Die Devise beim An-der-Leine-Gehen heißt daher: Lassen Sie sich niemals (!) von Ihrem Hund irgendwohin zerren, nicht einmal von einem Welpen! Er kommt grundsätzlich nur dann dahin, wo er gern hinmöchte, wenn er an lockerer Leine geht. Wenn Charly Sie schon monate- oder jahrelang durch die Gegend gezogen hat, wird das Umlernen allerdings seine Zeit brauchen.

Die erste »Verteidigungslinie« gegen das Leineziehen: Jedes Mal, wenn Charly so stark zieht, dass es für Sie unbequem wird, bleiben Sie stehen. Sagen Sie nichts, rucken Sie nicht an der Leine – »spielen« Sie Baum. Der Hund wird sich wundern und ratlos herumstehen, ein Welpe vielleicht sogar heftig zappeln und kämpfen. Ignorieren Sie das und warten Sie ab, bis er zu Ihnen zurückkommt. Nur wenn er gar nicht auf die richtige Idee kommen will, locken Sie ihn anfangs ein paar Mal zu sich. Wenn er bei Ihnen angekommen ist, loben Sie ihn herzlich mit »Brav« und gehen weiter – bis zum nächsten Stopp. Geben Sie ihm öfter mal ein Leckerchen, wenn er wieder bei Ihnen angekommen ist und vor allem auch, wenn er ein paar Schritte an lockerer Leine etwa auf Ihrer Höhe geht. Auch dabei können Sie ihm anfangs helfen, indem Sie mit ihm reden oder ein Leckerchen oder Spielzeug in der Hand halten.

Sollte Ihr Hund trotz mehrtägigen Baumspielens jedes Mal wieder ziehen, sobald Sie weitergehen, machen Sie beim nächsten Ziehen wortlos kehrt und gehen ein Stück in die entgegengesetzte Richtung, wobei Sie Ihren Hund ruhig wie einen Mehlsack hinter sich herschleppen dürfen. Das Gleiche können Sie machen, wenn Charly sich bei einem Stopp minutenlang am Ende der Leine hinsetzt und versucht, die kleine Meinungsverschiedenheit »auszusitzen«. Sie können auch 2-3 m stur rückwärts gehen, das hat einen ähnlichen Effekt. Die Hauptsache ist, dass es nicht mehr weitergeht, sondern eher wieder zurück, sobald die Leine stramm ist. Loben und belohnen Sie Charly aber auch hierbei, wenn er an Ihre Seite kommt oder gar auf Ihrer Höhe mitgeht.

Zusätzlich können Sie gezielt üben, dass Charly auch dann an lockerer Leine geht, wenn er aufgeregt und ungeduldig ist. Gehen Sie mit ihm an der Leine auf ein ausgelegtes Spielzeug oder Leckerchen oder eine ihm gut bekannte Person zu. Zieht er, bleiben Sie stehen oder gehen sogar wieder an den Anfangspunkt zurück. Schafft er es, dass die Leine locker bleibt, kommt er zügig an sein Ziel.

Verlangen Sie im Übrigen von Charly nicht mehr »strenges« An-kurzer-Leine-Gehen als nötig, denn dabei muss er sich auf ein für ihn unbequem langsames Tempo beschränken und langweilt sich fürchterlich. Achten Sie darauf, die Leine nicht unwillkürlich immer kürzer zu nehmen, bis Charly praktisch gar nicht anders kann, als zu ziehen. Und benutzen Sie ruhig eine lange oder Flexi-Leine, falls Ihr Hund öfter an der Leine gehen muss, als Ihnen beiden lieb ist. Doch selbstverständlich dulden Sie auch und gerade an der langen Leine keinerlei Ziehen!

Gelegentlich zieht ein Hund auch mal nach hinten an der Leine: Er weigert sich mitzukommen. Welpen bis zum Alter von ca. 5 Monaten wollen manchmal ihr »Wurflager« nicht verlassen. Da die instinktive Sperre sich nur auf das Überschreiten der »Reviergrenze« bezieht, kommt der Welpe ganz normal mit, wenn man im Auto von zu Hause wegfährt oder ihn die erste Strecke trägt. Mit der Zeit gibt sich dieses Problem von selbst. Handelt es sich um einen älteren Hund, der sich angewöhnt hat zu »bocken«, vergewissern Sie sich, dass das Halsband eng genug sitzt, und schleppen Sie ihn fröhlich und beherzt mit. Sobald Sie spüren, dass er mitläuft (aber erst dann!), loben Sie ihn überschwenglich (»Brav«) und stecken ihm ab und zu ein Leckerchen zu. In wenigen Tagen wird das Problem gelöst sein.

> **Tipp**
>
> Ihr Hund soll die Leine als Ihren verlängerten Arm respektieren. Erlauben Sei ihm daher nicht, darauf herumzukauen oder damit zu spielen. Jedes Mal, wenn er in die Leine beißt, nehmen Sie sie ihm mit einem »Nein« und einem festen Griff über die Schnauze wieder weg. Geben Sie ihm gegebenenfalls etwas anderes zum Tragen und Spielen.

▸ Beißhemmung

Ganz jungen Welpen lassen die erwachsenen Rudelmitglieder beinahe alles durchgehen. Aber schon mit etwa sechs Wochen ist es vorbei mit der Narrenfreiheit. Wer nun den Alten am Schwanz zieht oder Mutters Gesäuge malträtiert, riskiert eine ganz gehörige Zurechtweisung. Und wer im Spiel mit den Geschwistern zu fest beißt, bekommt entweder in gleicher Münze zurückgezahlt oder steht bald allein da, weil die Spielpartner sich »beleidigt« zurückziehen. Die nadelspitzen Milchzähne haben schon ihren Sinn: Sie zwingen die Rudelmitglieder förmlich dazu, dem Welpen – solange er noch klein und im Grunde genommen harmlos ist – beizubringen, dass er mit seinem gefährlichen Gebiss vorsichtig umgehen muss.

Am besten machen Sie es genauso wie Mutter und Geschwister Ihres Hundes. Wenn Ihr Welpe beim Spielen zu fest beißt oder an Ihrer Kleidung reißt, rufen Sie »Autsch!« und ziehen sich zurück, das heißt, Sie unterbrechen das Spiel für wenigstens zehn Sekunden (Auszeit). Tun Sie ruhig übertrieben wehleidig – Charly soll das Gefühl bekommen, dass Menschen richtige Sensibelchen sind, die man behandeln muss wie ein rohes Ei. Die meisten Welpen sind sehr betroffen und sofort viel vorsichtiger. Beißt Ihr Hund in derselben Spielphase aber wiederholt zu fest, brechen Sie das Spiel spätestens beim dritten Mal ganz ab.

Ist Ihr Welpe ein kleiner Grobian, der sich um Ihr »Aufjaulen« nicht kümmert, müssen Sie auf Ihre Autorität pochen. Wenden Sie wie bei der »Nein«-Übung einen Nackengriff an. Falls Charly ein ganz besonders hartes Bürschchen ist (Terrier!), fasst er einen solchen Griff vielleicht zunächst als lustiges Raufspiel auf und dreht erst recht auf. Wiederholen Sie in diesem Fall den Nackengriff wesentlich härter und mit einem kräftigen »Nein«, notfalls mehrfach hintereinander, bis Ihr kleiner Wüterich aufgibt. Sie müssen dies bei manchen Welpen einfach auskämpfen. Es ist gut möglich, dass eine einzige Lektion ausreicht, aber die sollten Sie nicht wochenlang hinauszögern. Es wird dadurch nur schwieriger für Sie beide.

Dulden Sie es vom ersten Tag an nicht, dass Ihr Welpe kleine Kinder verfolgt und in die Hacken beißt oder wüst anspringt. Sicher ist es vom Hund aus nur Spiel, aber der Welpe wird schnell größer und gröber, und Sie können von Ihrem Kleinkind nicht erwarten, dass es allein mit einem rücksichtslosen Junghund fertig wird. Gehen Sie also selbst energisch dazwischen.

Achten Sie auch auf »große Kinder« (z.B. Männer in Ihrer Familie), die aus Spaß kleine Raufereien mit dem Hund austragen oder ihn dazu ermuntern, an ihnen hochzuspringen und ihnen Spielzeug aus der Hand zu reißen. Ihr Hund lernt dadurch schlechte Manieren. »Steht« die Grunderziehung erst einmal, kann Ihr »großes Kind« immer noch ein wilderes Spiel herauskitzeln, wenn es unbedingt sein muss. Charly wird dann leichter in der Lage sein zu erkennen, dass es sich dabei um eine Ausnahme handelt, die nur bei dieser bestimmten Person erlaubt ist.

▶ **Tipp**

Falls Sie einen Ihnen noch fremden erwachsenen Hund übernommen haben, der im Spiel zu grob ist, beschränken Sie Ihre Maßnahmen besser auf »Autsch!« oder auch einmal ein hartes, böses »Nein« und Spielabbruch. Er könnte einen Nackengriff nämlich als ungerechtfertigte Attacke Ihrerseits auffassen und mit heftiger Gegenwehr reagieren. Oder er dreht noch mehr auf, weil er glaubt, dass Sie jetzt so richtig wild mit ihm spielen wollen.

Zum Thema Beißhemmung gehört auch das manierliche Nehmen von Leckerchen aus der Hand. Halten Sie Charly einen leckeren Happen hin, auf den er richtig gierig ist. Nimmt er ihn vorsichtig mit den Lefzen, darf er ihn natürlich haben. Spüren Sie aber seine Zähne – womöglich schmerzhaft – an Ihren Fingern, ziehen Sie das Leckerchen mit einem gekränkten »Aua!« ganz aus seiner Reichweite und machen eine Kunstpause (Auszeit) von ein paar Sekunden. Dann bieten Sie es ihm erneut an. Klappt die Lektion so weit, machen Sie sie ruhig noch schwieriger, indem Sie ihn zuvor mit dem Leckerchen »ärgern«, das heißt, Sie bewegen es schnell hin und her, halten es ein paar Mal dicht vor seine Nase und ziehen es wieder weg. Auch unter diesen Umständen darf er nicht schnappen!

▶ **Tipp**

Kinder neigen natürlich dazu, Leckerchen schnell loszulassen, wenn der Hund schnappt. So lernt er in Windeseile, dass Schnappen Erfolg bringt, und wird immer rücksichtsloser. Üben Sie daher das manierliche Nehmen von Leckerchen zuerst selbst und machen Sie dann zusammen mit Ihren Kindern weitere Übungen. Kleine Kinder können dem Hund Leckerchen besser von der flachen Hand reichen, wie bei einem Pony.

▶ **»Aus«**

Laufen Sie nie hinter Ihrem Hund her, wenn er mit etwas im Maul vor Ihnen wegrennt. Das schadet Ihrer Autorität, und einholen können Sie ihn doch nicht. Alles, was Charly aus solchen

Hetzjagden lernt, ist, dass er schneller und geschickter ist als Sie und dass es Ärger gibt, wenn er sich von Ihnen greifen lässt. Manche Hunde lernen sogar, gezielt die Fernbedienung vom Couchtisch zu klauen, denn dann gibt es garantiert ein lustiges Haschespiel mit der ganzen Familie. Andere Hunde gewöhnen sich an, wahllos alles hinunterzuschlucken, was sie aufnehmen, egal ob es essbar ist oder nicht. Das bedeutet unter Umständen Lebensgefahr für Ihren Hund und auf alle Fälle eine hohe Tierarztrechnung.

Am besten ignorieren Sie es, wenn Charly mal etwas geklaut hat und Sie nicht schnell genug waren, das im Vorfeld zu verhindern. Ist es ein wertvoller oder für ihn gefährlicher Gegenstand, lenken Sie ihn ab, indem Sie z.B. zur Haustür gehen und die Leine nehmen oder in der Küche mit der Hundekuchentüte rascheln. Höchstwahrscheinlich lässt er seine Beute dann fallen, und Sie können ihn am Halsband fassen und den Gegenstand einsammeln. So ein Ablenkungsmanöver darf aber nur im Notfall benutzt werden, denn es ist natürlich auch eine Belohnung fürs Klauen. Führen Sie daher am besten mit dem »geretteten« Gegenstand eine »Nein«-Übung durch oder besprühen Sie ihn mit Bitterapple und legen ihn wieder aus, damit sich der Vorfall nicht wiederholt. Und trainieren Sie unbedingt das »Aus«!

Auf »Aus« soll Charly später einmal möglichst gern und vertrauensvoll alles hergeben oder fallen lassen, was er im Maul hat. Der Haken an der Sache ist, dass es natürlich eine Art Strafe (nämlich das Entziehen von etwas Angenehmem) ist, wenn Sie Charly eine »Beute« wegnehmen. Sie müssen ihn deshalb beim Training davon überzeugen, dass es vorteilhaft für ihn ist, dem »Aus« zu gehorchen. Sonst wird er später, wenn er außerhalb Ihres direkten

Ob er das jetzt wohl hergeben würde?

Einwirkungsbereichs ist und Ihr »Aus« hört, schnell mit dem Gegenstand weglaufen oder ihn fressen.

Beginnen Sie mit Tauschgeschäften, bei denen Charly Gewinn macht. Wenn er einen Kauknochen hat, gehen Sie hin, sagen »Aus« und halten ihm ein Häppchen Wurst vor die Nase. Während er die Wurst frisst, nehmen Sie ihm mit der anderen Hand schnell den Knochen weg, geben ihn aber nach wenigen Sekunden mit »Brav« oder »Okay« wieder zurück. Auf die gleiche Weise können Sie Charlys Spielzeug gegen ein Leckerchen oder beliebteres Spielzeug tauschen. Wiederholen Sie solche Übungen so lange, bis Charly bei Ihrem »Aus« eher erfreut als unwillig wirkt und ganz entspannt bleibt, wenn Sie sich ihm nähern.

Nächster Schritt: Sie behalten Ihren Tauschartikel in der Tasche, bis Sie Charlys Gegenstand in der Hand haben. Wenn er seinen Besitz bereitwillig hergibt, obwohl er vorher nicht gesehen hat, ob und was Sie als Tauschobjekt anbieten, ist das Ziel im Grunde genommen erreicht. Meist reicht nun als Belohnung, dass er seine »Beute« nach einer kurzen Begutachtung wieder bekommt. Ab und zu gibt es auch noch ein Leckerchen, vor allem falls Sie Charlys Beute einbehalten müssen.

Manchmal gibt es Hunde, die um keinen Preis tauschen wollen, vielleicht auf Grund von schlechten Vorerfahrungen mit dem »Aus«. Üben Sie dann anfangs folgendermaßen: Leinen Sie Charly an und geben Sie ihm etwas, das er zwar mag, aber nicht übertrieben begehrenswert findet. Bieten Sie ihm zum Tausch etwas sehr Attraktives. Wenn er nicht darauf eingeht, stellen Sie sich auf die Leine, fassen mit der Hand über Charlys Schnauze und sagen freundlich, aber bestimmt noch einmal »Aus«. Drücken Sie danach Charlys Lefzen allmählich immer fester gegen seine Zähne, bis er loslassen muss – aber alles in möglichst sachlicher und gelassener Atmosphäre. Hat er gezwungenermaßen losgelassen, loben Sie ihn sehr (»Brav«) und geben ihm zuerst das Tauschobjekt als Belohnung und dann seine »Beute« wieder zurück. Nach und nach üben Sie auch mit schwierigeren, weil attraktiveren Objekten. Mit etwas Geduld und Beharrlichkeit kommen Sie auch bei diesem Hund so weit, dass er freiwillig Gegenstände hergibt.

Um Knurren am Futternapf vorzubeugen, überzeugen Sie Charly davon, dass die Annäherung eines Menschen in dieser Situation eine gute Sache ist. Tun Sie ihm, während er gerade frisst, ein paar besonders schöne Leckerchen oder einen »Nachschlag« in den Napf. Wiederholen Sie die Übung ein paar Tage lang, bis er erfreut oder zumindest entspannt ist, wenn Sie sich ihm beim Fressen nähern. Dann gehen Sie dazu über, zuerst seine Schüssel hochzunehmen, ehe Sie die Leckerchen hineintun und ihm das Ganze wiedergeben. Obwohl Kinder vorsichtshalber lernen sollten, dass man Hunde beim Fressen nicht stört, beziehen Sie Ihre Kinder oder andere Personen ruhig in das Training mit ein, allerdings nur unter Ihrer Aufsicht. Das ist eine ganz gute »Versicherung« dagegen, dass Charly irgendwann mal nach jemandem schnappt, der beim Fressen über ihn stolpert.

Falls Ihr Hund beim Fressen schon knurrt, strafen Sie ihn besser nicht. Knurren am Futter ist vor allem ein Ausdruck von Unsicherheit – ein domi-

Auch einmal angebunden warten: für diese beiden kein Problem.

nanter Hund hat das gar nicht nötig. Er würde auch einen unterlegenen Hund nicht angreifen, nur weil dieser knurrend frisst. Üben Sie stattdessen wie beschrieben, aber binden Sie Charly vorsichtshalber an, ehe Sie ihm das Futter hinstellen. Lassen Sie die Leckerchen außerdem anfangs nur von oben in oder neben den Napf fallen. Füttern Sie ihn auch ruhig ein paar Tage lang aus der Hand. Sollte er dabei knurren, unterbrechen Sie das Füttern für mindestens 10 Sekunden. Beim dritten Knurren verschwindet das Futter bis zur nächsten Mahlzeit ganz.

▶ Handling-Übungen

Jedes wilde Tier wehrt sich instinktiv, wenn es festgehalten oder sonst in seiner Freiheit eingeschränkt wird. Hunde finden sich als Haustiere zwar relativ leicht mit solchen Einschränkungen ab, aber lernen müssen sie es trotzdem, und zwar, wenn irgend möglich, schon im Welpenalter, weil es dann ungleich einfacher ist. Im englischsprachigen Raum gibt es für dieses »Handhaben«

des Hundes den passenden Begriff »handling«: umgehen mit dem Hund, ihn anfassen, behandeln und z.B. auch auf Ausstellungen vorstellen.

> ▶ **Tipp**
>
> Zum Hochheben legen Sie bitte auch bei einem kleinen Hund eine Hand zwischen seine Vorderbeine unter den Brustkorb und stützen Sie mit der anderen Hand sein Hinterteil ab. Heben Sie ihn nicht unter den Achseln hoch wie ein Kleinkind. Das tut ihm weh und führt leicht zu Zerrungen im Schulterbereich.

Nehmen Sie Ihren Welpen hin und wieder auf den Arm oder Schoß oder halten Sie ihn einfach fest. Streicheln Sie ihn dabei etwas und reden Sie ihm freundlich zu. Sollte er ungeduldig werden und strampeln, jaulen oder gar schnappen, schimpfen Sie bitte nicht mit ihm und werden Sie auch nicht grob. Er soll ja die Erfahrung machen, dass er bei nichts, was Sie mit ihm anstellen, Angst zu haben braucht. Aber lassen Sie ihn auch auf gar keinen Fall los oder hinunter, denn dadurch würde er schnell lernen, dass er seinen Willen durchsetzen kann, indem er gegen Sie ankämpft. Halten Sie ihn also weiter fest und sitzen Sie das Gezappel unter freundlichem Geplauder aus. Sie machen ihm so in entspannter Atmosphäre Ihre körperliche Überlegenheit klar. Wenn er eine gute Weile ruhig war, darf er wieder hinunter und weiterspielen. Falls Ihr Welpe seine spitzen Zähnchen gebraucht, ziehen Sie ruhig Gartenhandschuhe an oder halten Sie ihn am Nackenfell dicht unterhalb der Ohren stramm fest (ohne zu schütteln oder zu schimpfen!), so können Sie ihn wirkungsvoll am Schnappen hindern.

Ebenso wichtig ist es, dass Charly sich überall von Ihnen anfassen lässt und dass aus der Körperpflege kein Ringkampf wird. Gerade einen langhaarigen Hund sollte man schon ab dem Welpenalter, wenn das Fell noch pflegeleicht und kurz ist, regelmäßig bürsten. Später, bei langem Fell, zieht es bei aller Vorsicht sicher doch einmal. Wenn Sie erst jetzt mit dem Bürsten beginnen, sind die ersten Erfahrungen Ihres Hundes mit der Fellpflege schmerzhaft. Kein Wunder, dass er die Prozedur dann bald hasst!

Aus denselben Gründen sollten Sie auch oft genug und rechtzeitig in Charlys Ohren schauen, sein Maul aufklappen und alle Zehen einzeln anfassen, ja am besten sogar das Fiebermessen im After ab und zu üben. Ihr Tierarzt wird Ihnen Komplimente machen, vor allem wenn Sie Ihre Übungen gelegentlich auf einem Gartentisch durchführen und fremde Personen mit einbeziehen.

Es ist sehr wichtig, dass Ihr Hund sich überall vertrauensvoll von Ihnen anfassen lässt.

Natürlich findet wieder alles in freundlicher Atmosphäre statt. Reden Sie nett mit Charly und stecken Sie ihm ein paar Leckerchen zu. Sollte er zappeln oder schnappen, lassen Sie ihn nicht entwischen. Machen Sie freundlich, aber bestimmt weiter, wobei Sie Körperstellen, an denen er offensichtlich empfindlich ist, anfangs nur ganz kurz und wie nebenbei berühren.

Ist Ihr neuer Hausgenosse bereits erwachsen, kann seine Gegenwehr so heftig sein, dass Sie die Sache nicht ein-

Lassen Sie Ihren Welpen auf keinen Fall herunter, während er zappelt und Theater macht.

fach »aussitzen« können. Er ist stärker, größer und selbstbewusster als ein Welpe und hat vielleicht schon schlechte Erfahrungen gemacht, z.B. bei der sehr schmerzhaften Behandlung von Ohrenzwang. Lassen Sie die Übungen zum Tragen und Auf-den-Arm-Nehmen ruhig weg (vielleicht ist Charly dafür sowieso zu groß). Binden Sie den Hund anfangs an und berühren Sie ihn nur da, wo er es offensichtlich gern mag (meist Rücken und Brustkorb). Beziehen Sie nach und nach Hinterteil, Beine, Pfoten, Bauch, Kopf, Ohren, Schnauze usw. mit ein. Seine empfindlichen Stellen berühren Sie nur flüchtig und kurz und geben ihm jeweils sofort danach ein Leckerchen. Wenn Sie dies ein paar Tage lang häufig wiederholen, bekommt Ihr Hund durch Verknüpfung eine positive Einstellung zu der Berührung. Das Verfahren ist auch geeignet, damit ein Hund nach einer unangenehmen Prozedur beim Tierarzt sein Vertrauen wiedergewinnt.

▶ **Tipp**

Bei Hunden, die wirkliche Probleme mit Berührungen und der Einschränkung ihrer Bewegungsfreiheit haben, ist der Tellington-TTouch eine sehr geeignete Therapieform.

Charly sollte auch lernen, angebunden zu warten ohne Theater zu machen und ohne Sie beim Abholen anzuspringen. Binden Sie ihn gut fest und gehen Sie ein paar Meter weg. Wenn er einige Augenblicke wartet ohne zu bellen, zu jaulen oder in die Leine zu springen, gehen Sie zügig wieder zurück. Fängt er dann wieder an zu toben, bleiben Sie sofort stehen. Macht er weiter, entfernen Sie sich wieder, ebenso, wenn Sie fast bei ihm angekommen sind und er Sie anspringen will. Ihn abholen, streicheln oder ihm ein Leckerchen geben »können« Sie eben leider nur, wenn er sich vernünftig benimmt. Wiederholen Sie diese Übung ruhig ein paar Mal direkt hintereinander, das erhöht den Lerneffekt.

▶ **»Warte«**
Dulden Sie es nicht, dass Charly Sie an Türen beiseite drängt, um selbst schneller hinauszukommen – das ist eine Unverschämtheit Ihnen gegenüber. Aus Sicherheitsgründen muss er auch lernen, nicht voreilig aus der Haustür zu rennen oder aus dem Auto zu springen. Um das zu erreichen, sorgen Sie am besten dafür, dass Charly nur mit ruhigem Warten Erfolg hat. Öffnen Sie die Tür gerade so weit, dass er nicht durchpasst, und halten Sie sie gut fest. Wenn er wie gewohnt versucht, rücksichtslos ins Freie zu drängen, schließen Sie die Tür langsam wieder. Es geht nicht darum, Charly einzuklemmen, sondern zu verhindern, dass er hinauskommt. Wiederholen Sie den Vorgang, bis er zögert und zurückbleibt, statt auf den Spalt loszuschießen, und gehen Sie dann rasch vor ihm hinaus. Für die erste Lektion ist das genug.

Bei weiteren Übungen öffnen Sie die Tür auch weiter, nur um sie blitzartig wieder zu schließen, falls Charly hindurchstürmen will. Anfangs werden Sie die Tür mehrere Male öffnen und schließen müssen, aber schon nach wenigen Tagen wird es für Charly zur Selbstverständlichkeit, Sie vorzulassen. Hat sich die Sache etwas eingespielt, können Sie das Kommando »Warte«

Auch wenn dieser Hund noch so gern aussteigen möchte: er hält sich brav an das Kommando »Warte!«

einführen. Charly wird schnell begreifen, dass eine Tür, vor der Sie »Warte« gesagt haben, ihn nicht durchlassen wird. Erst Ihr »Okay« oder »Komm« teilt ihm mit, dass der Durchgang jetzt für ihn frei ist.

Manche Türen, wie z.B. Heckklappen von Autos, sind aus technischen Gründen nur bedingt für diese Methode geeignet. Hat der Hund schon etwas Erfahrung mit »Warte« an anderen Türen, reicht aber meist eine symbolische Andeutung des Wieder-Schließens, die man auch mit einer Autotür gefahrlos durchführen kann.

Eine andere Methode, das »Warte« zu üben, die gerade auch bei jungen Welpen sehr gut funktioniert: Beziehen Sie Position auf der Schwelle einer offenen Tür. Sagen Sie »Warte« und schubsen Sie Charly mit einem erneuten »Warte« geduldig immer wieder zurück, bis er aufgibt und nicht mehr versucht, die Schwelle zu überschreiten. Dann fordern Sie ihn mit einem aufmunternden »Okay« oder »Komm« auf, Ihnen durch die Tür zu folgen.

▶ **Allein bleiben**
Allein bleiben ist eigentlich eher unnatürlich für Hunde. Sie können es aber in der Regel lernen, manche überraschend problemlos, andere nur sehr schwer. Warten Sie bei einem neuen Hund nicht zu lange damit, das Training fürs allein bleiben anzugehen, sonst wird es nachher umso schwieriger. Ein Welpe sollte allerdings noch nicht mehrere Stunden sich selbst überlassen bleiben, weil er leicht Ängste entwickeln oder sich ohne Aufsicht etwas Unerwünschtes angewöhnen kann.

Für die meisten Hunde sind drei oder vier Stunden tägliches allein bleiben mit etwas Gewöhnung gut erträglich, während es bei über sechs Stunden leicht einmal problematisch wird. Dabei ist es fast egal, ob der Hund in einem engen Zwinger, in der Wohnung oder einem wunderschönen großen Gehege eingesperrt ist, denn die allermeisten Hunde verbringen die einsame Zeit ohnehin nur mit Warten und Schlafen und das gilt oft sogar, wenn man mehrere Hunde hält.

Erfolgreiches Alleinbleiben braucht, zumindest im Trainingsstadium, geeignete Rahmenbedingungen. Charly sollte satt, müde und vor kurzem noch ein-

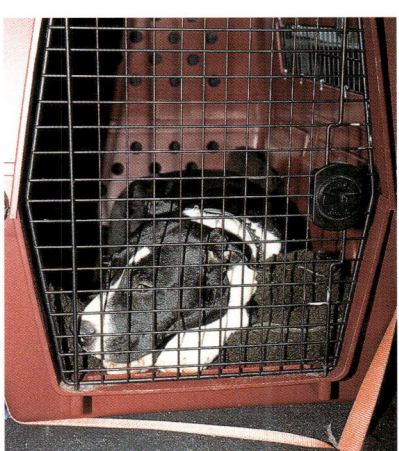

Dieser Hund fühlt sich in seiner Box geborgen, egal ob zu Hause, im Auto oder im Hotelzimmer.

mal »Gassi« gewesen sein. Machen Sie ihm bitte nicht abrupt die Tür vor der Nase zu, wenn er vom Spielen oder Spazierengehen noch so richtig aufgedreht ist. Widmen Sie sich die letzte Viertelstunde, ehe Sie weggehen, ganz bewusst nicht dem Hund. Das gibt ihm die Gelegenheit, sich für die kommende Wartezeit sozusagen »herunterzuregeln«. Abschied und Begrüßung sollten Ihrerseits nicht allzu überschwenglich verlaufen, sonst fällt Charly in ein »emotionales Loch«, wenn Sie weg sind und fiebert Ihrer Rückkehr übertrieben entgegen. Es ist psychologisch günstiger, wenn Charly lernt, von selbst (wenn auch widerwillig), zurückzubleiben, als wenn Sie ihn an der Tür zurückschieben müssen, damit er Ihnen nicht folgt. Wenn die Rahmenbedingungen gegeben sind, verlassen Sie den Raum, bei weiteren Übungen auch das Haus, zunächst nur für wenige Minuten. Wenn Sie vorher schon einige Übungen zum Warten an Türen oder Anbinden gemacht haben, sollte es eigentlich keine Probleme geben. Allmählich erhöhen Sie dann die Dauer Ihres Fortbleibens.

Wenn Charly in Ihrer Abwesenheit die Einrichtung verwüstet oder pausenlos bellt, macht er das nicht etwa aus Spaß, sondern um seinen übergroßen Stress abzubauen. Schimpfen Sie auf keinen Fall im Nachhinein mit ihm, wenn er in Ihrer Abwesenheit etwas angestellt hat. Er wird nicht verstehen, warum Sie böse sind, und wenn er nicht weiß, welche Laune Sie haben werden, wenn Sie zurückkommen, wird sein Stress – und damit die Wahrscheinlichkeit, dass er heult, an der Tür kratzt oder etwas kaputt macht – nur umso größer.

Sollte Charly bei Ihrer Rückkehr bellen oder jaulen, warten Sie, bis er mindestens ein paar Sekunden lang still war, ehe Sie hineingehen, da er sich durch Ihre Rückkehr für das belohnt fühlt, was er gerade im Moment macht. Manche Hunde bekommen richtige Trotzanfälle und toben, bellen und kratzen wie verrückt an der Tür, um hinauszukommen. Ein solches Verhalten können Sie vermutlich nicht ignorieren. Reißen Sie also die Tür auf, schimpfen Sie kurz, laut und mit bösem Gesicht (»Pfui! Wirst du das wohl lassen!«) und knallen Sie die Tür wieder zu. Von so einem Auftritt wird Charly sich wohl kaum belohnt fühlen. Die Momente danach, in denen er still, weil erschrocken, hinter der Tür sitzt, nutzen Sie, um die Tür wieder zu öffnen und ihn ganz normal zu begrüßen und zu loben.

▶ Hilfen fürs allein bleiben

▶ Verstreuen Sie eine Hand voll kleiner Hundekuchen, sodass Charly direkt nach Ihrem Fortgang noch ein paar Minuten angenehm beschäftigt ist.
▶ Ein getragenes Kleidungsstück am Schlafplatz oder in der Nähe der Tür kann sehr tröstlich für Charly sein.
▶ Räumen Sie Schuhe, kleine Teppiche usw. außer Reichweite. Lassen Sie Charly stattdessen ein Kauspielzeug, einen Holzklotz, einen Pappkarton oder einen Stoffrest mit darin eingeknoteten Hundekuchen da, an dem er sich auslassen kann, ohne dass Erziehung oder Einrichtung Schaden nehmen.
▶ Für kürzere Abwesenheiten ist auch eine Hundebox gut geeignet, falls Charly richtig daran gewöhnt ist.

AUTO FAHREN

Im Falle eines Unfalls bietet diese ungesicherte Hundebox leider keinen ausreichenden Schutz.

Natürlich ist diese Methode eine Notlösung, da sie die Ursache des Problems – die Angst vor dem allein sein – nicht bekämpft. Sie verschafft Ihnen, möglichst nur einmal angewandt, jedoch die Chance, Lob und Belohnung für richtiges Verhalten (ruhiges Warten) anzubringen.

▶ Auto fahren

Das Gleichgewichtsorgan des Lauftiers Hund ist eigentlich nicht dafür geschaffen, Bewegungen auszugleichen, die dem Hund von außen aufgezwungen werden. Vielen Hunden wird daher beim Auto fahren übel. Zusammen mit den vielleicht beängstigenden Eindrücken durch den Benzingestank und Lärm kann schnell eine negative Verknüpfung mit dem Auto fahren zu Stande kommen. Oft geschieht dies bei der ersten längeren Fahrt, wenn der Welpe vom neuen Besitzer abgeholt wird. Gute Züchter gewöhnen ihre Welpen daher schon früh ans Auto. Planen Sie so oder so beim Abholen eines neuen Hundes sehr viel Zeit für die Heimfahrt ein. Nehmen Sie den Welpen auf den Schoß oder neben sich auf die Rückbank, während jemand anders fährt. Sie können ihn später immer noch an seinen endgültigen Platz im Heck oder Fußraum gewöhnen. Fahren Sie behutsam, rauchen Sie nicht und machen Sie viele Pausen, damit Ihrem Hund auf seiner ersten Autofahrt mit Ihnen möglichst nicht gleich schlecht wird.

Und so verläuft die Gewöhnung ans Auto optimal: Setzen Sie sich mit Charly in den Wagen und lassen Sie ihn etwas herumschnuppern. Geben Sie ihm ein Leckerchen und steigen Sie wieder aus. Beim nächsten Mal starten Sie den Motor. Tun Sie, als ob gar nichts wäre, auch wenn Charly ein wenig erschrickt. Geben Sie ihm ein Leckerchen, stellen

▶ Tipps fürs Auto fahren

☐ Vor einer längeren Autofahrt sollte der Hund mindestens zwei Stunden nichts gefressen haben.

☐ Wenn Charly während der Fahrt hechelt, speichelt oder »merkwürdig« guckt, halten Sie schnellstmöglich an und geben Sie ihm etwas Zeit, seinen Magen zu beruhigen.

☐ Homöopathische Mittel können helfen, Reisekrankheit zu lindern.

☐ Für manche Hunde ist es besser, wenn Sie beim Autofahren nicht aus dem Fenster schauen. Eine Reisebox oder der Fußraum vor dem Beifahrersitz sind dann geeignete Plätze.

☐ Fest in den Fahrzeugrahmen eingehängte Netze oder Gitter sind für die Sicherheit des Hundes und der Insassen das Beste, gefolgt von einem Hunde-Sicherheitsgurt guter Qualität. Auch der Fußraum vor dem Beifahrersitz ist relativ sicher, wenn Sie Charly mit einer festen Leine so kurz anbinden, dass er beim besten Willen nicht unters Bremspedal geraten kann.

Sie den Motor wieder ab und warten Sie noch ein paar Momente, ehe Sie beide wieder aussteigen. Wiederholen Sie diese Übung, bis Ihr Hund keine Vorbehalte mehr gegen das Motorengeräusch hat. Beim nächsten Versuch fahren Sie endlich los, aber nur ein oder zwei Kilometer weit. Machen Sie wenn möglich einen kleinen Spaziergang mit Charly, dann fahren Sie wieder nach Hause, wo Sie eine Runde mit ihm spielen oder ihn füttern. Wiederholen Sie solche Minifahrten ein paar Mal, bis Charly sich etwas an das Fahrgefühl gewöhnt und das Auto mit Annehmlichkeiten verknüpft hat. Nach und nach können Sie dann die Strecke verlängern. (Falls Ihr Hund schon massive Angst vorm Auto fahren hat, lesen Sie bitte im Kapitel »Probleme lösen« unter »Angstprobleme« auf Seite 116 nach.)

▶ Nicht hetzen

Egal ob es um Jogger, Radfahrer, Autos, Wild oder Haustiere geht, die Devise heißt: Wehret den Anfängen! Viele Hunde geraten beim Hetzen in eine Art Rauschzustand, bei dem körpereigene Endorphine (»Glückshormone«) freigesetzt werden, und zwar unabhängig davon, ob sie Beute machen oder nicht. Kein Wunder, dass es äußerst schwer ist, einen Hund, der sich das einmal angewöhnt hat, wieder vom Hetzen abzubringen. Geben Sie Ihrem Welpen oder Junghund also möglichst wenig Gelegenheiten, auf den Geschmack zu kommen. Nehmen Sie ihn lieber einmal zu oft an die (lange) Leine als zu wenig, das gilt vor allem im zweiten Lebenshalbjahr, wenn gelernt wird, was geeignete Jagdbeute ist.

Üben Sie frühzeitig ein Ersatzverhalten ein: Rufen Sie Charly jedes Mal, wenn er Wild sieht. Laufen Sie dabei von ihm weg und belohnen Sie ihn mit einem tollen Spiel oder seinem Lieblingsleckerchen. Seien Sie auch vorbereitet, falls er versuchen sollte zu hetzen. Suchen Sie gegebenenfalls gezielt Situationen auf, in denen Sie ihm den Spaß gründlich vermiesen können (siehe unter »Strafe«, Seite 18). Dies ist mit Joggern oder Radfahrern viel leichter zu machen als mit Wild, bei dem man selten genau weiß, wann es wo auftaucht.

Falls Charly doch einmal durchgestartet ist, schimpfen Sie auf keinen Fall mit ihm, wenn er zu Ihnen zurückkommt. Das gerade erlebte Jagdvergnügen können Sie ihm sowieso mit nichts auf der Welt mehr verleiden, doch wenn Sie schimpfen, wird er künftig immer länger wegbleiben. Empfangen Sie ihn daher im Gegenteil sehr nett und mit einer dicken Belohnung, sodass er nächstes Mal wenigstens zügig zurückkommt.

Wenn Ihr Hund schon älter ist und sich das Jagen angewöhnt hat, ist zumindest bei Wild guter Rat teuer. Im Prinzip gelten auch in solchen Fällen alle hier genannten Maßnahmen, aber Sie werden sehr viel Zeit und Mühe aufwenden müssen, und der Erfolg ist durchaus nicht garantiert. Nicht umsonst ist der Hund ein geborener Hetzjäger!

Hoffentlich ist er jetzt nicht hinter einem Hasen her!

Ausbilden – so geht´s

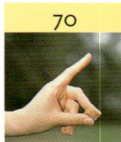

Ausbilden – so geht's

70	▶ Das Prinzip	74	▶	»Fein«
72	▶ Übungseinheiten planen	75	▶	»Falsch«
73	▶ Teilschritte	75	▶	Das Ausbildungsprogramm
73	▶ Brückensignale	93	▶	Belohnungen abbauen

In diesem Kapitel finden Sie eine detaillierte Anleitung, wie Sie Ihrem Hund innerhalb von ca. 8 Wochen die Grundlagen der wichtigsten Gehorsamsübungen (»Sitz«, »Platz«, Kommen auf Ruf, bei Fuß gehen) beibringen können. Man kann – bis auf das wichtige »Hier« – natürlich darüber streiten, ob es wirklich nötig ist, dass jeder Hund diese Dinge lernt. Es steht aber außer Frage, dass man Nutzen davon hat: »Platz« im Restaurant, »Sitz« bei der Begrüßung von Besuch an der Tür, »Fuß«, wenn ein Jogger vorbeikommt u.v.a.m. ist nicht nur für den Halter, sondern auch für den Hund angenehm, denn er ist froh über klare Anweisungen und die Chance auf eine Belohnung. Außerdem ist jegliche Ausbildung eine sehr reizvolle Beschäftigung für Mensch und Hund, die dem Hund etwas Sinnvolles zu tun gibt und die Bindung fördert.

> ▶ **Tipp**
>
> Jedes Familienmitglied – kleine Kinder einmal ausgenommen – muss (und kann) sich den Gehorsam des Hundes selbst erarbeiten, indem er oder sie entsprechend mit ihm übt und sich ihm gegenüber konsequent verhält.

▶ Das Prinzip

Hundeausbildung folgt immer einem gewissen Schema, egal was Sie Ihrem Hund beibringen wollen. Zuerst müssen Sie einen Weg finden, wie Sie Charly dazu bringen können, die gewünschte Bewegung auszuführen oder die gewünschte Position einzunehmen. Dabei lernt er sehr viel besser und lieber, wenn Sie ihn, z.B. mit einem vorgehaltenen Leckerchen, dazu bringen, von selbst das Richtige zu tun, als wenn Sie ihn mit Händen oder Leine zu der Bewegung zwingen.

Können Sie die Bewegung zuverlässig auslösen, sagen Sie jeweils kurz vor-

Jedes Familienmitglied muß sich den Gehorsam des Hundes selbst erarbeiten. Dieser Junge ist dafür allerdings noch zu klein.

her ein Kommandowort. So verknüpft Ihr Hund seine Tätigkeit mit dem Kommando, und dieses wird zum Auslöser dafür. Behutsam »schleichen« Sie dann Ihr Lockmittel (das vorgehaltene Leckerchen) aus, bis Charly ohne ebenso gut reagiert wie mit. Bisher hat er noch für jede korrekte Reaktion eine Belohnung bekommen. Jetzt reduzieren Sie systematisch die Belohnungen.

Im Prinzip »steht« die Übung nun. Damit sie alltagstauglich wird, ist aber noch viel Arbeit nötig. Sie wollen die Übung vielleicht noch verbessern (perfektes »Fuß« für eine Prüfung) oder ausbauen (10 Minuten »Platz« ohne Leckerchen zwischendurch). Außerdem soll Charly das neue Kommando nicht mit ähnlichen, ihm bereits bekannten verwechseln und – noch wichtiger – es praktisch überall und immer ausführen: an allen möglichen Orten und auch bei einer gewissen Ablenkung, etwa durch Passanten, Straßenverkehr oder fremde Hunde.

Sie werden feststellen, dass dieser Teil der Ausbildung sehr viel mehr Zeit in Anspruch nimmt als die Anfangsschritte. Einem Hund eine neue Übung beizubringen, dauert nur wenige Wochen, unter günstigen Bedingungen sogar nur Tage. Bis sie aber so weit fertig trainiert und gefestigt ist, dass man von zuverlässigem Gehorsam in allen Lebenslagen sprechen kann, können viele Monate vergehen.

Damit Ihr Hund sich auch aus dem Spiel mit anderen Hunden abrufen lässt, ist viel Training nötig.

Ihr Hund lernt besser, wenn Sie ihn dazu bringen, von selbst das Gewünschte zu tun, als wenn Sie ihn mit Händen oder Leine dazu zwingen.

> **Tipp**
>
> Mit Ihrem Welpen sollten Sie vor allem »Hier« und Gehen an lockerer Leine (siehe Seite 56) üben. Beginnen Sie mit dem schulmäßigen »Fuß« erst, wenn Charly mindestens 6 Monate alt ist, denn es erfordert viel Konzentration und ist recht anstrengend für einen Hund. »Sitz« und »Platz« können Sie ruhig ab der 9. Woche üben, aber zügeln Sie bei einem Junghund Ihren Ehrgeiz bezüglich der Dauer und Schwierigkeit von Bleib-Übungen. Machen Sie sich auch auf einen vorübergehenden »Gedächtnisverlust« während der schwierigen Pubertätszeit gefasst!

▶ Übungseinheiten planen

Planen Sie die gesamte Ausbildung und die einzelnen Übungseinheiten. Es ist keine schlechte Idee, sich Notizen und einen schriftlichen Plan zu machen, wenn man zügig ein bestimmtes Ziel erreichen will. Üben Sie möglichst jeden Tag, aber nur ca. 5–10 Minuten lang. Wenn Sie mehr machen wollen, dann lieber mehrfach am Tag. (Ein erfahrener Hund, der z.B. im Hundesport geführt wird, kann sich natürlich auch einmal länger am Stück konzentrieren.)

Innerhalb einer solchen Trainingseinheit üben Sie jede für diesmal auf dem Plan stehende Übung besser nicht mehr als 3– bis 6mal hintereinander, bei Fuß gehen höchstens 2 Minuten am Stück und längere Bleib-Übungen (ab 1 Minute) nur ein- oder zweimal. So verliert Ihr Hund nie die Lust durch langweilige Wiederholungen.

Gestalten Sie Ihre Übungseinheiten abwechslungsreich. Sie können durchaus verschiedene neue Übungen parallel zueinander üben. Das ist viel interessanter als 4 Wochen nur »Sitz«, dann 4 Wochen nur »Platz« usw. Sie sollten lediglich bei einem Anfängerhund darauf achten, dass Sie nicht zwei einander ähnliche neue Übungen (wie z.B. »Sitz« und »Platz« oder »Platz« und sich tot stellen) in einer Übungseinheit bzw. genau hintereinander durchnehmen, denn das könnte Ihren Hund verwirren. Trennen Sie also einander sehr ähnliche neue Übungen anfangs räumlich oder zeitlich (einen Tag »Sitz«, den anderen »Platz« oder »Sitz« morgens und »Platz« abends oder »Sitz« in der Küche und »Platz« im Wohnzimmer).

Alle neuen Übungen oder neuen Teilschritte einer Übung sollten Sie zuerst in ablenkungsfreier Umgebung

Üben Sie anfangs in ruhiger Umgebung. Später kann ein Großteil der Übungen beim Spazierengehen stattfinden.

trainieren, z.B. in Wohnung oder Garten. Klappt es dort reibungslos, gehen Sie mit der Übung »auf die Straße«, wobei Sie Ihre Anforderungen zuerst wieder drastisch zurückschrauben müssen. Nach einigen Wochen könnte dann natürlich das meiste Training unterwegs beim Spaziergang stattfinden. Viele Hundehalter behalten aber tägliche kleine Übungseinheiten bei, einfach weil es ihnen und ihrem Hund so viel Spaß macht. Sie können Ihrem Hund lebenslang neue Übungen oder Varianten und Kombinationen bereits bekannter Übungen beibringen. Das überfordert ihn keineswegs, ja, Hunde langweilen sich sogar, wenn man immer nur dasselbe Programm mit ihnen durchgeht. Und je mehr Gesten und Kommandos ihr vierbeiniger Freund kennt, desto schneller lernt er neue hinzu, und desto verständiger wird er.

▶ Teilschritte

Ein wichtiger Kunstgriff beim Training, der dem Hund das Lernen sehr erleichtert, ist das Aufteilen einer Übung in viele kleine Teilschritte, die anfangs alle einzeln geübt und belohnt werden (Fachbegriff: »Formen« oder »shaping«). Wenn das Ziel z.B. ist, dass Ihr Hund später 300 Schritte bei Fuß gehen soll (etwa für eine Prüfung), dann beginnen Sie damit, dass Sie ihn für einen einzigen korrekten Schritt belohnen, dann für zwei, für drei usw. Oder wenn das Ziel ist, dass Charly ein Bringholz apportiert, dann lehren Sie ihn das Aufnehmen, Halten, Tragen, Herbringen, Vorsitzen und Ausgeben einzeln und setzen erst zum Schluss alle diese kleinen Teilschritte zur gesamten Übung zusammen. Manchmal müssen Sie sogar jeden einzelnen Teilschritt in noch kleinere Schrittchen zerlegen. Viele Hunde lernen z.B. schnell, ein Bringholz aus der Hand zu nehmen, haben aber dann Probleme damit, es vom Boden aufzunehmen. Sie könnten dann das Holz bei jeder Wiederholung der Übung ein paar Zentimeter tiefer halten, schließlich eine Seite auf dem Boden aufstützen, es dann ganz auf den Boden legen, aber noch die Hand daneben halten usw. Sie werden sehen: Je kleiner Sie Ihre Teilschritte machen, desto schneller kommen Sie ans Ziel!

▶ Brückensignale

Da es gerade bei der Ausbildung sehr auf das Timing ankommt, ist es ungeheuer nützlich, ein »Superlobwort« zu haben, das dem Hund sagt, wofür genau er sich eine Belohnung verdient. Dieses Wort (Fachbegriff: »konditio-

Click oder »Fein« sagt dem Hund, wofür genau er ein Leckerchen oder eine andere Belohnung bekommt.

nierter Verstärker«) kündigt immer eine Belohnung an und überbrückt dadurch sozusagen die Zeit, die bei manchen Übungen gezwungenermaßen zwischen dem lobenswerten Moment und der tatsächlichen Übergabe des Leckerchens vergeht. Ganz besonders deutlich wird das z.B. beim Springen:

Sie können Charly kein Leckerchen geben, während er über eine Hürde springt, aber Sie können in diesem Moment »Fein« rufen und Charly das Leckerchen nach dem Sprung geben. Er begreift dann viel besser, dass er die Belohnung fürs Springen und nicht fürs Herankommen erhalten hat. Manchmal ist es auch von Vorteil, ein Wort zu haben, das Charly mitteilt, dass er für das, was er gerade tut, keine Belohnung bekommen wird. Dieses Wort (z.B. »Falsch«) hat etwa die Bedeutung von: Du bist auf dem Holzweg; versuch etwas anderes. Durch ein freundliches »Falsch« während der Ausbildung wird Ihr Hund noch eifriger, falls Sie es nicht im Übermaß verwenden. Ein »Nein« in derselben Situation würde ihn dagegen entmutigen und widerwillig oder gehemmt machen.

▶ »Fein«

Um Charly die Bedeutung von »Fein« beizubringen, nehmen Sie ein paar besonders schöne Leckerchen und gehen mit ihm an einen ruhigen Ort. Behalten Sie ihn dicht bei sich (wenn nötig, an der Leine). Nun sagen Sie – egal was Charly gerade tut – ab und zu »Feiiin« (am besten mit hoher Stimme und überbetontem »i«, damit Charly das Wort immer leicht wieder erkennen kann) und geben ihm jedes Mal sofort ein Leckerchen, egal ob er sich danach zu Ihnen umgedreht hat oder nicht. Vorsicht: Geben Sie ihm außer dem »Fein« kein anderes Zeichen, dass ein Leckerchen kommt. Wenn Sie z.B. zuerst in die Tasche oder die Leckerchendose fassen, weiß er sowieso schon, dass er jetzt etwas bekommt, und wird Ihr »Fein« vermutlich gar nicht richtig beachten. Sollte er bettelnd vor Ihnen sitzen, bewegen Sie sich ein wenig herum und rufen Ihr »Fein« im Gehen. Nach etwa 5–10 Abfolgen von »Fein« und Leckerchen warten Sie, bis Charly gerade wegguckt. Sagen Sie dann wieder »Fein« und warten Sie ab, was passiert. Wenn Charly Sie erwartungsvoll anschaut oder gar herankommt, um sich sein »versprochenes« Leckerchen abzuholen, wissen Sie, dass er das »Fein« begriffen hat. Sie können nun damit arbeiten.

> ### ▶ Regeln für das »Fein«
>
> ▶ Nach jedem »Fein« gibt es eine »handfeste« Belohnung, sonst hat es bald nicht mehr die gleiche begeisternde Wirkung auf den Hund.
> ▶ Wenn Sie »Fein« rufen, wird Ihr Hund normalerweise seine Tätigkeit unterbrechen, um sich die Belohnung abzuholen. Er springt z.B. aus dem »Platz« auf. Das macht nichts, denn »Fein« bedeutet auch: Übung ist zu Ende. Geben Sie ihm also seine Belohnung trotzdem.
> (Falls der Abbruch der Übung unerwünscht wäre oder Sie kein Leckerchen geben wollen, loben Sie mit »Brav«.)
> ▶ Rufen Sie nie »Fein«, nur damit Ihr Hund Sie anschaut oder kommt. Denn durch das »Fein« belohnen Sie den Hund für das, was er gerade tut, während er es hört – also hier z.B. fürs Unaufmerksamsein.
> ▶ An Stelle des Wortes »Fein« können Sie auch das Click des Clickers benutzen.

»Falsch«

Sie können Charly die Bedeutung von »Falsch« ganz nebenbei beibringen. Sagen Sie das »Falsch«, wenn es angebracht ist. Hatten Sie gerade eine Belohnung in der Hand, stecken Sie sie demonstrativ wieder in die Tasche. Machen Sie eine kleine Zwangspause von ca. 5–10 Sekunden. Natürlich darf Charly sich währenddessen nicht selbst vergnügen (z.B. weggehen und schnuppern), sondern bleibt an der kurzen Leine. Dann üben Sie weiter. Oder Sie lehren Charly das »Falsch« in ein oder zwei Lektionen ganz gezielt. Halten Sie ihm ein Leckerchen hin, sagen Sie »Falsch« und ziehen Sie es wieder weg. Wiederholen Sie den Vorgang so lange hintereinander, bis Charly auf Ihr »Falsch« hin gar nicht mehr versucht, das hingehaltene Leckerchen zu nehmen, weil er davon ausgeht, dass er es sowieso nicht bekommen wird.

Regeln für das »Falsch«

- Sprechen Sie das »Falsch« unbedingt freundlich aus, etwa wie »Oh, wie schade!«. Schaffen Sie das nicht, verzichten Sie besser ganz darauf.
- Nach dem »Falsch« gibt es eine winzige »Auszeit« von 5–10 Sekunden und dann eine Wiederholung der Übung, damit Charly die Chance hat, es diesmal richtig zu machen.
- Verwenden Sie das »Falsch« nur dann, wenn Ihr Hund etwas ganz verkehrt macht, z.B. wenn er eine Bleib-Übung vorzeitig abbricht oder zwei Kommandos verwechselt, nicht aber, weil er eine Übung nicht gut genug macht. Wenn Sie z.B. »Falsch« sagen, weil er schief sitzt, wird er nämlich nicht verstehen, dass er hätte gerade sitzen sollen, sondern das »Falsch« auf das Hinsetzen als solches beziehen. Wenn er etwas nicht gut genug macht, sagen Sie lieber gar nichts oder ein knappes »Brav« (dem keine Belohnung folgt!) und wiederholen die Übung umgehend.

Das Ausbildungsprogramm

Jeder Übungsschritt des Ausbildungsprogramms baut auf dem vorigen auf. Lassen Sie daher keinen aus. Da Sie erfahrungsgemäß für jeden Schritt etwa eine Woche ansetzen müssen, ist der Übungsplan in Wochen unterteilt, jedoch können Sie natürlich ggf. auch etwas schneller vorgehen oder sich mehr Zeit lassen.

F&B

F&B bedeutet: »Fein« (oder Click) im lobenswerten Augenblick und möglichst bald danach eine Belohnung (Leckerchen oder Spielzeug, wobei Leckerchen leichter zu handhaben sind).

Erste Woche

Üben Sie an einem möglichst ablenkungsfreien Ort, der Ihrem Hund gut vertraut ist (z.B. Wohnung, Garten, ruhige Stelle des Spazierweges). Verwenden Sie noch keine Hörzeichen (außer für »Hier«). Es geht vorerst nur darum, dass Sie üben, wie Sie Ihren Hund praktisch jederzeit dazu bringen können, bestimmte Bewegungen auszuführen.

Üben Sie diese Woche »Sitz« und »Platz« zu verschiedenen Zeiten oder an verschiedenen Orten.

KONZENTRATIONSÜBUNG ▸ Ziel: Charly konzentriert sich mindestens 10 Sekunden lang auf ein Leckerchen (oder Spielzeug).

Machen Sie Charly auf das Leckerchen aufmerksam. Nehmen Sie es hoch und halten Sie es sich in Augenhöhe neben das Gesicht. Stehen Sie aufrecht, lächeln Sie! Folgt Charly dem Lockmittel mit seinen Blicken: sofort F&B.

Klappt das reibungslos, zögern Sie Ihr »Fein« bei den weiteren Übungen jeweils um eine Sekunde länger hinaus, bis er 10 Sekunden ohne Unterbrechung schafft. Schaut er weg, fangen Sie von vorne an und verkürzen die Dauer etwas. Wichtig: Ignorieren Sie Anspringen und Grapschen. Wenn Sie Charly den »Köder« überlassen, während er springt oder schnappt, trainieren Sie Anspringen und Schnappen! Ob er sitzt, liegt oder steht, ist dagegen egal; Hauptsache, er hält Blickkontakt. F&B gibt es immer nur in einem Moment, in dem er gerade guckt, und nie, während er bellt.

»SITZ« ▸ Ziel: Charly setzt sich ohne Zögern, sobald Sie ein Leckerchen über seiner Nase nach oben bewegen.

Charly ist nah bei Ihnen. Machen Sie ihn aufmerksam, halten Sie das Leckerchen dicht vor seine Nase und bewegen Sie es dann nach oben-hinten, so als ob Sie es auf seinen Hinterkopf legen wollten. Sobald sein Hinterteil den Boden berührt: F&B. Es macht nichts, wenn Ihr Hund nach dem »Fein« oder dem Leckerchen wieder aufsteht.

Machen Sie Ihren Hund mit dem Leckerchen aufmerksam. Nehmen Sie das Leckerchen im Gehen hoch. »Fein« und eine Belohnung gibt es anfangs sehr oft!

»PLATZ« ▸ Ziel: Charly geht bereitwillig »zu Boden«, wenn Sie ein Leckerchen vor seiner Nase nach unten bewegen.

Bringen Sie Charly wie oben beschrieben zum Sitzen, aber statt ihm das Leckerchen zu überlassen, bewegen Sie es vor seiner Nase senkrecht nach unten auf den Boden und dann ein klein wenig nach vorn, so dass er zum Liegen kommt. Sobald seine Ellenbogen (und sein Hinterteil!) den Boden berühren: F&B. Es macht nichts, wenn Ihr Hund nach dem »Fein« oder dem

Oben: Halten Sie Ihrem Hund das Leckerchen vor die Nase und bewegen Sie es nach oben-hinten.

Rechts: Üben Sie, bis Ihr Hund bereitwillig »zu Boden geht«, wenn Sie vor ihm ein Leckerchen nach unten bewegen.

Leckerchen wieder aufsteht. Sollte er jedoch noch liegen, wenn er das Leckerchen gefressen hat, gibt es ruhig noch eines, das Sie am besten zwischen seinen Vorderpfoten auf den Boden legen.

KOMMEN AUF RUF ▸ Ziel: Charly kommt gern zu Ihnen.

Zeigen Sie Charly ein Leckerchen (Spielzeug). Wenn Sie seine Aufmerksamkeit gewonnen haben, rufen Sie einmal mit freundlicher Stimme: »Charly, Hier!«, und laufen von ihm weg. Folgt er, loben Sie mit begeisterter Stimme (»Fein«). Wenn er dicht bei Ihnen ist, bleiben Sie stehen, fassen mit ruhiger Bewegung von unten oder von der Seite in sein Halsband und geben ihm das Leckerchen bzw. spielen eine

> **Probleme mit »Platz« oder »Sitz«?**
>
> Manche Hunde legen sich nur sehr ungern hin. In diesem Fall teilen Sie die »Platz«-Übung anfangs in kleinere Schritte auf: Üben Sie wie beschrieben, aber das erste F&B gibt es schon, wenn Charly dem Leckerchen mit dem Kopf nach unten folgt. Mit jeder Wiederholung versuchen Sie, seinen Kopf und schließlich seinen Vorderkörper eine Spur weiter nach unten zu locken. Steht er einmal hinten auf, verwenden Sie das »Falsch«. Auf diese Weise sollte es Ihnen gelingen, auch widerwillige Hunde in 5–10 Zwischenstufen zum Liegen zu bekommen.
> Ähnlich verfahren Sie, wenn Charly sich nicht setzt, sondern immer nur hochspringt: Zuerst gibt es ein paar F&B, wenn er alle Viere am Boden hat, statt zu springen. Dann belohnen Sie jeden Zentimeter, den er sein Hinterteil weiter absenkt, bis Sie ein vollständiges Sitzen bekommen. Ist die Übung erstmals ganz gelungen, beenden Sie die Trainingseinheit mit einem »Jackpot«.

Runde mit ihm. Lassen Sie ihn danach in mindestens 3 von 4 Fällen wieder frei laufen.

> **Tipp**
>
> Vermeiden Sie es, beim Anleinen oder nach dem Kommen hastig oder von oben nach dem Halsband zu greifen. Ihr Hund fühlt sich von solchen Gesten bedroht und gewöhnt sich an, Ihrer Hand auszuweichen.

BEI FUSS GEHEN ▸ Ihr Hund sollte die Leine jederzeit respektieren und nie daran ziehen. Sie müssen dafür kein besonderes Hörzeichen geben, die Leine genügt als »Kommando« (siehe Seite 56).

Im Unterschied dazu bedeutet bei Fuß gehen: Ihr Hund bleibt auf Kommando mit oder ohne Leine dicht an Ihrer Seite, bis Sie ihm wieder erlauben, sich frei zu bewegen. Im Alltag verwenden Sie das »Fuß« später nicht für den ganzen Spaziergang, sondern nur für kurze Strecken, auf denen Sie Ihren Hund unter Kontrolle haben wollen (z.B. bei der Begegnung mit Passanten, bei Straßenüberquerungen).

Perfektes »Fuß« sieht so aus: Charly geht so dicht wie möglich, aber ohne Sie zu behindern, mit seiner Schulter auf Höhe Ihres Knies. Seine Aufmerksamkeit ist bei Ihnen (Blickkontakt). Auch wenn Sie Tempo oder Richtung ändern, behält Ihr Hund seine Position bei. Bleiben Sie stehen, setzt er sich ohne weiteres Kommando gerade neben Sie. Im Hundesport (z.B. Begleithundprüfung) muss der Hund an der linken Seite »Fuß« gehen. Entscheiden Sie sich auf alle Fälle für eine Seite.

»FUSS« ▸ Ziel: Charly lernt, dass es angenehm ist, an Ihrer linken Seite zu gehen.

Nehmen Sie ein paar Leckerchen in die linke und die Leine in die rechte Hand – oder umgekehrt, wenn Ihnen das bequemer ist. Sie können sich die Leine auch umhängen. Wichtig ist nur, dass sie ganz locker ist. Charly ist links neben Ihnen. Machen Sie ihn aufmerksam, indem Sie ihm ein Leckerchen ganz dicht vor die Nase halten. Gehen Sie flott los und nehmen Sie im Gehen das Leckerchen hoch zur Körpermitte, etwa in Bauchnabelhöhe. Nun gibt es für beinahe jeden Schritt, bei dem Ihr Hund in richtiger Position an lockerer Leine läuft und womöglich sogar hochguckt, F&B, möglichst im Gehen. Falls Charly vorstürmen will, nehmen Sie die Leine etwas kürzer und gehen in so engen Linkskreisen, dass Sie ihn mit dem Bein in den Innenkreis drängeln können. Beenden Sie das bei Fuß gehen, wenn Ihre Hand leer ist, mit »Okay«.

> **»Okay«**
>
> Dieses beliebte Hörzeichen für »Übung beendet, du hast jetzt frei!« lernen alle Hunde schnell. Sagen Sie einfach »Okay« und ermuntern Sie Ihren Hund durch Armehochwerfen, Rückwärtslaufen oder In-die-Hände-Klatschen zum Aufstehen. Spielen Sie dann kurz mit ihm oder streicheln Sie ihn. Da das »Okay« schon in sich eine Belohnung ist, sollten Sie es nur in Momenten sagen, in denen Charly eine Übung gut macht.

▸ Zweite Woche

Üben Sie nochmals an einem möglichst ablenkungsfreien Ort, der Ihrem Hund gut vertraut ist.

Üben Sie »Sitz« und »Platz« noch einmal zu verschiedenen Zeiten oder an verschiedenen Orten.

KONZENTRATIONSÜBUNG ▸ Ziel: Charly lernt das Hörzeichen für »Schau mich an!« kennen und konzentriert sich etwas länger.

Wenn Charly Sie 10 Sekunden am Stück »anhimmeln« kann, sagen Sie Ihr Hörzeichen, z.B. »Pass auf«, ehe Sie das Lockmittel neben Ihr Gesicht halten. Wenn die Übung zu Ende ist, sagen Sie »Okay«. Dehnen Sie die Dauer auf 30 Sekunden aus.

SICHTZEICHEN ▸ Üben Sie »Sitz«, »Platz« und »Fuß« immer noch ohne Hörzeichen. Denn da Hunde Sichtzeichen viel leichter lernen und voneinander unterscheiden können als Worte, konzentrieren Sie sich besser zuerst darauf, aus der Hilfsbewegung mit dem Leckerchen in der Hand ein echtes Sichtzeichen zu machen.

»SITZ« ▸ Ziel: Aus dem Locken mit dem Leckerchen wird ein echtes Sichtzeichen, und Charly bleibt ein wenig länger sitzen.

Machen Sie Charly aufmerksam und bewegen Sie das Leckerchen in gewohnter Weise, aber nicht mehr direkt über der Hundenase, sondern in Hüfthöhe. Bleiben Sie dabei aufrecht stehen. Zur Unterscheidung vom »Platz« geben Sie das »Sitz«-Zeichen ab jetzt am besten mit erhobenem Zeigefinger. Sobald Ihr Hund sich setzt: F&B. Klappt das reibungslos, zögern Sie das

Machen Sie die Hilfsbewegung mit dem Leckerchen nicht mehr direkt über der Hundenase sondern höher, bis daraus ein echtes Sichtzeichen geworden ist.

»Fein« bei weiteren Übungen immer ein wenig länger hinaus (jeweils nur um eine Sekunde!), bis Ihr Hund in sitzender Stellung mindestens 5-10 Sekunden auf seine Belohnung warten kann. Es macht nichts, wenn er nach dem »Fein« oder dem Leckerchen gleich wieder aufsteht. Hat er sich daran gewöhnt, ein bisschen länger sitzen zu bleiben, geben Sie das gewohnte Zeichen mit leerer Hand. Nach dem »Fein« – das die ersten Male wieder ertönt, sobald Charlys Hinterteil den Boden berührt – gibt es nun das Leckerchen aus der Tasche.

»PLATZ« ▸ Ziel: Aus dem Locken mit dem Leckerchen wird ein echtes Sichtzeichen.

Wiederholen Sie die Übung aus der ersten Woche ein paar Mal hintereinander. Machen Sie dabei eine flache Hand (klemmen Sie sich das Leckerchen mit dem Daumen unter die Handfläche) und bewegen Sie die Hand rasch hinunter, als ob Sie vor dem

Jetzt können Sie es wagen: »Hiiiier!« rufen und ...

... »Fein« und eine Belohnung, sobald der Hund sich auch nur zu Ihnen umdreht.

Hund mit flacher Hand auf den Boden schlagen wollten. Sobald Charly liegt: »Fein« und das Leckerchen zwischen seinen Vorderpfoten auf den Boden legen.

Wenn Ihr Hund einige Male hintereinander gut auf diese Handbewegung reagiert hat, führen Sie beim nächsten Mal die Hand nicht mehr bis zum Boden, sondern stoppen die »Schlagbewegung« in Kniehöhe. Lassen Sie Ihrem Hund etwas Zeit. Höchstwahrscheinlich kommt er früher oder später auf die richtige Idee und legt sich. Sofort sagen Sie »Fein« und lassen das Leckerchen zwischen seine Pfoten fallen oder legen es so schnell wie möglich dort-

hin. Klappt das, machen Sie die gleiche Handbewegung ohne Leckerchen – auch wenn Charly dabei die ersten Male wieder zögernder reagiert. Gegebenenfalls müssen Sie das Hinunterbeugen in Schrittchen von jeweils einer Handbreit abbauen.

KOMMEN AUF RUF ▶ Ziel: Charly lernt, dass Ihr »Hier« etwas Spannendes ankündigt.

Statt Ihren Hund erst mit dem Leckerchen (Spielzeug) aufmerksam zu machen und dann zu rufen, geht es nun umgekehrt. Rufen Sie Charly (nur einmal, hell und freundlich). Sobald er sich daraufhin zu Ihnen umdreht, sagen Sie »Fein« und zeigen ihm das Leckerchen (Spielzeug). Dann laufen Sie von ihm weg usw. wie in der ersten Woche. Wichtig: In diesem Stadium bitte nur dann rufen, wenn Sie sicher sind, dass Charly nicht zu abgelenkt ist, um auf Sie zu reagieren.

»FUSS« ▶ Ziel: Festigen des bereits Gelernten.

Üben Sie im Prinzip ebenso wie in der ersten Woche. Engere Linkskreise gehen Sie nur noch, wenn es nötig ist, weil Ihr Hund versucht, nach vorne zu stürmen. Gehen Sie aufrecht und flott! Halten Sie die Leckerchen gut in der

Hand verborgen und die Hand dicht an Ihrem Körper und nicht vor der Hundenase. Beim Losgehen oder wenn Ihr Hund droht, unaufmerksam zu werden, können Sie ihm die Leckerchen kurz direkt vor die Nase halten und dann wieder wegziehen. Das erhöht die Motivation. F&B gibt es weiterhin praktisch jedes Mal, wenn Ihr Hund in richtiger Position aufmerksam neben Ihnen geht (aber auch nur dann!). Versuchen Sie, beim F&B in Bewegung zu bleiben. Locken Sie Charly mit dem nächsten Leckerchen sofort wieder in Bei-Fuß-Position, sobald er das vorige Leckerchen aufgefressen hat, damit er sich daran gewöhnt, dass die Übung nicht mit dem ersten Leckerchen zu Ende ist.

Probleme mit dem »Fuß«?

▸ Wenn Ihr Hund sofort das Interesse am Leckerchen verliert und wieder wegguckt: Locken Sie ihn nochmals. Nehmen Sie eventuell attraktivere Leckerchen. F&B für jeden noch so kurzen Moment, in dem er aufmerksam geht. Ziehen Sie ihn einfach mit sich, wenn er irgendwo stehen bleiben will. Zieht er nach vorn, gehen Sie enge Linkskreise oder machen häufig kehrt.
▸ Wenn er allzu gierig ist und an Ihnen hochspringt: Halten Sie die Hand mit den Leckerchen dicht am Körper, nicht vor sich in der Luft! Gehen Sie unbeirrt weiter und ignorieren Sie das Anspringen. F&B für jeden noch so kurzen Moment, in dem er manierlich geht.
▸ Wenn er schnappt: Halten Sie die Leckerchen gut in der Faust versteckt. Überlassen Sie ihm niemals ein Leckerchen, wenn er schnappt! Nehmen Sie eventuell etwas weniger »aufregende« Leckerchen.

Dritte Woche

Üben Sie diese Woche dreimal an neuen und verschiedenen Orten, die relativ frei von Ablenkungen sind. Falls es dort einmal gar nicht klappen will, wiederholen Sie zuerst ein paar Mal den Übungsschritt aus der ersten Woche (mit einem Leckerchen in der Hand).

KONZENTRATIONSÜBUNG ▸ Ziel: Verallgemeinern des bisher Gelernten.

Üben Sie ebenso wie bisher an möglichst vielen neuen Orten. Dabei gibt es aber anfangs schon nach ganz wenigen Sekunden F&B!

Üben Sie das »Pass auf« diese Woche an möglichst vielen verschiedenen Orten.

HÖRZEICHEN ▶

▸ Verwenden Sie Hörzeichen nur dann, wenn Sie 5 Euro darauf verwetten würden, daß Ihr Hund in der nächsten Sekunde die gewünschte Bewegung ausführen wird. (Der eigentliche Auslöser ist in diesem Stadium noch Ihre Handbewegung!)
▸ Geben Sie Hörzeichen grundsätzlich nur einmal. (Wenn Sie die 5-Euro-Wette ernst nehmen, müsste das klappen …)
▸ Sprechen Sie Hörzeichen deutlich verschieden und immer gleich aus (z.B. langes »Siiitz« mit hoher Stimme fürs Setzen und kurzes »Platz« mit tiefer Stimme fürs Legen).

»SITZ« ▶ Ziel: Charly lernt das Hörzeichen für »Sitz« kennen und bleibt noch länger sitzen.

Machen Sie Charly aufmerksam. Sagen Sie einmal deutlich und freundlich »Sitz«. Bringen Sie ihn gleich danach wie bisher mit einem Sichtzeichen zum Sitzen, dann F&B (die ersten Male sofort, dann allmählich bis zu 20 Sekunden hinauszögern). Bleibt er nach dem »Fein« sitzen, geben Sie ihm das Leckerchen im Sitzen und beenden die Übung später mit »Okay«. Steht er auf, bevor Sie »Fein« gesagt haben, verwenden Sie das »Falsch« und beginnen nach der kleinen Zwangspause die Übung von vorn.

»PLATZ« ▶ Ziel: Charly lernt das Hörzeichen für »Platz« kennen und gewöhnt sich daran, etwas länger liegen zu bleiben.

Sobald Charly sich hinlegt, ohne daß Sie mit Ihrer Hand ganz auf den Boden hinab müssen, sagen Sie, ebenso wie beim »Sitz«, kurz bevor Sie das gewohnte Sichtzeichen geben, »Platz«. Zögern Sie das »Fein« ganz allmählich ein wenig länger hinaus (jeweils nur eine Sekunde!), bis Ihr Hund mindestens 10 Sekunden liegen und auf seine Belohnung warten kann. Bleibt er nach dem »Fein« liegen, geben Sie ihm das Leckerchen im Liegen und beenden Sie die Übung mit »Okay«. Steht er vorzeitig auf, kommt das »Falsch« zum Einsatz.

▶ **Probleme mit dem »Platz«?**

Sollte Charly ein »Stehaufmännchen« sein, füttern Sie ihn sozusagen am Boden fest: Halten Sie einige Leckerchen in der Hand bereit und hocken Sie sich vor ihn auf den Boden. Während er liegt, sagen Sie alle paar Sekunden »Fein« und legen ihm danach, so schnell Sie können, das Leckerchen zwischen die Pfoten auf den Boden. Gegebenenfalls müssen die Belohnungen bei den ersten Versuchen fast im Sekundentakt kommen! Falls Charly nach dem »Fein« sofort aufgesprungen sein sollte, locken Sie ihn mit dem Leckerchen erst wieder in liegende Position, bevor Sie es ihm überlassen. Dadurch gewöhnt er sich daran, liegen zu bleiben, obwohl das »Fein« ihm eigentlich das Aufstehen erlauben würde. Das ist einfach angenehmer für Sie beide. Haben Sie auf diese Weise das letzte Leckerchen verfüttert, beenden Sie die Übung mit »Okay«. Klappt das gut, richten Sie sich zwischen den Leckerchengaben auch wieder auf.

KOMMEN AUF RUF ▸ Ziel: Das Lockmittel kann in der Tasche bleiben, bis Charly bei Ihnen ist.

Rufen Sie Charly und sagen Sie »Fein«, sobald er die ersten paar Schritte auf Sie zu gemacht hat. Aber ziehen Sie das Leckerchen oder Spielzeug nach und nach immer später aus der Tasche, bis Charly sich daran gewöhnt hat, dass es erst dann herauskommt, wenn er bei Ihnen angekommen ist. Auch das Weglaufen reduzieren Sie nach und nach. Wichtig: Weiterhin vorerst nur dann rufen, wenn Sie sicher sind, dass Ihr Hund nicht zu abgelenkt ist, um zu reagieren. Falls Charly Ihr Rufen doch einmal »überhört«, ziehen Sie das bewährte Programm mit Weglaufen usw. durch.

»FUSS« ▸ Ziel: Charly geht ohne Leckerchen in der Hand ebenso gut bei Fuß wie mit, und er lernt das Hörzeichen »Fuß« kennen.

»Täuschen« Sie Ihren Hund die ersten Male, indem Sie so tun, als ob Sie etwas aus der Tasche ziehen, und die leere Hand dann genauso halten, als wäre ein Leckerchen drin. Nach dem »Fein« zeigen Sie Charly, dass Ihre Hand leer ist, dann geben Sie ihm schnell ein Leckerchen aus der Tasche. Nach einigen Wiederholungen zeigen Sie ihm, schon bevor Sie losgehen, dass Ihre Hand leer ist. Halten Sie dann aber die Hand unbedingt so, als ob Sie doch ein Leckerchen darin hätten, denn Ihre Handhaltung ist vermutlich inzwischen zum Sichtzeichen fürs Bei-Fuß-Gehen geworden. Er wird daher höchstwahrscheinlich trotzdem ganz gut mitgehen. Fahren Sie auf diese Weise fort (evtl. mal mit, mal ohne Leckerchen in der Hand), bis es Charly egal ist, ob Sie etwas in der Hand haben oder nicht.

Hat sich das eingespielt, ist es an der Zeit, das Hörzeichen »Fuß« einzuführen. Machen Sie Charly aufmerksam, sagen Sie »Fuß« und gehen Sie in Ihrer typischen Bei-Fuß-Haltung los. Wichtig: Weiterhin gibt es noch sehr oft, beinahe jedes Mal, F&B, wenn er aufmerksam und an lockerer Leine neben Ihnen geht! Bleiben Sie beim F&B möglichst in Bewegung und setzen Sie die Übung mit einem erneuten »Fuß« sogleich fort. Beenden Sie die Übung mit einem deutlichen »Okay« und einem Streicheln oder kurzen Spiel.

▸ **Vierte Woche**
Üben Sie wieder dreimal an verschiedenen neuen Orten, die relativ frei von Ablenkungen sind.

»SITZ« UND »PLATZ« ▸ Wahrscheinlich müssen Sie beim »Platz« noch weiter üben, dass Charly auf Ihr Sichtzeichen reagiert, ohne dass Sie sich hinunterbeugen müssen. Dabei gibt es dann noch F&B, sobald er liegt.

Halten Sie die leere Hand so, als wäre ein Leckerchen darin. Diese Handhaltung ist das Sichtzeichen für »Fuß«.

Meist dauert es beim »Platz« etwas länger, bis aus der Hilfsbewegung mit dem Leckerchen ein echtes Sichtzeichen geworden ist.

Diese Woche beginnen Sie mit den Bleib-Übungen, d.h. Sie entfernen sich von Charly, während er im »Sitz« wartet. Lassen Sie ihn aber auch weiterhin öfter mal nur für wenige Sekunden »Sitz« oder »Platz« machen. Wenn er jedes Mal länger sitzen oder liegen bleiben muss, wird er irgendwann widerwillig.

KONZENTRATIONSÜBUNG ▸ Ziel: Ausschleichen des Lockmittels.

Versuchen Sie, mit »Pass auf« Blickkontakt mit Ihrem Hund zu bekommen, ohne dass Sie dabei ein Lockmittel in der Hand haben. Sobald er auch nur halbwegs in Ihre Richtung guckt: F&B.

»SITZ-BLEIB« ▸ Ziel: Charly bleibt sitzen, während Sie kurz von ihm weggehen.

Wenn Charly mindestens 10 Sekunden ruhig neben oder vor Ihnen sitzen kann, können Sie mit dem Bleib beginnen. Bringen Sie ihn wie bisher zum Sitzen. Gehen Sie einen Schritt von ihm weg und sofort wieder zurück. Steht er auf, sagen Sie »Falsch« und beginnen die Übung von vorn. Eventuell bewegen Sie zuerst nur einen Fuß zurück und wieder vor (kleinere Teilschritte). Sitzt er noch: F&B. Wenn er nach dem »Fein« aufspringt, bekommt

Automatisches Sitz: wenn Sie bei einer Fuß-Übung stehen bleiben, soll der Hund sich selbstständig hinsetzen.

er sein Leckerchen trotzdem, aber locken Sie ihn mit dem Leckerchen – ohne das Wort »Sitz« – wieder in sitzende Position, bevor Sie es ihm geben. Hat es mit einem Schritt vom Hund weg zwei- oder dreimal geklappt, gehen Sie bei den nächsten Versuchen 2 Schritte weg. Dehnen Sie dann wieder sekundenweise die Zeit bis zum F&B aus, bis Ihr Hund mindestens 10 Sekunden sitzen bleiben kann, während Sie 2 Schritte von ihm entfernt stehen. Beenden Sie die Übung mit »Okay«. Steht Charly vor dem »Okay« auf, verwenden Sie das »Falsch«.

»PLATZ-BLEIB« ▸ Ziel: Charly bleibt liegen, während Sie von ihm weggehen.

Wenn Charly mindestens 10–20 Sekunden neben oder vor Ihnen liegen kann, während Sie aufrecht stehen, können Sie mit dem Bleib beginnen. Üben Sie wie beim »Sitz« beschrieben.

KOMMEN AUF RUF ▸ Erstes Ziel: Abbau der Belohnungen.

Wenn es inzwischen gut klappt und Charly sich daran gewöhnt hat, dass Ihr »Fein« normalerweise erst ertönt, wenn er bei Ihnen ist, gibt es in einfachen Situationen ohne besondere Ablenkung nur noch jedes zweite Mal F&B.

Zweites Ziel: Den Abschluss des Kommens auf Ruf, das Vorsitzen, üben. Vorsitzen bedeutet: Ihr Hund setzt sich gerade und dicht vor Sie, mit dem Kopf Ihnen zugewandt. Üben Sie das Vorsitzen zuerst getrennt von den anderen Übungen. Nehmen Sie ein Leckerchen in die Hand und rufen Sie Charly aus kürzester Distanz. Stehen Sie aufrecht, wenn er ankommt, und locken Sie ihn ohne weitere Kommandos mit dem Leckerchen in sitzende Stellung, indem Sie es auf seiner Nasenhöhe dicht vor Ihre Körpermitte halten und dann etwas nach oben ziehen. Sobald sein Hinterteil den Boden berührt, überlassen Sie ihm die Belohnung, dann folgt das »Okay«.

Drittes Ziel: Charly kommt auch bei mäßiger Ablenkung.

Nutzen Sie Gelegenheiten, bei denen Ihr Hund mäßig abgelenkt, aber nicht zu weit von Ihnen weg ist, z.B. wenn er gerade am Wegrand schnuppert. Üben Sie dann das Kommen genauso wie in der ersten Woche mit Aufmerksammachen, Weglaufen usw. Dabei gibt es noch jedes Mal eine tolle Belohnung.

»FUSS« ▸ Erstes Ziel: Verringern der Belohnungen.

Wenn Ihr Hund ohne Leckerchen in der Hand ebenso gut mitgeht wie mit, auch wenn er ganz genau weiß, dass Sie nichts in der Hand haben, vergrößern Sie allmählich die Schrittzahl, die er aufmerksam mitgehen muss, bis Ihr F&B nur noch etwa alle 10 Schritte kommen muss.

Zweites Ziel: Üben des automatischen »Sitz«, das heißt, Charly setzt sich selbstständig hin, wenn Sie bei einer »Fuß«-Übung stehen bleiben.

Üben Sie das Sitzen bei Fuß zuerst

Gehen Sie bei den Bleib-Übungen anfangs nicht mehr als zwei Schritte vom Hund weg.

einzeln: Lassen Sie Ihren Hund an Ihrer linken Seite sitzen, sagen Sie »Fuß«, halten Ihre Hand in typischer Weise und gehen los. Nach ein paar Schritten kommen Sie in etwas übertriebener Weise zum Stehen und bringen Charly fast gleichzeitig mit dem »Sitz«-Sichtzeichen (ohne das Wort »Sitz«) zum Sitzen. Verkürzen Sie die Leine etwas und bringen Sie beim Halten die Sichtzeichenhand direkt vor seine Nase, sodass er gerade neben und nicht vor Ihnen zum Sitzen kommt. Nehmen Sie bei diesen Übungen zum Angehen und Halten die ersten Male ruhig wieder ein Leckerchen in die (linke) Hand.

▶ **Fünfte Woche**

Üben Sie wieder dreimal an verschiedenen und möglichst neuen Orten.

KONZENTRATIONSÜBUNG ▶ Ziel: Charly lernt, dass er Sie anschauen soll und nicht Ihre Leckerchen.

Stellen Sie sich Ihrem Hund gegenüber, nehmen Sie ein Lockmittel in die Hand und stellen Sie wie in der ersten Woche Blickkontakt her. Dann strecken Sie die Hand mit dem Lockmittel gerade zur Seite aus. Ihr Hund wird der Hand mit den Blicken folgen. Sagen Sie »Pass auf« und warten Sie, bis er stattdessen wieder Sie anschaut. Dann rufen Sie »Fein« und geben ihm schnell das Lockmittel als Belohnung.

»SITZ-BLEIB« ▶ Ziel: Die Dauer der Übung verlängern.

Erhöhen Sie die Wartezeit bis zum F&B bei den folgenden Übungen jeweils um 5 Sekunden (gegebenenfalls auch nur um 2-3 Sekunden), falls die vorhergehende Übung fehlerlos ge-

> **Probleme mit den Bleib-Übungen?**
>
> ▶ Das Wichtigste ist wieder mal Ihr Timing! Achten Sie darauf, wirklich sofort »Falsch« zu sagen, wenn Charly einen Fehler macht. Das »Falsch« kann aber nur wirken, wenn er sich nach dem Aufstehen nicht selbst belohnen kann: Verhindern Sie (mit der kurzen Leine), dass er herumschnuppert oder gar mit einem anderen Hund spielen kann.
> ▶ Überfordern Sie Ihren Hund nicht! Gestalten Sie die Bleib-Übungen so, dass sie normalerweise klappen. Charly lernt das Bleib nicht durch häufige Korrekturen, sondern weil er für richtiges Verhalten belohnt wird.
> ▶ Seien Sie äußerst konsequent mit dem Beenden der Übung durch »Okay«. Charly muss immer ganz genau wissen, wann die Übung beendet ist.
> ▶ Achtung: Verwenden Sie nach einem »Falsch« kein Leckerchen, um Charly wieder in Position zu bringen! Er könnte das als eine Belohnung fürs Aufstehen auffassen! (Wenn Sie Charly mit einem Leckerchen wieder in Position locken, nachdem er auf ein »Fein« hin aufgestanden ist, macht das nichts, denn »Fein« heißt ja immer auch: »Übung zu Ende«.)

klappt hat. Ist Ihr Hund vorzeitig aufgestanden (oder hat sich hingelegt!), wiederholen Sie dieselbe Dauer noch einmal. Steht Ihr Hund mehrmals hintereinander auf, beginnen Sie wieder bei wenigen Sekunden Wartezeit. Üben Sie, bis Charly regelmäßig 1 Minute »Sitz« auf 2 Schritte Abstand ohne Fehler schafft.

»PLATZ-BLEIB« ▸ Ziel: Charly bleibt länger liegen.

Dehnen Sie ebenso wie beim »Sitz« die Wartezeit bei 2 Schritten Abstand allmählich aus. Ziel beim »Platz«: 2 Minuten ohne Fehler. Sie können Charly beim »Platz« ruhig noch eine Weile am Boden »festfüttern«, indem Sie in gewissen Abständen »Fein« sagen und ihm anschließend das Leckerchen bringen und zwischen seinen Vorderpfoten auf den Boden legen. Sollte er nach dem »Fein« aufstehen, locken Sie ihn wortlos mit dem nachfolgenden Leckerchen wieder in liegende Stellung, ehe sie es ihm geben.

KOMMEN AUF RUF ▸ Erstes Ziel: Übergang auf Belohnung nach dem Glücksspielprinzip.

Stecken Sie sich zum Spaziergang eine Mischung aus 3-4 verschiedenen Leckerchensorten ein. Ein paar sollen ganz besonders schön für Ihren Hund sein, andere nur so mittelprächtig. Rufen Sie ihn hin und wieder in einfachen Situationen, in denen er nicht besonders abgelenkt ist. Etwa jedes zweite oder dritte Mal geben Sie ihm nach seiner Ankunft wahllos mal ein schönes und mal ein langweiliges Leckerchen. Achten Sie aber unbedingt darauf, dass Ihr Hund nicht an Ihrer Körperhaltung o.ä. sehen kann, ob es diesmal etwas gibt oder nicht! Ein- oder zweimal pro Spaziergang laufen Sie noch sofort nach dem Rufen von Ihrem Hund weg und veranstalten ein kleines Spiel

Aufrecht stehen beim Rufen wird für den Hund zum Sichtzeichen fürs Vorsitzen.

(eventuell mit dem Leckerchen als »Beute«), wenn Ihr Hund bei Ihnen angekommen ist.

Zweites Ziel: Vorsitzen verbessern.

Üben Sie das Vorsitzen ruhig noch getrennt. Dass Sie aufrecht stehen (und vielleicht die Hände an der Körpermitte halten), wird für Charly zum Sichtzeichen fürs Vorsitzen: Wenn Sie so stehen, wird er später vorsitzen. Bleiben Sie aber nach dem Rufen in Bewegung, darf das Vorsitzen wegfallen.

Drittes Ziel: Charly kommt auch bei Ablenkung.

Üben Sie gezielt auch in Situationen mit hoher Ablenkung. Benutzen Sie dabei unbedingt eine lange Leine, falls die Gefahr besteht, dass er Ihr Rufen ignoriert. Die Leine ist aber nicht zum Heranziehen oder Rucken da, sondern nur um zu verhindern, dass Charly sich bei »Ungehorsam« sozusagen selbst belohnt, indem er sich der Quelle der Ablenkung – z.B. einem anderen Hund –

Ob Sie einen so großen Hund wirklich mit einer Hand halten können, wenn er in die lange Leine rennt?

»Fein« und eine Belohnung gibt es ab jetzt nach dem Zufallsprinzip und allmählich immer seltener.

zuwendet. Bei dieser Übung gibt es noch jedes Mal, wenn Charly kommt (auch wenn das nicht auf Anhieb geklappt hat) ein »Fein« und ein ganz besonders schönes Leckerchen. Rufen Sie Ihr »Fein« meistens schon, während Charly auf Sie zu läuft.

▶ Die lange Leine

Die lange Leine sollte mindestens 10 m lang sein. Der Umgang damit ist aber vor allem bei großen Hunden nicht ganz ungefährlich: Der Hund kann Sie umreißen oder in die Leine verwickeln, und Sie können sich daran die Hände verbrennen. Halten Sie die Leine daher immer nur am Ende fest und fügen Sie eventuell ein Stück Gummiseil als Ruckdämpfer ein. Der mittlere Teil sollte sowieso auf dem Boden schleifen. Sie können die Leine später loslassen und nachschleppen lassen und dann ganz allmählich verkürzen, ohne dass Charly merkt, dass er eigentlich frei ist.

»FUSS« ▶ Ziel: Übergang auf Belohnung nach dem Glücksspielprinzip und automatisches »Sitz«.

Wenn Ihr Hund nur noch etwa alle 10 Schritte ein F&B »braucht«, um gut bei Fuß zu gehen, gehen Sie auf Zufallsbelohnung über. Zufall heißt: Die 10 Schritte nehmen Sie als Durchschnitt. Das F&B kommt z.B. mal nach 2, mal nach 10, mal nach 5, mal nach 7, mal nach 12, dann nach 3 Schritten. Üben Sie das »Sitz« beim Angehen und Halten ruhig noch einzeln.

▶ Sechste Woche

Üben Sie von jetzt an bereits bekannte Übungen oder Übungsschritte gezielt auch an Orten mit Ablenkung (z.B. an der Straße, auf einem Supermarktparkplatz, im Park usw.). Neue Übungen oder Übungsschritte probieren Sie besser zuerst an vertrauten Orten ohne Ablenkung aus. Sorgen Sie auch selbst für Ablenkung. »Selbst gemachte« Ablenkungen können Sie besser dosieren als Umweltablenkungen.

ÜBEN UNTER ABLENKUNG ▸ Überfordern Sie Ihren Hund nicht! Steigern Sie die Ablenkung immer nur allmählich, so dass Charly die Übungen normalerweise schaffen kann. Bitte nicht ungeduldig und ärgerlich werden, wenn es bei Ablenkung nicht so gut klappt! Das ist völlig normal. Ihr Hund muss erst lernen, immer und überall zu folgen. Reagiert Charly einmal nicht auf ein ihm bereits bekanntes Kommando, gehen Sie mit der Übung »zurück in den Kindergarten«, das heißt, Sie behandeln Hund und Übung vorübergehend so, als wäre Charly ein absoluter Anfänger (ein paar Mal genau wie in der ersten oder zweiten Woche üben). Dann versuchen Sie es wieder auf seinem jetzigen Leistungsstand. Auch attraktivere Leckerchen wirken bei Ablenkung manchmal Wunder!

KONZENTRATIONSÜBUNG ▸ Ziel: Charly konzentriert sich auch bei starker Ablenkung auf Sie.

Versuchen Sie nun, auch in Situationen mit großer Ablenkung (z.B. anderer Hund in unmittelbarer Nähe) Blickkontakt von Charly zu bekommen. F&B gibt es dabei zuerst wieder, sobald er Sie anschaut. Notfalls nehmen Sie auch noch einmal ein Lockmittel in die Hand.

»SITZ« UND »PLATZ« ▸ Testen Sie einmal, ob Charly inzwischen auch auf das Hörzeichen allein reagiert, indem Sie das Sichtzeichen ganz weglassen. Klappt es noch nicht so ganz, achten Sie in der nächsten Zeit besonders darauf, zuerst das Hörzeichen zu sagen und erst mit einer gewissen Verzögerung das Sichtzeichen zu geben. Reagiert Charly – wie zögernd und unsicher auch immer – erstmals bereits auf das Hörzeichen allein, ist ein »Jackpot« fällig!

»SITZ-BLEIB« ▸ Erstes Ziel: Charly bleibt auch bei Ablenkung sitzen.

Lassen Sie Charly »Sitz« machen und entfernen Sie sich 2 Schritte. Beginnen Sie Ihre Ablenkungsübungen mit einem einfachen Hin- und Her- oder Vor- und Zurücktreten. Steht Ihr Hund auf (oder legt sich), korrigieren Sie ihn wie bisher mit »Falsch« und beginnen von vorn. Machen Sie es dabei etwas einfacher (z.B. langsamer vor- und zurücktreten). Bleibt Charly trotz der Ablenkung sitzen, sagen Sie mitten in die Ablenkung hinein »Fein«, und zwar bei den ersten Versuchen schon sehr früh, ca. 1–2 Sekunden nach Beginn Ihrer Ablenkungsmanöver. Ist Charly sitzen geblieben, machen Sie die nächste Übung ein bisschen schwieriger. Weitere Ablenkungsmöglichkeiten: hin- und herspringen, Leine fallen lassen oder sachte daran ziehen, Arme schwenken, singen, in die Hände klatschen, Leckerchen aus der Tasche ziehen, in die Hocke gehen, den Hund umkreisen usw.

Zweites Ziel: Charly bleibt sitzen, während Sie weiter von ihm weggehen.

Erhöhen Sie die Entfernung. Gehen Sie 3 statt 2 Schritte weg und sofort wieder zu Charly zurück. Sitzt er noch, gibt es F&B, macht er einen Fehler, ein »Falsch«. Immer wenn es geklappt hat, können Sie beim nächsten Mal einen Schritt weiter weggehen, bis maximal 10 Schritte. Kehren Sie jedes Mal sofort zum Hund zurück (wie ein Jo-Jo).

»PLATZ-BLEIB« ▸ Ziel: Festigen des bisher Gelernten, gegebenenfalls Ab-

Sagen Sie bei längeren Bleib-Übungen ruhig ab und zu »Brav«, um Ihren Hund zum Durchhalten zu ermutigen.

> ▶ **Tipp**
>
> Bei den länger andauernden Übungen (»Pass auf«, Bleib und »Fuß«) können Sie das »Brav« verwenden, um Ihren Hund zwischendurch zum Durchhalten zu ermuntern. Während er z.B. liegt, sagen Sie betont ruhig »Brav«. Ein paar Sekunden später kommt das F&B. Sollte er beim »Brav« die Übung abbrechen, korrigieren Sie ihn mit »Falsch«. Auf diese Weise begreift Charly bald, dass »Brav« heißt: »Mach weiter so!« Sie haben dann ein Lobwort für zwischendurch, das die Übung nicht unterbricht und dem normalerweise auch kein Leckerchen folgt.

lenkungstraining und Erhöhen der Entfernung.

Üben Sie das »Platz-Bleib« zunächst weiter, bis Ihr Hund mindestens 30 Sekunden ohne Leckerchen zwischendurch sicher liegen bleibt. Dann können Sie genau wie beim »Sitz-Bleib« weiterüben, mal mit selbst gemachten Ablenkungen, mal mit Erhöhen der Entfernung.

KOMMEN AUF RUF ▶ Erstes Ziel: Festigen des Gelernten.

Eigentlich geht es weiter wie bisher: Rufen Sie öfter mal unterwegs und belohnen Sie Ihren Hund sehr abwechslungsreich. Mal gibt es kein, mal ein besonders schönes, mal ein normales

Leckerchen. Ab und zu loben Sie mit »Fein«, während Charly zu Ihnen unterwegs ist oder sogar, sobald er sich zu Ihnen umgedreht hat, aber meistens kommt das »Fein« erst nach seiner Ankunft, die nun in der Regel im Vorsitzen besteht (falls Sie aufrecht stehen). Hin und wieder rennen Sie nach dem Rufen vom Hund weg und loben und belohnen ihn, wenn er Sie eingeholt hat.

Zweites Ziel: Charly kommt auch bei starker Ablenkung.

Ebenso wie bei den Bleib-Übungen können Sie beim »Hier« gezielt Ablenkungssituationen stellen. Charly ist an der langen Leine und läuft auf etwas zu, was ihn sehr interessiert, z.B. ausgelegtes Futter oder Spielzeug, ein Familienmitglied, ein anderer Hund, später sogar ein rollender Ball o.ä. Rufen Sie ihn einmal und stoppen Sie ihn – falls er nicht von selbst umdreht – mit der Leine, bevor er sein Ziel erreicht hat. Rufen Sie dann nochmals. Ihr »Fein« ertönt bei diesen Übungen meistens schon, wenn Charly sich zu Ihnen umdreht. Belohnen Sie ihn besonders großzügig. Die beste Belohnung ist oft, wenn Sie zusammen mit ihm zu seinem Ziel laufen und ihm dort das Futter oder Spielzeug geben bzw. ihn den Menschen oder Hund begrüßen lassen.

»FUSS« ▸ Ziel: Verringern der Belohnungen und Einbau des automatischen »Sitz« in die Übungen.

Geht Charly bei durchschnittlich 10 Schritten für ein F&B gleichmäßig gut bei Fuß, erhöhen Sie die Durchschnittszahl, z.B. auf 12 oder 15 Schritte. Er bekommt im Gehen F&B nach 10, 5, 12, 3, 9, 17, 1 Schritten usw. Die Übung beginnt jetzt normalerweise im »Sitz« und endet mit »Sitz«.

▸ ### Siebte und achte Woche

Üben Sie auch weiterhin öfter mal ganz gezielt an belebten Orten und bei einer gewissen Ablenkung. Je häufiger Sie das machen, desto besser wird es klappen. Bitte Geduld, wenn Charly zuerst Schwierigkeiten hat! Schimpfen Sie nicht, sondern machen Sie es ihm vorübergehend leichter, indem Sie einfachere Vorstufen der Übung durchgehen und ihm vorübergehend wieder mehr Belohnungen geben als sonst.

KONZENTRATIONSÜBUNG ▸ Ziel: Erhalten und Ausbauen des Gelernten.

Üben Sie weiter, bis Sie in beinahe jeder Situation auch längeren Blickkontakt bekommen können.

Üben Sie das »Pass auf«, bis Ihr Hund sich in jeder Situation auf Sie konzentrieren kann.

»SITZ-BLEIB« UND »PLATZ-BLEIB«
Ziel: Festigen und Ausbauen des Gelernten.

Wenn Ihr Hund es schafft, 1 Minute in 1-2 m Entfernung sitzen zu bleiben, auch wenn Sie dabei manchmal zappeln und herumspringen, und auch dann sitzen bleibt, während Sie 10 Schritte von ihm weggehen, hat er bereits sehr gute Grundlagen. Für weitere Übungen halten Sie sich an die »Meter-mal-Minuten-Formel«: Arbeiten Sie entweder an der Entfernung oder an der Dauer. Wenn Sie eines von beiden erhöhen, verringern Sie vorübergehend das andere. Das könnte z.B. so aussehen: 1 Minute bei 2 Schritt Abstand, 15 Sekunden bei 4 Schritt Abstand, 30 Sekunden bei 4 Schritt, 45 Sekunden bei 4 Schritt, 1 Minute bei 4 Schritt. 15 Sekunden bei 6 Schritt, 30 Sekunden bei 6 Schritt usw. Oder: 10 Schritte weggehen, nach 10 Sekunden zum Hund zurück. 15 Schritte weggehen, sofort zurück. 15 Schritte, nach 5 Sekunden zurück. 15 Schritte nach 10 Sekunden zurück. 20 Schritte, sofort zurück usw. Auf diese Weise können Sie praktisch jedes Ziel erreichen, wenn Sie so kleine Teilschritte machen, dass Ihr Hund nur selten korrigiert werden muss. Gelegentlich bauen Sie die Ablenkungsübungen weiter aus: rollen Sie einen Ball, lassen Sie ein Leckerchen fallen, ein anderer Hund rennt vorbei usw. So wird sein Bleib immer zuverlässiger.

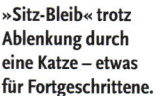

»Sitz-Bleib« trotz Ablenkung durch eine Katze – etwas für Fortgeschrittene.

KOMMEN AUF RUF ▸ Ziel: Erhalten und Ausbauen des Gelernten.

Auch hier gilt: Weiter so, bis Ihr Hund bestmöglich hört. Macht das Abrufen unter Ablenkung große Schwierigkeiten, üben Sie mit langer Leine und rennen 1-2 Sekunden nach dem Rufen energisch in die entgegengesetzte Richtung. Hat Ihr Hund nicht aufgepasst, wird er unsanft mitgerissen. Sobald er bei Ihnen ist, wird er aber wieder ganz besonders herzlich gelobt und großzügig belohnt. Erst wenn die Leine gar nicht mehr stramm wird, können Sie sie zunächst nachschleppen lassen und dann allmählich verkürzen.

»FUSS« ▸ Ziel: Festigen und Ausbauen des Gelernten, weiteres Verringern der Belohnungshäufigkeit.

Erhöhen Sie allmählich über mehrere Wochen auf durchschnittlich 30–40 Schritte für ein F&B. Ab da kann Charly nicht mehr »mitzählen« und gilt als fertig ausgebildet. Um das Ganze interessanter zu machen, bauen Sie Winkel, Kreise, Halts und Tempowechsel ein, bei denen Sie Charly anfangs noch jedes Mal belohnen.

> ▸ **Tipp**
>
> Wenn Ihr Hund die Übungen gut begriffen hat, brauchen Sie nicht mehr unbedingt mit Ihrem »Superlobwort« (oder dem Clicker) zu arbeiten. Wenn er etwas richtig macht, loben Sie ihn einfach mit heller, freudiger Stimme und lächeln Sie dabei. Manchmal – nach Zufallsprinzip – gibt es danach ein Leckerchen oder Spiel oder eine Belohnung aus der Situation heraus wie streicheln, Leine lösen, aus dem Auto aussteigen o.ä.

▸ **Belohnungen abbauen**

Das Verringern der Belohnungshäufigkeit (»ausschleichen«) geschieht nach folgendem Schema: Nehmen Sie sich eine Übung vor, z.B. ein kurzes »Platz« oder »Sitz« oder »Hier« unter einfachen Bedingungen. Wiederholen Sie diese Übung einige Male direkt hintereinander. Dabei gibt es stur nur noch bei jedem zweiten Mal F&B. Charly wird ein wenig enttäuscht sein und je nach Typ übereifrig oder langsam und zögernd werden. Macht nichts – auch wenn er es vorübergehend nicht ganz so gut macht wie üblich: Bei jedem zweiten Mal gibt es F&B, so lange, bis er gleichmäßig gut reagiert, auch wenn es beim vorigen Mal nichts gegeben hat. Klappt das, verringern Sie auf 3:1 und vielleicht auch noch auf 4:1 oder 5:1 – nur noch jede dritte (vierte, fünfte) Ausführung wird belohnt. Sie können dieses Schema auch mit verschiedenen Übungen durchspielen: Geben Sie Charly verschiedene ihm gut bekannte Kommandos und belohnen Sie nur für jede zweite, dritte, vierte Ausführung eines beliebigen Kommandos.

Dann gehen Sie zum Zufallsschema über: Es gibt nun regellos und ganz allmählich auch immer seltener eine Belohnung (wie bei »Fuß« in der sechsten Woche genauer beschrieben, Seite 87). Belohnen Sie außerdem möglichst abwechslungsreich.

Finden Sie heraus, wie oft Sie Ihren speziellen Hund belohnen müssen, damit seine Leistung erhalten bleibt. Verringern Sie die Belohnungen nicht zu schnell, Sie müssen sonst mit großen Rückschlägen rechnen. Bei starker Ablenkung oder ganz neuen Übungen oder Übungsvarianten gibt es anfangs wieder jedes Mal eine Belohnung.

Beschäftigung mit dem Hund

Beschäftigung mit dem Hund

96 ▸	Spazieren gehen	102 ▸	**Tricks**
97 ▸	Fahrrad fahren	103 ▸	**Organisierter Hundesport**
99 ▸	Spielen	106 ▸	**Die richtige Hundeschule**
100 ▸	»Nasenarbeit«		

Es gibt viele Möglichkeiten, wie Sie Ihrem Hund die nötige artgerechte Beschäftigung verschaffen können. Einige der in diesem Kapitel aufgeführten Vorschläge können Sie ohne besondere Vorbereitung umsetzen. Andere Hobbys mit dem Hund sind etwas aufwendiger, wie z.B. manche Hundesportarten.

▸ Spazieren gehen

Haben Sie sich schon einmal gefragt, warum man eigentlich täglich mit seinem Hund spazieren gehen soll? Charly braucht Bewegung und muss »Gassi gehen«, natürlich. Aber darüber hinaus ist der Spaziergang für viele Hunde die einzige Abwechslung im Tagesablauf – eine Art Ersatz für den Jagdausflug mit dem Rudel, bei dem er außerdem Gelegenheit hat, herumzuschnuppern, seinen »Hobbys« wie Stöcke schleppen oder nach Mäusen buddeln nachzugehen und vielleicht andere Hunde zu treffen.

Als Anführer des Rudels ist es Ihre Aufgabe, dafür zu sorgen, dass Charly bei dieser Unternehmung »etwas geboten bekommt«. Wenn Sie nur Langeweile verbreiten, wird er sich selbst Beschäftigungen suchen. Ob die Ihnen dann freilich angenehm sind, steht auf einem anderen Blatt.

Gestalten Sie Ihre Spaziergänge also möglichst abwechslungsreich, um Ihren Hund an sich zu binden und Ihrer Alphastellung gerecht zu werden. Bauen Sie Spiele, Übungen und Suchaufgaben mit ein, überwinden Sie gemeinsam kleine Hindernisse und stellen Sie Charly Aufgaben wie z.B. auf einen Baumstamm zu klettern. Nehmen Sie ein wenig Anteil an seiner Welt: Schleichen Sie z.B. gemeinsam mit ihm gegen den Wind an unheimliche Dinge wie eine flatternde Plastiktüte heran u.Ä.

Gehen Sie auch nicht immer den gleichen Weg. Eine halbe Stunde in neuer Umgebung mit vielen interes-

Herumschnuppern und nach Mäusen buddeln macht Spaß – aber Ihr Hund sollte sich nicht nur allein oder mit anderen Hunden vergnügen.

santen Gerüchen und Erlebnissen wird Charly viel zufriedener machen als seine einstündige gewohnte Runde.

Auch für die Erziehung ist ein häufiger Ortswechsel von Vorteil. In fremder Umgebung fühlt Charly sich nämlich etwas unsicherer und wird z.B. weniger dazu neigen, sich mit anderen Hunden anzulegen oder wegzulaufen, als im »eigenen Revier«.

> **Tipp**
>
> Rufen Sie Ihren Hund auf jedem Spaziergang ohne besonderen Grund mehrfach heran. Wenn Sie nur rufen, wenn es einen Anlass gibt, verknüpft Charly nämlich bald: »Hier = Sieh dich mal um, was es da Interessantes gibt!«

Charlys Erziehung geht natürlich unterwegs weiter. Denken Sie voraus und versuchen Sie, schlechten Angewohnheiten vorzubeugen, indem Sie Charly rechtzeitig ablenken oder anleinen oder ihn heranrufen. Lassen Sie ihn normalerweise nicht weiter als höchstens 20 m von sich weg, denn je weiter er von Ihnen entfernt ist, desto weniger Einfluss haben Sie auf ihn. Für die Tage, an denen Sie in Gedanken oder ins Gespräch vertieft durch die Landschaft gehen wollen und keine Nerven haben, dabei auf Charly zu achten, empfiehlt sich eine Flexi-Leine.

Zudem sollten Sie unbedingt die Welpenzeit nutzen, wenn Sie später einen Hund haben wollen, der Sie normalerweise ohne Leine begleiten kann. Der Welpe will auf keinen Fall allein bleiben und gewöhnt sich so an, Sie nicht aus den Augen zu lassen, vor allem wenn Sie sich manchmal verstecken und häufige Richtungswechsel einbauen. Beim Junghund ab ca. 6 Monaten ist das durchaus nicht mehr selbstverständlich, und deshalb gehört er dann (wie der noch nicht so gut erzogene erwachsene Hund und der junge Welpe mit mangelhafter Bindung) auch ggf. für einige Wochen oder Monate an die lange Leine.

Fahrrad fahren

Für bewegungsfreudige und etwas größere Hunde ist das normale Gehtempo eines Menschen viel zu langsam. Mit dem Fahrrad können Sie locker Schritt mit Charly halten, und er kann sich so richtig auslaufen. Das ist gesund für ihn (und vielleicht auch für Sie!) und außerdem Zeit sparend: Mit dem Fahrrad können Sie die gleiche Strecke in der Hälfte der Zeit zurücklegen. Da ein Hund aber nicht nur Bewegung, sondern auch Erlebnisse und Schnuppergelegenheiten braucht, sollte Fahrrad fahren allerdings nicht das Einzige sein, was Sie mit Charly unternehmen.

Besonders für größere Hunde ist das Laufen am Rad eine herrliche Betätigung.

Das gleichmäßige, flotte Traben über längere Strecken sollten Sie Charly normalerweise erst mit etwa einem Jahr zumuten, wenn sein Bewegungsapparat ganz ausgewachsen ist. Er muss lernen, nicht knapp vor dem Vorderrad die Fahrbahn zu kreuzen, angeleint nicht plötzlich stehen zu bleiben und dass er nicht am Rad hochspringen oder aus Übermut in die Reifen beißen darf. Manche Hunde sind zuerst auch etwas ängstlich vor dem fremden Gefährt. Üben Sie am besten ein paar Mal im Schieben, wenn möglich ohne Leine.

> **Tipp**
>
> Ein ausgezeichnetes Hilfsmittel, das die Gewöhnung ans Rad vereinfacht und das Radeln mit Hund deutlich sicherer macht, ist der »Springer-Fahrradhalter«. Sie haben beide Hände am Lenker, der Hund kann nicht vors Rad laufen, und die starke Feder dämpft gelegentliche »Seitensprünge« sanft und sicher ab.

Scheut Charly vor dem Rad, lassen Sie ihm Zeit und zwingen Sie ihn nicht dicht heran, sondern geben Sie ihm in der Nähe des Rades ein paar Leckerchen. Vors Rad zu laufen, können Sie ihm am besten dadurch abgewöhnen, dass Sie ihn je nach Typ wohldosiert mit dem Vorderrad anschubsen. Geben Sie ihm auf keinen Fall das Gefühl, das Rad würde langsamer werden oder halten, wenn er sich davor stellt! Schieben Sie eher etwas schneller, wenn er sich leichtsinnig dicht vor dem Rad bewegt. Einfach weiterschieben hilft manchmal auch gegen spielerische Attacken auf die Reifen. Ansonsten greifen Sie zu Ihrem »Nein« oder notfalls sogar zu einem Wurfgeschoss. Aber bitte maßvoll, schließlich soll Charly das Rad ja nicht gleich ganz fürchten lernen!

> **Tipp**
>
> Fürs Joggen gilt im Prinzip das Gleiche wie fürs Fahrrad fahren: Charly muss lernen, Ihnen nicht vor die Füße zu laufen, Sie nicht anzuspringen und an der Leine nicht plötzlich stehen zu bleiben. Seine Kondition muss allmählich aufgebaut werden. Es gibt spezielle Gürtel und elastische Hundeleinen, die fürs Laufen mit dem Hund praktisch sind.

Nun kommt die Leine dazu. Am Fahrrad gehört Charly unbedingt an Ihre rechte, dem Verkehr abgewandte, Seite. Geben Sie ihm eine bestimmte Länge und ziehen Sie ihn energisch mit, wann immer er stehen bleiben will. Loben Sie ihn, wenn er gut mitläuft. Klappt das, können Sie endlich aufsteigen. Wenn möglich lassen Sie Charly dabei anfangs wieder frei laufen, denn es kann sein, dass er vor lauter Aufregung die eben im Schieben gelernten Benimmregeln vorübergehend wieder vergisst, wenn Sie erstmals auf dem Rad sitzen und sich schnell bewegen.

Es ist selbstverständlich, dass Sie genug Pausen machen, Charly nie an der Leine mitschleppen, wenn er erschöpft ist, bei Hitze aufs Rad fahren verzichten und für genug Trinkwasser sorgen. Wenn Sie sofort lange Strecken fahren, drohen Charly nicht nur Muskelkater und Überanstrengung, sondern vor allem durchgelaufene Pfotenballen! Beginnen Sie mit ein paar Fahrten von ca. 1, dann 2 km. Sie können dann etwa alle 2-3 Wochen 1 oder 2 km mehr fahren, bis Sie die von Ihnen und Charly gewünschte Streckenlänge erreicht haben. Mit meinen Hunden (Weiße Schäferhunde) fahre ich wenigstens drei Mal die Woche zwischen 4 und 10 km. Eine Ausdauerprüfung am Fahrrad geht über 20 km.

▶ ### Spielen

Für einen Hund ist Spiel mit anderen vor allem Kampf- oder Jagdspiel. Mit Kampfspielen sollten Sie eher vorsichtig sein, denn Charly soll gar nicht erst den Eindruck bekommen, es sei in Ordnung, wenn er seine Körperkräfte gezielt gegen Menschen einsetzt. Dulden Sie also auch im Spiel keine Übergriffe. Weisen Sie Charly zurecht oder brechen Sie das Spiel ab, wenn er Sie grob anspringt, an Ihrer Kleidung reißt oder beim Schnappen nach dem Spielzeug Ihre Finger erwischt. Sie müssen das Spiel auch jederzeit unterbrechen und das Spielzeug an sich nehmen können, ohne dass er nachschnappt oder an Ihnen hochspringt.

Erwachsene Hunde spielen nur noch selten ganz allein mit einem Spielzeug.

Bei Jagdspielen dient meist ein Spielzeug als Ersatzbeute. Ahmen Sie mit dem Spielzeug das Verhalten eines Beutetieres nach und spielen Sie vor allem abwechslungsreich, dann werden Sie es schon richtig machen. Eine Beute »rennt« oder schleicht vom Hund weg, versteckt sich (z.B. hinter Ihrem Körper), lugt wieder hervor, »zwickt« auch einmal nach Charly, um sich blitzschnell wieder zurückzuziehen, schlägt Haken, quietscht ... Der Schlüssel zum Erfolg ist Bewegung. Laufen Sie, schlagen Sie Haken, bremsen Sie plötzlich, drehen Sie sich usw.

Interessant wird es erst durch den Spielpartner. Spielen Sie aber besser auf oder unter Hundenasenhöhe!

▶ ### Tipp

Halten Sie das Spielzeug normalerweise auf Hundenasenhöhe oder darunter. Wenn Charly viel hochspringt, um es zu haschen, ist das weder für seine Gelenke noch für seine Manieren gut.

SELBST GEMACHTE SPIELZEUGE ▶

Wunderbare und kostenlose Spielzeuge geben zusammengeknotete Lumpen oder an eine Schnur gebundene Fellreste, Tennisbälle, ausrangierte Schuhe

Beachten Sie Ihren Hund nicht weiter, wenn er allein mit dem Spielzeug abzieht.

und Handfeger, Papprollen von Küchenkrepp, Knüppel, Kastanien, Tannenzapfen usw. ab. Bei ausrangierten Schuhen o.Ä. kann es natürlich passieren, dass Charly anfangs alle Schuhe für sein Spielzeug hält. Aber da »sein« Schuh bald nach ihm riecht, kann er schnell lernen, dass dem nicht so ist. Spielgegenstände dürfen natürlich keine Metall- oder Kunststoffteile enthalten, an denen der Hund sich verletzen oder die er verschlucken kann. Vorsicht ist auch beim Stöckchenspiel geboten: Es kommt vor, dass Hunde sich im Übereifer einen Stock in den Rachen rammen, wenn der nach dem Werfen im Boden stecken bleibt.

SPIELERISCHES APPORTIEREN ▶

Schön ist es, wenn Charly Ihnen einen geworfenen Ball o.Ä. wiederbringt (apportiert). Fördern Sie daher das Wiederbringen gezielt durch Belohnung. Die beste Belohnung ist in dieser Situation das Spiel selbst: Wann immer Charly ein Spielzeug anschleppt, loben Sie ihn sehr und spielen Sie weiter, z.B. durch Tauziehen oder ein erneutes Werfen. Entfernt Charly sich aber mit dem Spielzeug, verhalten Sie sich betont passiv.

Falls Charly sein Spielzeug nur selten ganz bis zu Ihnen bringt, »formen« Sie das Apportieren mit zwei gleichen Spielzeugen. Eines werfen Sie, das andere behalten Sie in der Hand oder Tasche. Wenn Charly sich Ihnen mit dem ersten Spielzeug im Maul zufällig nähert und Sie anguckt, werfen Sie das zweite oder machen es auf andere Art besonders attraktiv. Nach und nach werfen Sie das zweite Spielzeug nur noch, wenn Charly etwas näher als beim vorigen Mal herangekommen ist, bis es schließlich zur Regel geworden ist, dass er Ihnen sein Spielzeug vor die Füße legen oder in die Hand geben muss, damit Sie weiterspielen.

▶ »Nasenarbeit«

Suchen ist eine herrliche Beschäftigung für Hunde, die leider viel zu wenig genutzt wird. Jeder Hund ist ein begabter »Schnüffler«, und »Nasenarbeit« lastet Hunde besser aus als alles andere. Sie werden staunen, wie müde und zufrieden Charly nach nur 10-15 Minuten Sucharbeit ist. Zudem macht es einfach Spaß, einem Hund beim Suchen zuzusehen. Neben der relativ zeitintensiven Fährtenarbeit oder dem Aufspüren von Menschen gibt es eine Vielzahl von Suchspielen, die Sie ohne großen Aufwand durchführen können.

Basisübung ist die Suche nach Spielzeug oder harten Hundekuchen. Wenn Charly die gefunden hat und »knackt«, hören Sie das nämlich gut. Halten Sie Charly am Halsband, zeigen Sie ihm den Hundekuchen und werfen Sie ihn dann etwa zwei Meter weit weg. Nach ein paar Sekunden schicken Sie Charly mit »Suuuch« los. Loben Sie ihn

(»Brav«), während er hinläuft, und zeigen Sie Begeisterung, wenn er gefunden hat.

Wenn Charly das Prinzip begriffen hat, werfen Sie den Hundekuchen auch in tiefes Gras oder weiter weg. Nun muss er wirklich seine Nase einsetzen, um ihn zu finden. Falls er sich einmal sehr ungeschickt anstellt, wiederholen Sie »Such« und schnüffeln selbst deutlich hörbar, während Sie Charly mit dem ausgestreckten Zeigefinger helfen. Nach und nach werden die Suchaufgaben immer schwieriger: Werfen Sie den Hundekuchen, während Charly gerade weggguckt, oder lassen Sie ihn angebunden oder im »Sitz« warten, während Sie die »Beute« ein gutes Stück entfernt verstecken. Solche Suchspiele kann man übrigens auch im Haus durchführen – eine feine Beschäftigung für Regentage und fußkranke Hunde, die nicht spazieren gehen dürfen!

Wenn Charly das »Such« gut verknüpft und etwas Routine und Ausdauer entwickelt hat, können Sie sich höheren Schwierigkeitsgraden zuwenden. Statt eines Hundekuchens oder Spielzeugs verstecken Sie jetzt einen kleinen Gegenstand, den Sie einige Zeit bei sich getragen haben. Merken Sie sich gut, wo er liegt, denn anfangs müssen Sie »Fein« rufen, sobald Charly die Nase am Gegenstand hat. Geben Sie ihm ein Leckerchen und zeigen Sie große Freude über das Fundstück, dann begreift Charly schnell, dass es ebenso gut ist, einen nach Ihnen riechenden Gegenstand zu finden wie ein Leckerchen.

Sie können Charly auf ähnliche Weise auch beibringen, unter mehreren auf dem Boden verstreuten Hölzchen das herauszusuchen, das Sie in der

Nur wenn er das Spielzeug wiederbringt, geht das Spiel weiter.

Hand gehabt haben (eine Obedience-Übung). Später könnte er sogar lernen, einen Gegenstand mit Ihrem Geruch aus anderen Gegenständen mit dem Geruch von anderen Personen herauszusuchen oder einen Gegenstand einer bestimmten Person am Geruch zuzuordnen. Oder üben Sie mit ihm das »Einweisen«, indem Sie ihn durch Handzeichen und Zurufe zu einem versteckten Gegenstand lenken.

Es ist meistens leicht, den Hund auch auf andere Gerüche einzustellen, z.B. auf Kaffee oder Zitrusfrüchte (als Ersatz für Rauschgift oder Sprengstoff, zu dem Sie ja hoffentlich keinen Zugang haben). Machen Sie ein paar Löcher in eine Filmdose und tun Sie etwas Kaffeepulver hinein. Verstecken Sie die Dose in einem Zimmer oder in einem von mehreren Kartons oder Gepäckstücken und geben Sie dem Geruch eventuell ein paar Minuten Zeit, sich zu entfalten. Dann lassen Sie Charly an einer Probe des Stoffes riechen und schicken ihn mit »Such« los. Nach und nach genügen immer kleinere Mengen des zu suchenden Stoffes.

Der »große Nasentrick« erfordert eiserne Selbstbeherrschung!

Sie können die Kommandos »Sitz-Bleib« und »Gib Pfötchen« zum Winken kombinieren.

▶ **Tricks**

Manche Hundefreunde lehnen es empört ab, Ihrem Hund Dinge wie Pfote geben oder Männchen machen beizubringen, weil sie meinen, es verletze seine Würde. Charly selbst hat damit sicher keine Probleme. Für ihn sind alle Übungen »Tricks«, und egal ob es sich um »Sitz« und »Platz« oder »Gib Pfötchen« handelt, geht er nach dem Motto: Hauptsache, es macht Spaß. Ich würde vorschlagen, Sie halten es genauso.

Tricks sorgen für Abwechslung und geben Ihnen die Möglichkeit, die betreffenden Talente Ihres Hundes herauszustellen. Ebenso wie Suchspiele sind Tricks eine gute »Indoor«-Beschäftigung für Schlechtwettertage oder Hunde, die nicht mehr so viel laufen können. Und Hunden, die Tricks können, fliegen die Sympathien zu, auch wenn sie anderweitig nicht ganz perfekt erzogen sind!

Tricks sind übrigens eine gute Gelegenheit, anspruchsvolle Hundeausbildung ohne Leistungsdruck praktisch zu üben. Manche Kunststückchen sind nämlich gar nicht so leicht beizubringen. Oft muß man sehr viele kleine Zwischenschritte machen oder mehrere Teilaufgaben üben, um sie dann später zu einer kompletten »Nummer« zusammenzusetzen. Und ob die »Vorstellung« später richtig gut wirkt, hängt meist davon ab, ob Charly zuverlässig auch auf unauffällige Hör- oder Sichtzeichen reagiert.

EINFACHE TRICKS ▶

Pfote geben: Vielleicht können Sie Charly dazu bringen, dass er nach Ihrer Hand oder einem vorgehaltenen Spielzeug oder Leckerchen pfötelt. Klappt das nicht, drücken Sie mit der flachen Hand leicht von der Seite gegen seine Schulter, sodass er die Pfoten versetzen muss, um das Gleichgewicht nicht zu verlieren. F&B die ersten Male unbedingt schon, wenn er die Pfote auch nur einen halben Zentimeter anhebt! Später können Sie ein Hörzeichen einführen und Charly »linke Pfote/rechte Pfote« beibringen. »Winken« bekommen Sie, indem Sie ihn im »Sitz-Bleib« aus der Entfernung zum Pfotegeben auffordern.

Tot stellen: Halten Sie dem liegenden Hund ein Leckerchen vor die Nase und bewegen Sie es sehr dicht an seinem Körper an seiner Schulter vorbei Richtung Widerrist. Die meisten Hunde »fallen um«, während sie versuchen, dem Leckerchen mit der Nase zu folgen. Notfalls geben Sie Charly noch einen sanften Schubs. Auch hier sollte Ihr F&B die ersten Male schon kommen, wenn er erst halb in Seitenlage ist. Nach und nach können Sie erreichen, dass Charly ganz still liegt. Je nach Geschmack ist das Hörzeichen »Peng!« oder »Gute Nacht«. Aus der Seitenlage lässt sich auch leicht eine Rolle entwickeln.

Reifensprung: Stellen Sie einen Hulahoop-Reifen vor Charly auf den Boden und locken Sie ihn mit einem Leckerchen durch. Wenn das ohne zögern geht, reduzieren Sie die Hilfe mit Hand und Leckerchen, bis Charly selbstständig durch den Reifen geht. Dann heben Sie ihn jeweils um ein paar Zentimeter an, bis er springen muss. Kippen Sie bei höheren Sprüngen den Reifen ein wenig in Richtung auf Charlys Hinterteil, sobald seine Vorderbeine durch sind, damit er nicht mit den Hinterbeinen hängen bleibt. Er kann sogar lernen, durch einen papierbespannten Reifen zu springen, indem Sie den Reifen nach und nach mit immer mehr Papierstreifen behängen.

Laut geben: Binden Sie Charly an und »ärgern« Sie ihn mit einem Spielzeug, einem tollen Leckerchen oder der ganzen Futterschüssel. Sie brauchen Geduld und den richtigen Grad an Erregung bei Charly: Zu wenig und er bellt nicht, zu viel und er kriegt vor Aufregung keinen Ton mehr heraus. Beim ersten kaum hörbaren Piepsen gibt es F&B! Ist aus dem »Pieps« ein »Wau« geworden, fügen Sie Hörzeichen hinzu: eines zum Bellen und eines zum Beenden des Gebells. Mit dem so gelernten »Sei still« können Sie Charly später auch in anderen Situationen zum Schweigen bringen.

▶ **Tipps für Tricks**

Rückwärts gehen. Drehungen rechts- oder linksherum. Eine Acht um die Beine des stehenden Menschen oder im Zickzack durch die Beine des gehenden Menschen laufen. Türen auf- und zumachen. Lichtschalter betätigen. Eine Stange o.Ä. rechts- oder linksherum umkreisen. Einen Behälter (Deckelkorb, Tonne, Schachtel) aufmachen und Gegenstände hineinwerfen. Ein Leckerchen auf dem Nasenrücken balancieren. Apportieren (alle möglichen Gegenstände und Materialien). Einen Gegenstand (Schirm, Leine) tragen. Bestimmte Spielzeuge («Ball«, »Seil«) auf Anweisung bringen. Botschaften überbringen (am Halsband oder apportierend).

▶ **Organisierter Hundesport**

Vielleicht kommt für Sie und Charly ja auch eine Hundesportart in Frage? Es macht Spaß, zusammen mit anderen zu trainieren und eine Prüfungs- oder Wettkampfteilnahme gibt Ihnen ein klar definiertes Ziel und die Möglichkeit zu sehen, was Sie bereits erreicht haben. Wichtig ist aber vor allem, dass Ihnen und Charly das Training Freude macht, denn die Ausbildungszeit dauert meist viele Monate, die Prüfungsteilnahme selbst aber nur wenige Minuten.

Um bei Prüfungen und Wettkämpfen starten zu können, müssen Sie Mitglied in einem Hundeverein werden, der dem VDH angeschlossen ist. Die meisten Vereine ermöglichen es Interessenten, z.B. durch entsprechende Kurse, zuerst einmal in die jeweilige Sportart »hineinzuschnuppern«. Sie können dann immer noch entscheiden, ob Sie die Sache auch wettkampfmäßig oder einfach »just for fun« betreiben wollen.

> **Tipp**
>
> Hundesportarten, die viele Sprünge erfordern, dürfen nur ernsthaft trainiert werden, wenn der Hund ausgewachsen und gesund ist. Fragen Sie vorsichtshalber Ihren Tierarzt und lassen Sie gegebenenfalls die Gelenke Ihres Hundes röntgen.

BEGLEITHUNDPRÜFUNG ▸ Die Begleithundprüfung ist so eine Art »Hundeabitur«, nämlich die Voraussetzung für die Teilnahme an weiterführenden Prüfungen (z.B. Schutzhund, Fährtenhund oder Agility). Verlangt werden »Fuß« mit und ohne Leine, »Sitz«, »Platz« und Heranrufen. Bei der Prüfung befinden sich immer zwei Mensch-Hund-Teams gleichzeitig auf der Prüfungswiese: Ein Hund liegt im »Platz«, während der andere die übrigen Übungen vorführt.

In einem zweiten Prüfungsteil geht es in den Straßenverkehr, wo (allerdings nur an der Leine) gezeigt werden soll, dass der Hund sich gegenüber Passanten und im normalen Straßenverkehr sicher und neutral benimmt.

BREITENSPORT (TURNIERHUNDSPORT) ▸ Dies ist etwas für sportliche Menschen und Hunde. Neben Gehorsamsübungen (ähnlich wie bei der Begleithundprüfung) gibt es Hindernisläufe, bei denen der Hund bei Fuß Hürden, Tunnel, Laufsteg, Tonne, Reifen und Weitsprung überwindet. Beim Slalomlauf geht es mit dem Hund bei Fuß durch mehrere Stangentore, und ganz Sportliche nehmen auch noch am Geländelauf über 2 bzw. 5 km teil. Gestartet wird je nach Alter des Hundeführers und Größe des Hundes in verschiedenen Klassen, gewertet wird nach Tempo und Fehlerfreiheit.

AGILITY ▸ Agility hat in den letzten Jahren einen rasanten Aufschwung genommen. Ähnlich wie beim Springreiten wird ein immer wechselnder Parcours aus Sprüngen, Mauer, Weitsprung, Tisch, Reifen, Tunnels, Laufsteg, Kletterwand, Wippe und Slalom aufgebaut. Der Hund läuft ohne Halsband und Leine (muss daher über einen guten Gehorsam verfügen) und wird vom Hundeführer nur durch

Gesten, Zurufe und Körpersprache gelenkt. Er muss die Hindernisse möglichst fehlerfrei und schnell in der richtigen Reihenfolge überwinden. Gestartet wird auch hier in verschiedenen

Agility is fun!

Klassen, je nach Größe des Hundes und Schwierigkeitsgrad. Durch die immer wechselnden Parcours wird Agility nie langweilig und stellt hohe Anforderungen an die Verständigung zwischen Hund und Hundeführer. Echte Gewinnchancen auch in den höheren Klassen haben allerdings inzwischen fast nur noch Hunde, die besonders wendigen und schnellen Rassen angehören.

OBEDIENCE ▸ Diese Sportart ist in den Nachbarländern sehr beliebt, steckt aber in Deutschland noch in den Kinderschuhen. Bisher gibt es kein nationales Wettkampfreglement, doch wird sich das sicher in den nächsten Jahren ändern. Obedience ist sozusagen das Dressurreiten des Hundesports: Gehorsam in Perfektion und – zumindest in den höheren Stufen – mit zum Teil beträchtlichem Schwierigkeitsgrad.

Zu den üblichen Grundübungen kommen z.B. Apportieren, Voranschicken und Stehen in vielen Variationen sowie das Heraussuchen eines Gegenstandes, der den Geruch des Hundeführers trägt. Immer beliebter werden auch »Freestyle« oder »Dogdancing« genannte »Ableger« des Obedience, bei denen, ähnlich wie beim Eiskunstlauf, zu Musik eine Kür vorgeführt wird.

SCHUTZHUNDSPORT ▸ Er besteht aus Fährtenarbeit, Gehorsamsübungen und dem Schutzdienst, bei dem der Hund einen in wattierte Kleidung verpackten Helfer suchen, stellen, verbellen und einen Scheinangriff des Hel-

Das Bringen über eine Hürde ist Bestandteil der Schutzhundprüfung.

fers abwehren muss. Es gibt 3 Schwierigkeitsgrade, die aufeinander aufbauen. Schutzhundsport ist vielseitig, anspruchsvoll und ein gutes Ventil für den Jagd- und Beutetrieb des Hundes. Nur eines stimmt nicht: der Name. Durch eine Schutzhundausbildung wird Ihr Hund nämlich kein besserer Beschützer, es ist eine rein sportliche Betätigung. Nur Hunde bestimmter Rassen und Typen, die die richtige Größe und Veranlagung haben, sind als Schutzhund geeignet.

Beim Obedience wird auf perfektes »Fuß« Wert gelegt.

▸ **Tipp**

Lassen Sie sich auf keinen Fall darauf ein, dass Ihr Hund beim Schutzdienst über den so genannten »Wehrtrieb« aufgebaut wird. Hierbei wird der Hund vom Helfer so lange drangsaliert, bis er aus lauter Verzweiflung um sich beißt. Das ist nicht nur Tierquälerei, sondern auch gefährlich, da im Grunde genommen Angstbeißen trainiert wird.

FÄHRTENHUND ▸ Fährtenarbeit ist eine besonders schöne, allerdings auch zeitaufwendige, Hundesportart, denn Sie müssen zuerst eine Fährte legen und sie dann eine Weile liegen lassen, bevor Sie sie später mit Ihrem Hund nachsuchen. In der Prüfung muss der Hund eine 3 Stunden alte und bis zu 2 km lange Fährte mit Winkeln und Verleitfährten ausarbeiten und dabei mehrere Gegenstände anzeigen. Zweifellos eine beeindruckende Leistung, die einiges Training erfordert, aber genau die richtige Beschäftigung für das Nasentier Hund ist.

▸ **Die richtige Hundeschule**

Egal ob Sie Ihren Hund einfach unter erfahrener Anleitung ausbilden wollen, bei einem Problemhund kompetente Hilfe brauchen oder einen Verein suchen, in dem Sie mit Gleichgesinnten Hundesport betreiben können: Fallen Sie nicht auf den nächstbesten selbst ernannten »Experten« herein. Gute und schlechte Ausbilder findet man sowohl bei den oft ehrenamtlich tätigen Vereinstrainern als auch bei kommerziellen Ausbildern, denn im Bereich der Hundeausbildung gibt es zur Zeit noch keine staatlich anerkannte Qualifikation.

▸ Darauf sollten Sie bei der Auswahl der Hundeschule achten

☐ Meiden Sie Hundeschulen, in denen mit Würge- oder Stachelhalsbändern oder vielen Leinenrucken gearbeitet wird. Ausbildungsmethoden, die vor allem auf Schmerz, Zwang und Einschüchterung beruhen, sind »out«.

☐ Auch langweiliges »Exerzieren«, einen Kasernenhofton oder einen Ausbilder, der Sie öffentlich herunterputzt, brauchen Sie sich heutzutage nicht mehr anzutun.

☐ Vorsicht, wenn der Trainer bei Problemverhalten hauptsächlich harte Strafen empfiehlt, statt sich um die Ursachen und Ihre Fehler im Umgang mit dem Hund zu kümmern.

☐ Gute Ausbilder bilden sich z.B. durch Literatur und Seminare fort und geben gern Auskunft über ihren Werdegang. Gut ist es, wenn der Ausbilder Erfahrung mit verschiedenen Rassen und Hundetypen hat, denn nicht alle Hunde reagieren gleich. »Erfahrung« allein ist aber nicht alles. Manche Leute machen 30 Jahre lang dieselben Fehler und nennen das dann Erfahrung!

☐ Der Ausbilder sollte Alternativen kennen, wenn die von ihm bevorzugte Methode bei einem bestimmten Hund nicht funktioniert und (zumindest auf Nachfrage) begründen können, warum man seiner Meinung nach etwas so und nicht anders machen soll.

☐ Schauen Sie vorab einmal ohne Hund bei einem Gruppenunterricht zu oder vereinbaren Sie eine Probestunde (für die Sie allerdings zu zahlen bereit sein sollten). Gute Ausbilder haben nichts dagegen, wenn man ihnen bei der Arbeit zuschaut!

Probleme lösen

Probleme lösen

109 ▸	Hartnäckiges Leinenziehen	115 ▸	Übermäßiges Bellen
112 ▸	Hartnäckiges Anspringen	115 ▸	Aggressives Verhalten
113 ▸	Weglaufen und Rückrufprobleme	119 ▸	Angstprobleme
114 ▸	Hetzen		

Was ist »Problemverhalten«? Die Antwort auf diese Frage ist sehr individuell. Ein Hund, der Besuchern an die Hosen geht, ist für den einen ein riesiges Problem. Der andere hält ihn gerade deswegen für einen ausgezeichneten Wachhund. Auf alle Fälle ist vieles, was Sie als »Problemverhalten« ansehen mögen, keine Verhaltensstörung, sondern aus Hundesicht völlig normal, wie z.B. das Hetzen von Wild.

Sie können notfalls ein Geschirr verwenden, um Ihrem Hund zu zeigen, wann er ziehen darf und wann nicht.

Die meisten Probleme mit dem Hund sind vom Menschen verursacht. Solange Sie nicht bereit sind, solche Ursachen

Was tun mit einem Problemhund?

1. Sie lassen alles so, wie es ist. Dabei besteht allerdings die Gefahr, dass sich das Problem verschlimmert. Außerdem leidet oft auch der Hund selbst (z.B. bei Angstproblemen).
2. Sie geben den Hund weg. Dann hat jemand anders Ihr Problem am Hals. Die Prognose für Problemhunde, die von Hand zu Hand weitergereicht werden, ist düster. Ggf. wäre es sogar humaner, sie gleich einzuschläfern. Manchmal allerdings ist ein Besitzerwechsel auch für den Hund selbst das Beste.
3. Sie tun Ihr Bestes, den Hund umzuerziehen. Wenn eine vollständige Lösung des Problems auch nicht immer möglich ist, so kann man doch in aller Regel so weit reichende Verbesserungen erzielen, dass das Zusammenleben mit dem Hund wieder erfreulich wird.

> **Tipp**
>
> Wenn Sie Ihren Problemhund aus Unwissenheit »selbst gemacht« haben, hadern Sie nicht zu sehr mit sich. Beim nächsten Hund wissen Sie es besser! Übrigens: Auch der schlimmste Problemhund hat seine liebenswerten Seiten. Es ist wichtig für Sie beide, diese wahrzunehmen und sich daran zu freuen!

wie fehlende Bindung oder Unterbeschäftigung abzustellen, werden Sie mit Umerziehungsversuchen keinen Erfolg haben. Ohnehin gibt es in diesem Bereich keine schnellen Lösungen. Sie werden viel Mühe aufwenden und Geduld haben müssen, denn umlernen ist immer schwieriger als neu lernen. Die folgenden Ratschläge können nur die häufigsten Ursachen aufzeigen und Hinweise geben, wie eine Problemlösung stattfinden könnte. Bei schwerwiegenden Problemen (vor allem bei Aggressionsproblemen!) sollten Sie sich nicht scheuen, fachkundige Hilfe in Anspruch zu nehmen.

▸ Hartnäckiges Leineziehen

Starkes Leineziehen ist meist eine Folge von fehlender Erziehung zur Leinenführigkeit in Kombination mit chronischem Bewegungsmangel. Hunde, die ziehen, gehören oft Leuten, die dazu neigen, die Leine sehr kurz zu nehmen, und schon den Welpen niemals frei laufen lassen aus Angst, er könnte verloren gehen. Gerade der junge Hund kann sein großes Bewegungs- und Erkundungsbedürfnis an der (womöglich kurzen) Leine aber niemals befriedigen.

Überprüfen Sie, ob Ihr Hund wirklich genug Bewegung und Abwechslung hat. Geben Sie ihm, wann immer

Wenn Sie sich mal ziehen lassen und mal nicht, trainieren Sie Ihren Hund geradezu darauf, sehr hartnäckig zu ziehen.

möglich, die volle Leinenlänge, manchmal verringert allein diese Maßnahme das Problem beträchtlich. Führen Sie die im Kapitel »Grunderziehung leicht gemacht« (Seite 52) geschilderten Gegenmaßnahmen (stehen bleiben, kehrt machen und rückwärts gehen) absolut konsequent durch. Wenn Sie sich mal ziehen lassen und mal nicht, ist das nämlich eine Belohnung nach dem Zufallsprinzip, wodurch Charly perfekt darauf trainiert wird, äußerst hartnäckig zu ziehen! Wichtig für den Erfolg ist auch, daß Sie sofort stehen bleiben, wenn Charly zieht, und ihn möglichst oft dafür loben und belohnen, dass er an lockerer Leine im gleichen Tempo geht wie Sie.

Natürlich wird das Spazierengehen dadurch für die nächsten Wochen ein ziemliches Geduldsspiel, aber immer noch besser, als sich jahrelang durch die Gegend ziehen zu lassen.

Ein Kompromiss zur Alltagsbewältigung kann allenfalls die Benutzung eines Geschirrs sein: Am Geschirr nehmen Sie es mit dem Ziehen nicht so genau (wenn Sie z.B. noch rasch vor Ladenschluss zum Bäcker müssen und daher nicht Baum spielen können). Trägt Charly aber kein Geschirr, lassen Sie sich nie mehr auch nur einen einzigen Meter von ihm ziehen! Da das Geschirr sich ganz anders anfühlt als ein Halsband, kann Charly ziemlich leicht erkennen, wann er ziehen darf und wann nicht. Und vielleicht zieht er später sogar mal den Schlitten Ihrer Kinder!

Ein Halti oder ähnliches Kopfhalfter ist ebenfalls eine gute Sache, vor allem, falls Ihr Hund Ihnen kräftemäßig überlegen ist. Sehr viele Hunde gehen mit einem Halti praktisch automatisch manierlich an der Leine. Das hat aber nichts mit Einschüchterung oder Schmerz zu tun, sondern hängt mit den physikalischen Gegebenheiten zusammen: Mit der Schnauze kann der Hund einfach nicht so gut ziehen wie mit dem Hals. Er akzeptiert dann schnell, dass Sie ab jetzt stärker sind als er. Wenn Sie später wieder ohne Halti auskommen wollen, müssen Sie aber trotzdem üben, dass er am Halsband angeleint nicht zieht. Es spricht allerdings auch nichts dagegen, einen großen Hund dauerhaft am Halti zu führen.

> **Tipp**
>
> Selten einmal zieht ein Hund auch mit Halti. Dieser Hund braucht entweder verzweifelt mehr Bewegung, oder er ist in der Rangordnung zu weit oben! Obwohl er mit Halti wesentlich leichter zu bändigen sein wird, müssen Sie dem Ziehen unbedingt durch Stehenbleiben oder Zur-Seite-Treten mit Herumziehen des Hundes entgegenwirken.

KEIN LEINENRUCK? ▶ Nein, kein Leinenruck, denn höchstwahrscheinlich haben Sie es damit sowieso schon vergeblich versucht. Wie lange rucken Sie nun schon und wie ist bisher das Ergebnis? Na bitte! Die wirksamste »Strafe« fürs Ziehen ist, dass es nicht weitergeht, die wirksamste Gegenmaßnahme das Belohnen des Gehens an lockerer Leine. Nur eine Ausnahme gibt es: wenn Ihr Hund absichtlich mit voller Kraft in die Leine springt, um Sie umzureißen oder dahin zu schleifen, wo er hinwill. Diese Unverschämtheit verdient ein kräftiges »Nein« und einen ebenso kräftigen Leinenruck.

Ein Kopfhalfter kann eine große Hilfe bei der Umerziehung eines Leinenziehers sein.

▶ Gewöhnung ans Halti

1. Halten Sie Ihrem Hund das Halti zum Schnuppern hin. Lassen Sie den Nasenriemen wie einen Ring vor der Hundeschnauze hängen. Benutzen Sie ein Leckerchen, um ihn dazu zu verlocken, die Schnauze durch den Nasenriemen zu stecken und ihn dann dafür zu belohnen. Wiederholen Sie dies, bis er es bereitwillig tut.
2. Legen Sie Ihrem Hund das Halti an, geben Sie ihm ein Leckerchen und nehmen Sie es wieder ab. Wiederholen Sie dies etliche Male. Behalten Sie das Leckerchen beim Umlegen ruhig noch eine Zeit lang bei.
3. Legen Sie Ihrem Hund das Halti mehrere Male für wenige Minuten an, in denen Sie ihn durch Spiel oder Futter ablenken. Leinen Sie ihn dabei vorsichtshalber am Halsband an.
4. Legen Sie dem Hund das Halti um, während Sie an der kurzen Leine am Halsband mit ihm spazieren gehen. Vermutlich versucht Ihr Hund spätestens jetzt, das ungewohnte Ding abzustreifen. Achten Sie unbedingt darauf, dass ihm das nicht gelingt! Ziehen Sie ihn notfalls am Halsband hoch, wenn er stehen bleibt und am Halti herumpfötelt oder den Kopf am Boden reibt. Gehen Sie flott weiter. Falls er anfangs mit Halti keinen Schritt tun will, ziehen Sie ihn ebenfalls behutsam, aber unnachgiebig am Halsband weiter. Loben und belohnen Sie ihn, wenn er das Halti duldet!
5. Haken Sie bei der weiteren Gewöhnung das eine Ende der Leine am Halti, das andere am Halsband ein (oder nehmen Sie zwei Leinen), denn manche Hunde wehren sich erneut gegen das Halti, wenn sie erstmals Zug daran spüren. Erst wenn Ihr Hund sich gut an das Halti gewöhnt hat und Sie sicher sind, dass er es nicht über den Kopf ziehen kann, können Sie auf die »Sicherheitsleine« am Halsband verzichten.

> **Tipps für den Halti-Gebrauch**
>
> ▸ Damit der Hund sich das Halti nicht über die Ohren ziehen kann wenn er rückwärts geht, muss der Riemen hinter dem Kopf eng genug anliegen (so, dass man gerade noch 2 Finger darunter stecken kann).
> ▸ Ihr Hund sollte das Halti nur tragen, wenn er an der Leine geführt wird. Er könnte sich sonst darin verheddern oder in Ruhe eine Technik entwickeln, wie er es abstreifen oder durchbeißen kann.
> ▸ Verwenden Sie am Halti eine leichte Leine und einen möglichst leichten Karabinerhaken.
> ▸ Rucken Sie nie am Halti. In kritischen Situationen (Aggression) können Sie den Hund aber durch gleichmäßigen seitlichen Zug dazu zwingen, sich umzudrehen.
> ▸ Vorsicht – wenn ein Hund mit vollem Tempo an der langen Leine (Flexi-Leine) ins Halti läuft, ist eine Verletzung der Nackenwirbel nicht auszuschließen!

Für manche Hunde ist Hochspringen selbstbelohnend. Bloßes Ignorieren reicht dann als Erziehungsmaßnahme nicht aus.

▸ **Hartnäckiges Anspringen**
Normalerweise ist die im Kapitel »Grunderziehung leicht gemacht« (Seite 55) geschilderte Methode ausreichend, um Anspringen abzugewöhnen. Manche Hunde kommen aber übermütig angepprescht und stoßen sich schwungvoll mit den Vorderpfoten vom Menschen ab, um sofort wieder wegzurennen. Andere springen trotz wochenlangen Ignorierens immer noch wie ein Gummiball. Da das Springen für solche Hunde selbstbelohnend ist, müssen Sie auf eine Strafe zurückgreifen. Verwenden Sie eine anonyme Strafe, denn Charly würde es nicht verstehen, wenn Sie seine freudige Begrüßung mit »Aggression« beantworten. Die Folge ist dann oft ein Hund, der sich zwar übertrieben unterwürfig nähert, aber immer noch anspringt.

Meist ist die Anwendung von Trainingsscheiben erfolgreich, mit denen mehr oder weniger laut geklimpert wird, sobald Charly anspringt. Vergessen Sie nicht, ihn – gewissermaßen als Ausgleich – ansonsten besonders nett zu empfangen, denn er soll ja nicht den Eindruck bekommen, von Menschen ginge stets etwas Unangenehmes aus. Hunden, die auf die Trainingsscheiben allzu stark oder aber gar nicht reagieren, spritzen Sie mit einer Wasserpistole oder einem Blumenzerstäuber beim Anspringen aus wenigen Zentimetern Entfernung Wasser auf die Nase. Das

Trainingsscheiben (Discs)

Der Hund lernt, schon das Geräusch der Scheiben zu meiden. Geworfen werden die Discs nur in Ausnahmefällen und nie direkt auf den Hund. Geben Sie dem Hund einige Leckerchen, indem Sie ihm diese zeigen und sie dann vor ihm auf den Boden legen, bis er Ihrer Hand jedes Mal erwartungsvoll nach unten folgt. Dann legen Sie das nächste Leckerchen nicht mehr wirklich auf den Boden, sondern tun nur so als ob. Klimpern Sie mit den Discs, während Sie die Hand nach unten bewegen, dann lassen Sie sie neben der Hundenase auf den Boden fallen. Statt Leckerchen liegen nun die Discs auf dem Boden, der Hund wird enttäuscht herumsuchen. Wiederholen Sie dies, bis der Hund auf das Klimpern hin zurückweicht und nicht mehr nach dem Futter sucht. Als »Test« legen Sie dann ein Leckerchen gut sichtbar auf den Boden und klimpern dabei. Der Hund wird wahrscheinlich einen großen Bogen um das Leckerchen machen und so tun, als ob er es gar nicht sieht. Versucht er doch daran zu gehen, werfen Sie die Discs vor seine Nase und nehmen das Leckerchen schnell wieder weg. Wiederholen Sie in diesem Fall die Prozedur noch ein paar Mal mit lauterem Klappern und energischerem Werfen, ehe Sie einen neuen Test wagen. Viele Hunde zeigen das gewünschte Meideverhalten schon nach wenigen Würfen, einzelne bleiben völlig unbeeindruckt. Vorsicht: Ängstliche oder sehr geräuschempfindliche Hunde können im Einzelfall panisch reagieren! Es ist daher besser, wenn eine andere Person Ihren Hund auf die Scheiben trainiert.

mag auch eine »Wasserratte« nicht leiden, es erfordert aber etwas Geschicklichkeit Ihrerseits. Wenn Charly sich angewöhnt hat, fremde Personen in einiger Entfernung von Ihnen anzuspringen, müssen Sie einige entsprechend »bewaffnete« Helfer aufbieten.

Weglaufen und Rückrufprobleme

Wenn Ihr Hund nicht auf Ruf kommt, liegt das meistens daran, dass es ihm noch nie jemand wirklich beigebracht hat oder dass er nach dem Kommen ausgeschimpft oder gestraft worden ist. Übrigens kann es auch eine »Strafe« sein, wenn er nach dem Kommen auf Ruf jeweils sofort angeleint wird oder ins Haus muss! Hunde, die gezielt weglaufen, tun das meist entweder wegen läufiger Hündinnen (dann kann eine Kastration angeraten sein) oder um zu jagen. Andernfalls mangelt es Charly vermutlich an Bindung, und er findet Sie sterbenslangweilig. Sie müssen sich also ins Zeug legen!

Üben Sie das Kommen auf Ruf wie im Kapitel »Ausbildungsprogramm« beschrieben. Nehmen Sie sich wenigstens 2-3 Monate Zeit dafür. Falls Charly schon allzu sehr außer Kontrolle ist, führen Sie ihn in dieser Zeit nur an einer möglichst langen Leine aus. Tun Sie etwas für Ihre Bindung: spielen, schmusen, üben, gemeinsame Unternehmungen usw. Nach dieser »Kur« müsste Ihr Hund eigentlich unter normalen Umständen begeistert angelaufen kommen, wenn Sie rufen.

Manchmal hat man einen Hund, der das bloße Herumschnuppern ebenso faszinierend findet wie Ihre Leckerchen oder Spielzeuge. Dann müssen Sie ihm dies vermiesen. Rufen Sie Charly, wenn

Strafen oder schimpfen Sie Ihren Hund nie, wenn er zu Ihnen zurückkommt!

er wenige Meter von Ihnen entfernt sehr beschäftigt ist. Geben Sie ihm eine Sekunde zum Reagieren. Kommt er nicht, klimpern Sie mit den Discs oder rasseln mit Wurfkette oder Klapperdose. Kommt er daraufhin, wird er natürlich großzügig belohnt. Andernfalls werfen Sie etwas nach ihm wie im Kapitel »Grunderziehung leichtgemacht« bei »Nein« (Seite 50) beschrieben und rufen gleich danach freundlich nochmals. Täuschen Sie sich aber nicht: Nur dadurch, dass Sie das Schnuppern verleiden, lernt Charly noch lange nicht, auf Ruf zu kommen!

▶ **Hetzen**

Sie wissen schon aus dem Kapitel »Grunderziehung leicht gemacht«, dass es sehr schwer ist, einem Hund das Hetzen wieder abzugewöhnen, wenn er erst einmal Spaß daran gefunden hat. Wie beim Weglaufen auch, müssen Sie die Bindung fördern, sich interessant machen und das Kommen auf Ruf in allen möglichen Situationen trainieren. Versuchen Sie es mit einem »Mega-Rufsignal«, z.B. einer Pfeife, die Sie immer ertönen lassen, bevor Sie Charly füttern, mit ihm spazieren gehen, ihm einen Knochen geben, sein Lieblingsspiel spielen usw. Nach längerem Üben lassen sich manche Hunde mit so einem Signal von Hetzobjekten abrufen, wenn es früh genug kommt (am besten noch in der Lauerphase) und immer wieder aufgefrischt wird. Klappt das im »Ernstfall«, folgt natürlich immer ein »Jackpot«.

Auch das Verbotswort »Nein« ist einen Versuch wert. Üben Sie das »Nein« (anfangs an langer Leine) so gut ein, bis Charly sich von Ihnen praktisch alles auch bei hoher Erregung und auf eine gewisse Entfernung verbieten lässt, z.B. hinter einem geworfenen Spielzeug herzurennen, zu seinem Lieblingskumpel zu laufen oder nach einer Maus zu springen. Es besteht dann eine gewisse Chance, dass er sich auch das Hetzen verbieten lässt, falls er nicht zu weit von Ihnen entfernt ist und Sie ihn in der Lauerphase »erwischen«.

Die Jagd auf Radfahrer, Jogger und Autos ist meist ein bisschen leichter zu kurieren als die auf Wild, weil Sie öfter üben und auch einmal Helfer einsetzen können, die im geeigneten Moment Discs, Klapperdosen oder Wasserballons werfen. Nur mit Strafe, ohne die anderen genannten Maßnahmen, wird es aber auch hier vermutlich nicht klappen. Falls Ihr Hund schon so »verhetzt« ist, dass er beim bloßen Anblick eines Jagdobjekts gar nicht mehr ansprechbar ist, in der Leine steht und vor Jagdfieber jault, müssen Sie ihn zuerst desensibilisieren wie im Abschnitt »Aggression gegen Hunde« (Seite 118) beschrieben.

Wenn der Hund erst einmal durchgestartet ist, ist meist Hopfen und Malz verloren.

▶ Übermäßiges Bellen

Übertriebenes Bellen kann viele Ursachen haben: Einsamkeit, Langeweile, Angst, Rassetyp, Fordern von Aufmerksamkeit, Revierverteidigung usw. Je nachdem müssen Sie verschiedene Maßnahmen ergreifen. Strafe, vor allem Anschreien, bringt meistens nur eine Erhöhung des Lärmpegels, denn Bellen ist ein Ausdruck von Erregung. Je mehr »Druck« Sie machen, desto erregter wird Charly und desto schwerer fällt es ihm, die Klappe zu halten. Womöglich glaubt er noch, Sie bellen mit!

Besser ist daher auch hier das Einüben von Ersatzverhalten: Trainieren Sie Ihren Hund geduldig darauf, »Sitz-Bleib« zu machen, wenn Besuch kommt, oder sich nach ein paar Bellern abrufen zu lassen. Achten Sie auch darauf, dass Charly nicht aus der Situation heraus für sein Gebell belohnt wird, z.B. mit Aufmerksamkeit. Eine besonders elegante Methode besteht darin, das Bellen unter Kommando zu bringen: Wenn Charly »Gib Laut« lernt, gehört dazu automatisch auch das »Sei still«.

▶ Aggressives Verhalten

Auch aggressives Verhalten hat vielfältige Ursachen und kommt in verschiedenen Abstufungen vor, von Verbellen über Knurren bis hin zu Schnappen oder gar ernsthaftem Beißen. Viele Menschen schätzen Hundeaggressionen falsch ein, denn sie sind zutiefst erschrocken über Hunde, die sich nicht wie Kuscheltiere, sondern wie Beutegreifer verhalten. Wenn ein Hund »von drei Kampfhunden angefallen« wurde, aber danach nicht zum Tierarzt musste, ist das zumindest verdächtig. Und wenn ein Hund ein Kind »beißt«, dabei aber noch nicht einmal die Haut punktiert, ist das sicherlich keine ernsthafte Attacke, sondern das im Prinzip völlig korrekte stark gehemmte Abwehrschnappen eines gut sozialisierten Hundes, mit dem er auch einen allzu lästigen Welpen zurechtweisen würde.

Dennoch sollen Aggressionen keinesfalls verharmlost werden! Nehmen Sie aggressives Verhalten immer ernst und zögern Sie nicht, professionelle Hilfe in Anspruch zu nehmen, vor allem wenn Ihr Hund wirklich jemanden verletzt hat! Vernachlässigen Sie auf keinen Fall die Sicherheit: Sie können z.B. eine Hundebox oder einen Maulkorb verwenden oder den Hund vorsichtshalber an seinem Liegeplatz anleinen.

Hat sich das Verhalten Ihres Hundes plötzlich geändert, besteht immer auch der Verdacht, dass ein gesundheitliches Problem die Ursache ist.

> **Tipp**
>
> Ein Maulkorb ist für Ihren Hund gar nicht so schlimm und gibt Ihnen in Trainingssituationen und im Alltag die nötige Sicherheit. Nehmen Sie aber unbedingt ein korbförmiges Modell, damit der Hund hecheln und Leckerchen annehmen kann. Gewöhnen Sie ihn daran wie an ein Halti (siehe Seite 111).

AGGRESSION GEGEN MENSCHEN ▶
Wenn Ihr Hund fremde Menschen anbellt, anknurrt oder gar nach ihnen schnappt, ist meistens Unsicherheit und mangelnde Sozialisation die Ursache, seltener auch tatsächliche Misshandlungen oder übersteigerte Revierverteidigung. Sie müssen ihn vermutlich gegen Menschen desensibilisieren, wie auf den Seiten 118 und 120 beschrieben. Verwenden Sie beim Training ggf. Halti oder Maulkorb, um die Sicherheit Ihrer »Statisten« zu gewährleisten!

Ursache für Aggressionen gegen Familienmitglieder sind neben mangelhafter Sozialisation sehr oft Vertrauensprobleme (der Hund wurde z.B. übertrieben hart und für ihn unverständlich gestraft) und Probleme mit der Rangordnung. Letztere entstehen nicht unbedingt dadurch, dass der Hund sich wirklich als unangefochtener Chef des Rudels fühlt, sondern vielmehr, weil die Rangordnung ungeklärt oder der Hund in der zu hohen Rangposition überfordert ist. Völlig verquer und verheerend für Vertrauen und Rangordnung ist es, wenn Sie Ihrem Hund zwar im Alltag das Gefühl geben, Alpha zu sein (siehe Kapitel »Voraussetzungen fürs Miteinander, Seite 34), ihn dann aber hart bestrafen, wenn er seine vermeintlichen Rechte durch Knurren oder Schnappen einfordert. Wenn Sie Ihrem Hund »alle paar Wochen zeigen müssen, wer der Herr im Haus ist«, ist das nur ein Zeichen dafür, dass Sie als Rudelführer völlig versagt haben.

Bei Aggressionsproblemen ist es auf alle Fälle angeraten, den Hund in der Rangordnung herunterzustufen. Alle Erwachsenen und Jugendlichen des Haushalts müssen sich wenigstens für 3 bis 4 Wochen strengstens an die im Kasten auf Seite 34 aufgezeigten Regeln halten. Darüber hinaus bekommt Charly nur Zuwendung oder Leckerchen, wenn er zuvor ein Kommando ausgeführt hat. Reduzieren Sie die Streicheleinheiten vorübergehend. Lassen Sie ihn konsequent jedes Mal abblitzen, wenn er Sie zu etwas auffordert. Sprechen Sie ein paar Tage lang nur das Allernötigste oder gar nicht mit Charly. Spielen Sie keine Rauf- oder Verfolgungsspiele mit ihm. Und er darf jetzt wirklich nicht mehr aufs Sofa. Notfalls binden Sie ein Stück Schnur an sein Halsband, damit Sie ihn herunterziehen können, ohne gebissen zu werden.

Unterlassen Sie zumindest während dieser Wochen jede körperliche Bestrafung des Hundes und vermeiden Sie konsequent Situationen, in denen er

Diese bedrohlich wirkende Situation wird nicht eskalieren. Die eine Hündin zeigt bereits durch Züngeln an, dass sie die Drohung der anderen respektiert.

sonst aggressiv wird: Füttern Sie ihn allein in einem Raum, geben Sie ihm keine Knochen, ziehen Sie ihn nicht unterm Sofa hervor, lassen Sie ihn im Hundesalon frisieren oder ihm eine pflegeleichte Kurzhaarfrisur verpassen usw. Sollte er doch einmal knurren, tun Sie so, als ob Sie das gar nicht gehört hätten und lassen Sie ihn in Ruhe. Dadurch beruhigt sich die ganze Situation, und Charly kann wieder Vertrauen zu Ihnen fassen. Außerdem erzeugt Gewalt Ihrerseits nur zu oft Gegengewalt vom Hund, und Sie haben immer schlechte Karten gegen einen ernsthaft beißenden Hund, selbst wenn es nur ein Zwergteckel ist.

Sicher wollen Sie auch nicht, dass Charly sich nur den Menschen unterordnet, die mutig und geschickt genug sind, ihn im direkten Zweikampf zu besiegen. Wenn Sie Charly rein körperlich unterwerfen, wird er zwar Ihnen gegenüber demütig sein, die schwächeren Familienmitglieder aber weiter tyrannisieren.

Wenn das Rangordnungsprogramm einige Zeit gelaufen ist, haben Sie höchstwahrscheinlich einen »neuen« Hund, der schon viel friedlicher ist.

> **Tipp**
>
> Es gibt nur eine Situation, wo als Antwort auf Knurren oder Schnappen ein hartes und schnelles körperliches Eingreifen Sinn macht, und zwar wenn ein gut sozialisierter, vertrauensvoller Junghund Sie erstmals anknurrt. Wenn Sie ihn dann sofort beherzt im Nacken packen oder ihm einen scharfen Klaps auf die Nase geben, ist die Angelegenheit vermutlich ein für alle Mal erledigt, denn er wollte ja nur mal ausprobieren, ob Sie »kneifen«, wenn er sich aufbläst.

Sie können nun daran gehen, die restlichen Probleme gezielt durch entsprechendes Training und vertrauensbildende Maßnahmen anzugehen.

AGGRESSION GEGEN HUNDE ▸
Auch hier ist die Hauptursache mangelnde Sozialisation: Ihr Hund hat nicht gelernt, wie man Streit vermeidet und seinen Rang auf rein symbolische Weise behauptet. Einige Hunde werden erst aggressiv, nachdem sie mehrfach selbst angegriffen wurden, und einzelne Rassen neigen mehr zur Aggression als andere.

Manche Hunde werden auch trotz guter Sozialisation aggressiv: Sie sind meist groß und ungestüm und haben schon früh die Erfahrung gemacht, dass sie im Spiel ungestraft andere Hunde umrennen, im Nacken packen und regelrecht niederhetzen können. Ein solcher Hund genießt natürlich seine Überlegenheit und macht als Erwachsener unter Umständen mit derselben Taktik ernst. Achten Sie also darauf, dass Ihr Youngster sich nicht angewöhnt, schwächere Hunde herumzuscheuchen. Wenn er gerade erst damit anfängt, können Sie vermutlich noch ein Unterbrechungssignal (»Nein«, Discs o.Ä.) so gut etablieren, dass Sie ihn damit stoppen können, wenn er auf einen anderen Hund losstürzen will.

Wenn der Zug einmal abgefahren ist und der Hund vielleicht sogar ernsthaft gebissen hat, wird es äußerst schwierig. Es ist leider nur sehr eingeschränkt möglich, einem Hund später noch gutes Sozialverhalten anzutrainieren. Das geht, wenn überhaupt, durch Belohnen von friedlichem Verhalten, Unterbrechen von aggressivem Verhalten und Kontakten mit besonders geeigneten, ruhigen und freundlichen Hunden. Verwenden Sie anfangs aus Sicherheitsgründen ein Halti oder einen Maulkorb. Vermutlich brauchen Sie auch jemanden, der Ihnen fachkundig das Verhalten und die Körpersprache der Hunde erklären und beurteilen kann, ob Ihr Hund nur ein Rüpel oder wirklich eine Gefahr ist.

Wenn auch gestörtes Sozialverhalten nicht immer »repariert« werden kann, eines können Sie bei jedem Hund erreichen: dass er ohne Probleme an der Leine an fremden Hunden (oder Menschen) vorbeigeht. Viele Hunde reagieren an der Leine aggressiv, weil Ihre Bewegungsfreiheit stark eingeschränkt ist. Der Besitzer tut oft ein Übriges, indem er den Hund – womöglich schon vorbeugend – ermahnt, einschüchtert, mit der Leine hochzieht oder ein Stachelhalsband benutzt. Der Hund macht die Erfahrung, dass es wirklich schlimm für ihn ist, wenn sich ein anderer Hund nähert. Folglich wird er immer früher und heftiger aggressiv, denn bekanntlich ist Angriff die beste Verteidigung.

Durchbrechen können Sie diesen Teufelskreis durch eine so genannte Desensibilisierung. Dadurch ändern Sie die Gefühle Ihres Hundes gegenüber der Begegnungssituation und damit auch sein Verhalten. Jedoch dauert das unter Umständen einige Wochen oder Monate. Einen Hund ab mittlerer Größe sollten Sie unbedingt am Halti führen. Nur so können Sie ihn gewaltfrei »bändigen« und eventuelle Attacken wirksam verhindern, was nicht nur seinen, sondern auch Ihren Stress beträchtlich verringert.

Wenn Sie einen fremden Hund erspähen, bleiben Sie ganz neutral, das ist sehr wichtig. Sagen Sie nichts, aber beobachten Sie Ihren eigenen Hund genau. Sobald er den fremden Hund erblickt, stopfen Sie ihm wortlos ein tolles Leckerchen ins Maul. Er wird vermutlich weiter auf den anderen Hund starren und das Leckerchen nur so nebenbei nehmen. Fahren Sie so lange wie möglich mit dem Füttern fort. Wenn der fremde Hund näher kommt, wird Ihr Wüterich anfangs kein Futter mehr annehmen und vielleicht sogar wieder bellen. Führen (oder zerren) Sie ihn dann kommentarlos an dem anderen Hund vorbei, ohne ihn zu strafen oder auszuschimpfen. Durch diese Prozedur verknüpft Ihr Hund mit der Zeit das Auftauchen eines fremden Hundes mit Annehmlichkeiten statt mit Stress (allerdings nur, wenn Sie auf Schimpfen und Strafen wirklich verzichten). Er wird in Begegnungssituationen wieder »ansprechbar«, was weitere Trainingsmaßnahmen überhaupt erst möglich macht.

▸ **Angstprobleme**
Am häufigsten entwickeln Hunde Ängste vor lauten Geräuschen, Auto fahren, fremden Menschen, Heißluftballons und dem Alleinbleiben. Auch hier sind schlecht sozialisierte Hunde wieder besonders gefährdet, aber natürlich können auch traumatische Erlebnisse zur Entstehung von Ängsten führen. Das Problem ist, dass Ängste leicht um sich greifen: Zuerst hat der Hund nur Angst vor Lastwagen, dann vor jeder Straße (weil da ja Lastwagen sein könnten), und schließlich will er das Haus gar nicht mehr verlassen. Sein Leben ist zur Hölle geworden.
Wenn Ihr Hund ein Angstproblem hat,

**Widerstehen Sie der Versuchung, einen ängstlichen Hund zu trösten.
Das verschlimmert seine Angst nur.**

tut er Ihnen wahrscheinlich leid. Trotzdem dürfen Sie seine Ängste nicht durch Trösten und Zuwendung unabsichtlich verschlimmern. Sie sollten ihm auch nicht erlauben, dass er vor dem Objekt seiner Angst flieht, egal wie hart Ihnen das erscheinen mag. Mit jeder kopflosen Flucht frisst sich die Angst weiter ein, denn der Hund kann nie die Erfahrung machen, dass alles eigentlich gar nicht so schlimm gewesen wäre. Also verhindern Sie das Wegrennen ggf. mit einer (langen) Leine.
Manchmal ist sogar sanfter Zwang angebracht, und zwar bei Ängsten, die durch ein Schockerlebnis gerade erst entstanden sind und bei denen Sie si-

cher sind, dass sich dieses Ereignis nicht wiederholen wird. Wenn Charly z.B. einen Feldweg meiden will, weil er dort am Elektrozaun einen Schlag bekommen hat oder einem Holzlastwagen begegnet ist, nehmen Sie ihn ein paar Tage lang an die Leine und ziehen ihn ohne viel Federlesens mit.

Ansonsten ist das Mittel der Wahl die im Abschnitt »Aggression gegen Hunde« (Seite 118) beschriebene Desensibilisierung: Sie müssen über einen längeren Zeitraum die Angst auslösende Situation mit etwas Angenehmem verknüpfen, bis sich Charlys Gefühle ihr gegenüber geändert haben. Das Wichtigste dabei ist, dass Sie immer unterhalb der Schwelle bleiben, bei der seine Angst voll ausbricht, und dass Sie nur in ganz kleinen Schritten vorangehen.

Am Beispiel soll hier einmal die Angst

> **Tipp**
>
> Homöopathische Mittel, Bach-Blüten oder Tellington-TTouch sind gerade bei Angstproblemen oft eine große Hilfe.

vor dem Autofahren dienen. Vielleicht ist es schon so schlimm, dass Charly alle Viere in den Boden stemmt, wenn er sich dem Auto nur nähern soll. Unter diesen Umständen wäre das Einsteigen schon viel zu viel. Führen Sie Charly an der Leine so nahe ans Auto, wie es geht, ohne dass er allzu nervös wird oder sich heftig sträubt. An dieser Stelle geben Sie ihm ein Leckerchen (oder spielen mit ihm), dann gehen Sie wieder vom Auto weg. Wiederholen Sie die Prozedur noch ein paar Mal. Erst wenn Charly sich dem Auto bis zu diesem Punkt recht locker nähert, können Sie bei weiteren Übungen etwas näher herangehen. Versuchen Sie nicht, den Hund mit den Leckerchen ans Auto heranzulocken! Er muss erst ans Auto herangehen und bekommt dann etwas Schönes.

> **Auf ängstliche Hunde zugehen**
>
> Ausgerechnet das, was die meisten Menschen tun, um einen ängstlichen Hund von ihren friedlichen Absichten zu überzeugen, verstärkt die Angst des Hundes – und damit sein hysterisches Gebell – ganz beträchtlich. Statt den Hund anzusprechen, sich ihm zu nähern und ihm die ausgestreckte Hand hinzuhalten, tun Sie lieber das Gegenteil: Benehmen Sie sich so, als ob der Hund gar nicht da wäre. Beobachten Sie ihn nur aus den Augenwinkeln. Setzen Sie sich bald hin. Atmen Sie tief oder gähnen Sie sogar. Lassen Sie ein Leckerchen für ihn fallen. Geben Sie dem Hund Gelegenheit, Sie zu beschnuppern, indem Sie die Hand beiläufig hängen lassen, ohne ihn anzusehen. Vielleicht können Sie ihn dann sogar vorsichtig und mit abgewandtem Blick an der Brust kraulen. Falls Sie einen ängstlichen Hund besitzen, erklären Sie Besuchern diese Verhaltensregeln und stellen Sie eine Leckerchendose auf, aus der alle Anwesenden dem Hund etwas zustecken sollen.

Spielen nach Lust und Laune

123	Fröhliche Hunde	125	Beschäftigung ist gefragt
123	Wann sind Hunde glücklich?	126	Verständnis zwischen Mensch und Hund
124	Gesellschaftstier Hund	128	Spielen nach Lust und Laune

Fröhliche Hunde

»*Ein Hund spiegelt die Familie: Wer sah jemals einen munteren Hund in einer verdrießlichen Familie oder einen traurigen in einer glücklichen? Mürrische Leute haben mürrische Hunde, gefährliche Leute gefährliche.*«

Conan Doyle (Sherlock Holmes)

▸ »Und fröhliche Familien haben fröhliche Hunde«

möchten wir diesen weisen Worten anfügen. Dass Sie, liebe Leserinnen und Leser, glücklicherweise zu dieser Gruppe gehören, beweist die Tatsache, dass Sie unser Buch in Ihren Händen halten: In einer Familie, wo Zeit und Raum für gemeinsames Spielen existieren, wo Alltagspflichten sich mit spielerischen Pausen abwechseln und wo die Freude am Miteinander mehr wert ist als aller Kasernenhofdrill und Kadavergehorsam, wie ihn auch heute noch so mancher »Hundefreund« von seinem Kameraden verlangt, da kann es nur einen glücklichen Hund geben!

Wann sind Hunde glücklich?

So einfach und logisch das klingt, so berechtigt ist dennoch die Frage: Wann ist ein Hund glücklich?

Lassen Sie uns gemeinsam eine Definition versuchen: Ein Hund wird dann glücklich und zufrieden sein, wenn er sich seines Platzes innerhalb seines Rudels sicher ist und wenn für seine körperlichen und seelischen Bedürfnisse gesorgt wird.

Hunde lieben es zu arbeiten. Für unsere Haushunde bieten Spiele die nötige Anregung und Abwechslung.

Eine Beute zu apportieren gehört zu den ererbten Verhaltensweisen von Hunden.

▸ **Rassebedingtes Glück**

Diese können je nach Rasse etwas anders aussehen: Eine ausgesprochene Hütehundrasse wird nur dann glücklich sein, wenn der Hund entweder gemäß seiner ursprünglichen Aufgabe eingesetzt oder für entsprechende Ersatzbeschäftigung gesorgt wird! Geschieht dies nicht, gerät ein Hütehund schnell aus seinem seelischen Gleichgewicht, beginnt, die Fische im Aquarium zu hüten oder die Figuren im Fernsehen. Statt solchen Verhaltensstörungen auf den Grund zu gehen, werden sie vom Hundehalter oft mit Unverständnis und Strafen beantwortet.

▸ **Beschäftigungsalternativen für jeden Hund**

Andere Frage: Haben Sie schon jemals einen Windhund kennengelernt, der als dekoratives Anhängsel seines modebewussten Frauchens dabei glücklich wurde, sie von einer In-Kneipe in die nächste zu begleiten? Lauffreudige Hunde wollen sich bewegen; die Distanzen, die ihre Vorfahren in der ägyptischen Wüste oder der Weite der russischen Tundra zurückgelegt haben, liegen auch ihnen noch im Blut. Nur: Wer kann seinem Afghanen schon das ideale Rennbahntraining bieten? Wer geht mit seinem Barsoi-Trio heutzutage noch auf die Bärenjagd? Als Ersatz brauchen diese Hunde vielseitigen Auslauf, der von lockeren Sprints über gemütliches Joggen bis hin zu sportlicher Fahrradbegleitung reichen kann.

Die Liste könnte unendlich lang fortgesetzt werden: Wie viele Dackel werden heute noch in den Fuchsbau geschickt? Wie viele Vertreter der Schutzhunderassen werden tatsächlich als Begleiter im Streifendienst eingesetzt? Und gibt es noch Bobtails, die Viehherden zum Markt treiben, sie dabei vor Wegelagerern und wilden Tieren schützen?

Gesellschaftstier Hund

Es ist eine traurige Tatsache, dass viele Hunde einzig und allein als Zeitvertreib und Gesellschafter für ihre Besitzer gehalten werden. Dagegen ist an und für sich nichts einzuwenden, nur: Wird der Hund dadurch zum lebendigen Bettvorleger degradiert, werden seine urhündischen Bedürfnisse außer Acht gelassen, kann von einer Partnerschaft zwischen Mensch und Tier nicht mehr die Rede sein. Dann ist Hundehaltung nur ein Beweis mehr für die Wegwerf- und Konsummentalität unserer Gesellschaft, in der eine echte Auseinandersetzung mit dem

Lebendigen immer seltener und zugunsten des Kaufenkönnens und des passiven Konsumierens verdrängt wird.

Beschäftigung ist gefragt

Ein Hund will beschäftigt werden; willig und mit Freude wird er Aufgaben, die sein Mensch ihm stellt, zu bewältigen versuchen. Und gerade hierin liegt für uns Hundehalter die ganz große Chance: Indem wir uns mit unseren Hunden beschäftigen, mit ihnen spielen und toben, schaffen wir gleichzeitig auch für uns selbst kleine Fluchten.

▶ Kleine »Hunde-Erfrischung« gefällig?

Nicht umsonst gelten Hundehalter nach neuesten Forschungsergebnissen als die ausgeglicheneren, gesünderen Menschen: Wer zwischendurch – dem stark reglementierten Alltag zum Trotz – eine Spiel- oder Streichelrunde mit seinem Wau einlegt, vergisst für kurze Zeit alles um sich herum und kehrt danach erfrischt zum Tagwerk zurück.

▶ Spielanregungen für die Hundeseele

Und genau hier kommt das Spiele- und Freizeitbuch für Hunde ins Spiel: Wir wollen Ihnen Anregungen für einen spielerischen Umgang mit Ihrem Hund geben. Mit unseren Spielideen gelingt es Ihnen, Ihren Hund sinnvoll zu beschäftigen und so Verhaltensstörungen zu vermeiden, die aus Langeweile und purer Unterforderung heraus entstehen können.

▶ Hundeplatz für zwischendurch

Die Arbeit in einem Hundesportverein ist eine gute Möglichkeit, sich mit dem Hund zu beschäftigen, ihn auszubilden. Nur: Solche Übungsstunden beschränken sich auf ein-, zweimal die Woche, fordern dabei einen hohen Aufwand an Zeit und Engagement, zu dem nicht jeder Hundehalter bereit ist. Auch fühlt sich nicht jeder zum Hundesportler »berufen« – dem einen sagt das Angebot im örtlichen Hundeverein nicht zu, andere finden vielleicht den

Ausbilder nicht sympathisch oder den Umgangston zu rau, wiederum andere haben zwar mit ihrem Hund einen Grundkurs in Gehorsam mitgemacht, doch damit hatte sich ihr sportlicher Ehrgeiz auch schon erschöpft.

Ob mit oder ohne Hundesportverein: Hunde wollen die ganze Woche, das ganze Jahr über beschäftigt werden – mit unseren Anregungen eine Leichtigkeit!

Dasselbe Verhalten, dieses Mal mit Spielzeug: Für eine gesunde Hundeseele gehört das Ausleben natürlicher Verhaltensweisen unbedingt dazu.

Verständnis zwischen Mensch und Hund

Daneben kommt jedoch noch ein zweiter, mindestens ebenso wichtiger Aspekt zum Tragen: Gemeinsames Spielen fördert das gegenseitige Verständnis zwischen Mensch und Hund, macht aus beiden ein Team, das sich wirklich gut versteht.

Davon träumt jeder Hundebesitzer: mit dem Hund ein gutes Team zu sein.

Und das ist eigentlich ganz logisch, denn: Wer viel mit seinem Hund unternimmt, spricht mehr mit ihm als derjenige, der ihn nur stundenweise aus seinem Zwinger befreit. Beim Spielen lernen Hund und Mensch die gegenseitige Gestik und Mimik kennen, »hündisch« ist so für Sie bald keine Fremdsprache mehr und Ihrem Hund geht es umgekehrt ebenso! Sie werden beide lernen, die Stimmungen und Vorlieben des anderen zu deuten, wissen bald, was dieses Augenzwinkern, jenes Schnaufen zu bedeuten hat. Vielleicht werden Sie dabei erstaunt feststellen, welches breite »Stimmungsspektrum« Ihr Partner Hund mit sich trägt.

▸ Stimmungsübertragung

Umgekehrt lernt auch Ihr Hund, sich intuitiv Ihren Stimmungen anzupassen: Spürt er Ihre Fröhlichkeit, wird auch er ausgelassen reagieren, ein Spielzeug nach dem anderen anschleppen und Sie herzhaft frisch anrempeln. Sind Sie jedoch einmal traurig und still, wird er versuchen, Sie aufzumuntern oder auch in Ruhe zu lassen. Von außen betrachtet heißt es dann: »Die beiden sind ein tolles Team!« Selbst für den unbeteiligten Betrachter wird das innige Verständnis zwischen Mensch und Tier spürbar.

▸ Zeit zu zweit

Und noch einen Aspekt beim Spielen wollen wir kurz beleuchten: Denn es geht nicht nur um ein besseres gegenseitiges Verständnis und darum, den Hund zu beschäftigen, sondern darum, gemeinsam mit ihm Zeit zu verbringen. Was sich völlig logisch anhört, wird uns Hundehaltern manchmal verdammt schwer gemacht. Wohin wir auch blicken, überall starren uns Verbotsschilder entgegen: Im Stadtpark dürfen Hunde nicht von der Leine, auf dem Marktplatz sind sie ganz verboten, auf Wiesen und sogar auf öffentlichen Feldwegen gilt mancherorts Leinenzwang, bei Tante Frieda ist unser Wau ebenfalls nicht gern gesehen und mit zur Arbeit darf er nur bei den wenigsten.

▸ **Nicht gern gesehen**

Ganz schlimm ergeht es seit einigen Jahren den Hundehaltern mit Rassen, die auf der Liste für gefährliche Hunde gelandet sind. Das Unwort unserer Nation und gleichzeitig Schlagwort für quotenträchtige Artikel in der Presse ist in diesem Zusammenhang der »Kampfhund« geworden. Aber trotz aller oft schikanösen Auflagen und der Ablehnung durch die Öffentlichkeit sind erstaunlicherweise viele Menschen ihrem Hund treu geblieben und verbringen jede freie Minute mit ihrem vierbeinigen Freund.

▸ **Outdoor-Spaß statt Fitness-Studio**

Und genau darum geht es uns. Gemeinsam verbrachte Freizeit statt Ausgrenzung des Hundes, das wäre unser Wunschtraum, der mit unseren Anregungen zumindest ein Stück weit zu verwirklichen ist: Sie wollen etwas für Ihre Fitness tun? Wir empfehlen Outdoor-Fun mit Hund statt muffigem Fitness-Studio! Sie lieben aktiven Urlaub in den Bergen, weite Wanderungen in großen Höhen? Kein Problem, Ihr Hund in den allermeisten Fällen auch. Sie träumen von ausgedehnten Fahrradtouren, wissen aber nicht, ob Ihr Hund dabei mithalten kann? Wir verraten Ihnen, was dabei wichtig ist.

Spielen fördert das Zusammengehörigkeitsgefühl zwischen Mensch und Hund.

▸ **Sportlich oder nicht**

Dabei spielt es keine Rolle, ob Ihr Hund nun zu den Kleinsten oder den Größten seiner Art gehört. Auch wenn er schon ein paar Jährchen auf dem Buckel hat und gemütlich seiner Seniorenzeit entgegensieht. Gemeinsam verbrachte Freizeit ist immer angesagt – dabei spielt weder Größe noch Alter des Hundes eine Rolle.

Auch ob Sie selbst besonders sportlich sind oder nicht, ist völlig zweitrangig! Suchen Sie sich einfach die Spiel- und Freizeitideen heraus, die für Sie

Keine Frage: Ihm macht das Spiel »Fang den Ball!« riesigen Spaß!

und Ihren Hund passen! Ihre Vorlieben und die Ihres Hundes sind das Maß aller Dinge! Kein Zwang, kein falscher Ehrgeiz sollte unsere Spiel- und Freizeitideen begleiten, sondern ein spielerisches Lernen und gemeinsames Tun.

Spielen nach Lust und Laune

Ganz wichtig dabei: Sie müssen nicht spielen, Sie dürfen! Sind Sie zu müde oder haben Sie einfach mal keine Lust, dann lassen Sie's bleiben. Oder suchen Sie sich eine Spielidee heraus, mit der sich Ihr Hund auch einmal für einige Zeit selbst beschäftigt.
Ist Ihr Hund einmal zu träge zum Spielen, dann lassen Sie ihn auch gewähren. Selbst bei unserer Sportskanone Alf kann es vorkommen (wenn auch selten genug ...), dass er zum Spazierengehen einfach keine Lust hat: Lustlos und müde trottet er dann neben uns her, vorwurfsvolle Blicke verfolgen jeden unserer Schritte, bis wir uns schließlich beugen und zum Auto umkehren. Und plötzlich, siehe da: Beschwingt und heiter kann es ihm auf einmal gar nicht schnell genug gehen.

▶ Auch Hunde haben Launen

Doch kann der gemeinsame Spaziergang auch das Gegenteil bewirken: Unsere Laika, ihres Zeichens eine Dame aus der Gruppe der Gebrauchs- und Arbeitshunde, verhält sich während ihrer Läufigkeit genauso wie manche zweibeinige Geschlechtsgenossin auch: Sie fühlt sich unwohl, braucht viele Streicheleinheiten, und zwar so lange, bis ihr die Kraulerei auf die Nerven geht, dann ist sie wieder grantig und widerborstig, kurzum: herrlich launisch mit null Bock auf gar nichts ... Erst wenn einer von uns ihren geliebten Ball auspackt und eine ausgiebige Runde »Fang den Ball« mit ihr spielt, ist die Welt für sie wieder in Ordnung. Fazit: Hunde sind eben auch nur Menschen ...

In diesem Sinne wünschen wir Ihnen viele lustvolle, spannende und unterhaltsame Spielstunden!

Spielen macht fit

Spielen macht fit

130	Warum Spielen für Hunde so wichtig ist	132		Erblich programmierte Verhaltensweisen
131	Hunde sind auch nur Wölfe	133		Unerfüllte Bedürfnisse
		134		Hunde, die nie spielen dürfen
131	Hunde werden nie erwachsen	135		Spiele sind gesundheitsfördernd
131	Fit fürs Leben	135		Spielen macht Spaß
132	Hunde-Unfug			

Warum Spielen für Hunde so wichtig ist

Haben Sie sich schon einmal Gedanken darüber gemacht, warum Hunde, ganz besonders Welpen und junge Hunde, ständig spielen wollen und auch müssen? Warum auch erwachsene Hunde immer eine wilde Hatz lieben?

Oder warum sie unermüdlich und mit wachsender Begeisterung hinter jedem weggeworfenen Ball, Stöckchen, Frisbee etc. herjagen? Ist »Spielen« dem Hund nun angeboren oder anerzogen oder etwa beides?

▶ Kräftemessen

Hierzu müssen wir uns über die Ursprünge unseres vierbeinigen Hausgenossen klar werden. Sehen wir uns einmal beim Urahnen eines jeden Hundes – nämlich dem Wolf – und bei seinen Welpen um. Kaum dass sich die Wolfsjungen einigermaßen selbstständig bewegen können und die Augen geöffnet haben, beginnt ihre Auseinandersetzung mit den Geschwisterwelpen. Was am Anfang noch tapsig und unbeholfen aussieht und wie im Zeitlupentempo abläuft, wird mit zunehmendem Alter zu einem richtigen Gerangel mit viel Geknurre und ungebremstem Körpereinsatz! Spielerisch wird bereits in den ersten Lebenswochen ausgetestet, wie stark man selbst bzw. wie kräftig und durchsetzungsfähig der Andere ist.

▶ Angenagt

Ebenso wird alles untersucht, was den Wolfswelpen in den Weg kommt: Äste werden angenagt, Blätter, Gras und sogar andere Tiere wie Frösche, Käfer oder Schnecken ausgiebig beschnüffelt und wenn möglich angeknabbert und gefressen. Wer nun glaubt, dies geschehe nur aus Jux und Tollerei, der irrt sich gewaltig! All diese spielerischen Aktivitäten haben nur den einen Sinn: Sie sollen die Welpen auf das Leben als erwachsene Tiere vorbereiten. Denn sowohl das positive Sozialverhalten innerhalb des Rudels wie auch das Verhalten seiner Umwelt

Dieser Hundewelpe entdeckt die Welt. Der kleine Labrador muss sich erst mal mit dem Wasser vertraut machen.

Hunde werden nie erwachsen

Der einzige Unterschied zwischen dem Spiel von Wolf und Haushund besteht eigentlich darin, dass der Wolf irgendwann aufhört zu spielen – in der Regel mit der Pubertät – und sein »spielend« erlerntes Wissen zum Nutzen und im Interesse des ganzen Rudels einsetzt. Der Haushund hingegen ist eigentlich ein Wolf, der nie richtig erwachsen geworden ist. Er spielt auch nach der Pubertät noch sehr gerne Ball oder sonstige Beutespiele, wobei er es zu wahren sportlichen Meisterleistungen bringen kann.

gegenüber sind dem Wolfswelpen nicht angeboren, wohl aber die Veranlagung dazu über das Spielen!

Hunde sind auch nur Wölfe

Sollten Sie gerade einen Hundewelpen zu Hause haben, und sollten Sie die vorangegangenen Zeilen aufmerksam gelesen haben, ist Ihnen sicher aufgefallen, dass dieser sich genauso beschäftigt wie seine Urahnen: Der zwölf Wochen alte Rauhaardackel produziert mindestens einmal am Tag Sägespäne aus dem Tischbein; der zehn Wochen alte Golden Retriever spielt mit einer solchen Energie Fangen mit den Kindern seiner Familie, dass die Mutter dutzendweise dreieckige Risse in deren Kleidung flicken kann; der kleine Schäferhund – gerade drei Monate alt – stöbert schon wieder einen überfahrenen Frosch auf und verschlingt ihn mit Genuss – zum absoluten Entsetzen seines zweibeinigen »Papas«!

Fit fürs Leben

Spielen ist den Caniden (Hundeartigen) also tatsächlich erst einmal angeboren und erfüllt einen sehr wichtigen Zweck: nämlich im Spiel fürs Leben lernen. Die richtige Nutzung der Spiel-

Der Wolf – Urahn aller Haushunde

Liebevolle, aber sehr konsequente Erziehung: Das Vorbild der Hundemutter sollten wir als Beispiel nehmen.

Sozialverhalten erlernen im Spiel: Zwei Welpen bei einem Zerrspiel.

Seine eigentlich positiven Triebe aber gleich von Anfang an im Keim zu ersticken, ist nicht nur sehr unklug, sondern für den Hund sowohl physisch wie psychisch sehr ungesund. (Wer also nicht bereit ist, ein paar zerrupfte Schuhe oder eine abgenagte Topfpflanze zu riskieren, sollte sich überlegen, ob ein Hund das richtige Heimtier für ihn ist.)

bereitschaft bzw. der angeborenen Triebe liegt allerdings in der Hand jedes einzelnen Hundehalters! Ob Sie mit Ihrem Vierbeiner später Hundesport betreiben wollen oder einfach einen geselligen Hausgenossen haben möchten, der mit Ihnen im Garten mit der Frisbee-Scheibe Fangen spielt, kommt ganz darauf an, inwieweit Sie Ihren Hund weiterhin fördern.

Hunde-Unfug

Bei unseren heutigen Haushunden ersetzt die Menschenfamilie das Wolfsrudel. Und natürlich wird der Welpe dort genau das tun, was sein Instinkt bzw. seine Triebe ihm raten: spielen, raufen, alles Neue benagen. Verständlich, dass dies für uns Menschen eine sehr unangenehme Phase im Leben eines Vierbeiners ist. Wenn Sie den Welpen ungehindert seine Erfahrungen sammeln lassen, können Sie sich schon mal auf die nächste Wohnungsrenovierung gefasst machen!

Erblich programmierte Verhaltensweisen

In kynologischen Schriften finden wir folgende Definition: »Trieb ist die ererbte Bereitschaft des Hundes zu einem bestimmten Verhalten.« Das bedeutet also, dass alle Handlungen, die einem Tier nicht gelehrt wurden, die also von Geburt an im Instinkt vorprogrammiert sind und in jedem Fall ablaufen, zu den trieblich bedingten Verhaltensweisen des Hundes gehören. Jeder Hund verfügt über diese Triebe, je nach Rasse und Persönlichkeit unterschiedlich stark ausgeprägt.

Unerfüllte Bedürfnisse

Da der heutige Haushund nicht mehr gezwungen ist, selbst für sein Überleben zu sorgen, müssen seine Triebe anderweitig befriedigt werden. Geschieht das nicht, kann Folgendes passieren: Ihr Hund versucht, seine Bedürfnisse selbst abzureagieren.

▸ **Teufelskreis Langeweile**

Der Cockerspaniel von Herrn M. ist achtzehn Monate alt und ein sehr fröhlicher und lebhafter Bursche. Herr M. hat wenig Zeit für ihn und hält es – wenn er ehrlich ist – auch nicht für nötig, seine knapp bemessene Freizeit mit dem Hund zu verbringen. Außerdem ärgert sich Herr M. bei seiner Rückkehr von der Arbeit jedesmal aufs Neue, dass sein Hund tagtäglich die Wohnungseinrichtung ruiniert. Mal ist es die angeknabberte Türzarge, ein anderes Mal die »totgeschüttelten« Sofakissen, die ihren fedrigen Inhalt in der gesamten Wohnung verloren haben. Dann wieder hat der Spaniel kunstvoll die Klapptür unter der Spüle geöffnet und den Inhalt des Mülleimers auf dem Wohnzimmersofa genüsslich untersucht und – sofern essbar – vertilgt.

▸ **Ärgerliches Herrchen**

Je mehr der kleine Cocker anstellt und kaputtmacht, desto weniger hat Herr M. Lust, sich mit ihm abzugeben. Er überlegt sogar, ob er ihn nicht jemandem geben sollte, der sich mehr Zeit für ihn nimmt. Ein Teufelskreis! Der kleine Spaniel hat aus seiner Situation

▸ Ganz normale Hunde-Triebe

☐ Geschlechtstrieb (durch ihn wird der Fortbestand der Art gesichert und weitergeführt),

☐ Fresstrieb (dient zur Erhaltung des Individuums selbst),

☐ Spieltrieb (resultiert aus dem Bewegungs- und Betätigungstrieb),

☐ Wehrtrieb (offene Verteidigung gegen eine Bedrohung),

☐ Kampftrieb (Bestreben des Hundes, seine Kräfte sowohl spielerisch als auch ernsthaft mit einem Rivalen zu messen),

☐ Schutztrieb (Bereitschaft des Hundes, sich im Interesse seines »Rudels« einzusetzen und es zu verteidigen),

☐ Geltungstrieb (Bestreben, im Rudel einen höheren Rang zu erobern),

☐ Meutetrieb (Bestreben, sein Rudel nicht zu verlieren bzw. es zusammenzuhalten),

☐ Bringtrieb (Bereitschaft, Beuteobjekte aufzunehmen, sie zu verschleppen oder zu bringen),

☐ Beutetrieb (Bestreben, alle Objekte, die Fluchttendenz zeigen, zu fassen und festzuhalten),

☐ Fluchttrieb (Tendenz des Hundes, sich einer Gefahrensituation durch Flucht zu entziehen).

heraus eigentlich gar nichts Böses gemacht. Er war nur völlig unterbeschäftigt. Herr M. sollte schnellstmöglich umdenken. Denn sobald er sich mehr mit seinem Hund abgibt, mit ihm spielt, ihn geistig und körperlich fordert und seiner Verfassung entsprechend vor interessante Aufgaben stellt, wird Herr M. feststellen, dass die Zerstörungsattacken auf die Wohnungseinrichtung nachlassen!

Hunde, die nie spielen dürfen

Was passiert nun, wenn dem Hund so nachhaltig das Ausleben seiner Triebe abgewöhnt wird, dass er einen psychischen Defekt davonträgt? Oder einfacher: Was passiert, wenn der Hund nie spielen darf?

▶ Alles verboten!

Frau E. besitzt eine Rottweilerhündin. Der große Hund lebt in der Wohnung und muss sich dementsprechend gesittet benehmen. (Frau E. ist den ganzen Tag zu Hause, die Rottweilerhündin hat also eigentlich genügend Kontakt zu ihrer Besitzerin.) Versuchte die Hündin aufgrund ihres Bewegungstriebs in jungen Jahren in der Wohnung herumzurasen und über Möbel zu springen, wurde sie sofort zur Ordnung gerufen und musste ihren Platz aufsuchen. An Stöcken nagen oder anderes Spielzeug kauen ist in der Wohnung verboten, da die Hausfrau nicht ständig erneut putzen möchte. Auch mit anderen Hunden durfte sie draußen höchstens einmal toben, wenn das Wetter mitmachte. Ansonsten wurde die Rottweilerhündin zu schmutzig und verunreinigte danach die Wohnung.

▶ Hunde-Depressionen

Obwohl die Hündin erst vier Jahre alt ist, verhält sie sich wie ein greises Tier: Sie hat inzwischen keine Lust mehr, Stöckchen zu bringen oder sonstige Aktivitäten auszuführen. Bedenklich ist auch ihre übersteigerte Aggressivität gegenüber allen Artgenossen. Jede Aufforderung zum Spiel seitens eines anderen Hundes beantwortet sie sofort mit einer Beißerei. Frau E. ist unglücklich darüber. Sie ist der Meinung, ihre Hündin habe eine sehr konsequente Erziehung genossen und versteht nicht, warum sie sich einerseits so apathisch und andererseits so extrem aggressiv verhält.

▶ Erziehung bei vollem Spiel-Ausgleich

Nun spricht natürlich überhaupt nichts gegen eine konsequente Erziehung, im Gegenteil. Allerdings: Bei gleichzeitiger völliger Unterbindung jeglicher spielerischer Aktivitäten kann ein Hund nicht zu geistiger Gesundheit heranreifen. Denken Sie an die Wolfswelpen! Ein Hund, der niemals spielen darf, verkümmert geistig und seelisch genauso wie ein Mensch, der in einem schlechten Heim sein Leben fristen muss, der zwar mit Nahrung und sauberer Wäsche gut versorgt wird, ansonsten aber isoliert und ohne Kontakt zu seiner Umwelt unweigerlich psychischen Schaden nimmt.

▶ **Neuer Spielkamerad gesucht**

Ein weiterer Aspekt, der für das gemeinsame Spielen mit Ihrem Hund spricht, ist der, dass die gemeinsame Beschäftigung eine immense Beziehung zwischen Herrchen/Frauchen und Hund bewirkt. Hunde, mit denen das Herrchen nie spielt und die nur das Spiel mit Artgenossen kennen, erkennt man daran, dass sie so lange ganz lieb mit Herrchen Gassi gehen – auch ohne Leine –, bis am Horizont ein anderer Hund auftaucht. Der Vierbeiner, der natürlich ausgehungert nach Spielen ist (dies nennt man Triebstau), hat folgerichtig nur noch die Befriedigung dieses einen Triebes im Sinn: Spielen! Bewegen! Und schon ist er auf und davon.

Da kann Herrchen rufen und pfeifen, sooft er will, die Natur des Hundes bricht sich hier Bahn. Hätte Herrchen in jeden Spaziergang mit seinem Vierbeiner eine Spielrunde eingebaut, hätte dieser sicherlich viel weniger Veranlassung gehabt, seinem Artgenossen entgegenzustürzen, da er sinngemäß genau gewusst hätte: »Mein Herrchen spielt auch mit mir, also ist es nicht so wichtig, diesen anderen Hund kennen zu lernen.«

Spiele sind gesundheitsfördernd

Sie sehen also, welch vielfältigen Zweck und Nutzen Spielen beim Hund hat. Spielen ist lebensnotwendig. Ohne gemeinsames Spielen zwischen Hund und Hund bzw. Herrchen und Hund gibt es keine sozialen Beziehungen und kein positives Sozialverhalten – weder gegenüber Artgenossen noch gegenüber Menschen. Spielen fördert die physische und psychische Gesundheit des Hundes.

Spielen macht Spaß

Spielen Sie deshalb so oft wie möglich und so oft Sie möchten mit Ihrem Hund! Vielleicht gerät dabei Ihre Haus- oder Gartenarbeit manchmal etwas ins Hintertreffen, die Schreibtischarbeit wird um eine Stunde verschoben. Lassen Sie sich trotzdem nicht vom Spielen mit Ihrem Hund abhalten! Spielen macht nämlich nicht nur Kindern und Hunden Spaß. Auch Erwachsenen tut es manchmal gut, wenn sie ab und zu »das Kind im Manne« wieder zum Leben erwecken und die Freude an der Bewegung und am gemeinsamen Spiel wiederentdecken!

Bewegung an der frischen Luft ist gesund für Mensch und Hund.

Erziehung erleichtert das Spiel

137 ▸ Wie Hunde denken	142 ▸ »Pfui«
138 ▸ Verknüpfungen im Hundehirn	144 ▸ 1.000 weitere Begriffe
138 ▸ Schlüsselwörter	144 ▸ Für frisch gebackene Hundebesitzer
139 ▸ Was Hunde können sollten	146 ▸ Hunde lernen schnell
139 ▸ Jederzeit abrufbereit	147 ▸ Positive Stimmungsübertragung
139 ▸ Kommen garantiert	148 ▸ Wenn Strafe sein muss
140 ▸ »Sitz«	148 ▸ Punktgenaues Loben
141 ▸ »Platz«	149 ▸ Erfolgsrezept zur Grunderziehung

Wie Hunde denken

Zuerst einmal muss Ihnen als Spielpartner Ihres Hundes klar sein, wie Ihr vierbeiniger Freund lernt: Ein Hund lernt nicht durch »Denken« und Verstehen, sondern durch positive und negative Verknüpfungen. Zum besseren Verständnis ein Beispiel:

▸ **Die unwillige Bella**

Frau C. geht mit ihrer neun Monate alten Hündin spazieren. Klein-Bella ist gerade mitten in der Pubertät und versucht, sich hie und da über die Wünsche ihres Frauchens hinwegzusetzen. Gerade hat sie wieder mitten in einer großen Wiese ein Düftchen erschnuppert, das sie intensiv beriecht. Frauchen ruft nun, sie möchte gerne nach Hause gehen. Bella ist zu sehr von den wohlriechenden Nachrichten im Gras gefesselt, um Folge zu leisten. Erst als Frau C. zum dritten Mal mit Nachdruck »Hier« ruft, kommt Bella sichtlich unwillig zu Frauchen. Diese ist natürlich schon leicht ärgerlich und verpasst ihrer Bella aus Reflex einen Klaps.

▸ **So denkt Frauchen**

Könnte Bella »denken« in dem Sinne, wie es ihr Frauchen tut, müsste ihr beim nächsten Spaziergang Folgendes durch den Kopf gehen: »Ah, Frauchen ruft gerade wieder nach mir. Ich lauf jetzt schnell zu ihr, sonst gibt sie mir zur Strafe wieder einen Klaps!«

▸ **Das denkt Bella**

Was aber passiert tatsächlich? Bella wird beim nächsten Spaziergang dem »Hier« ihres Frauchens erst recht nicht Folge leisten, ja im extremsten Falle sogar das Weite suchen, denn sie hat nach Hundeart verknüpft: »Ah, Frauchen ruft nach mir. Bloß schnell weg von ihr, denn wenn sie ›Hier‹ ruft und ich komme, gibt es Haue! Also muss ich unbedingt Abstand von Frauchen halten!«

Ein gut erzogener Hund ist in jeder Situation abrufbar.

Verknüpfungen im Hundehirn

Ein Hund lernt also durch Verknüpfungen. Wird er im Moment seiner Handlung gelobt, wird er sich bemühen, diese Handlung zu wiederholen, da Herrchens Reaktion auf seine Aktion angenehm war. Wird er aber während der Ausübung einer Tat bestraft, bedeutet das für ihn, diese in Zukunft zu unterlassen. Wenn Sie als Hundehalter diesen Zusammenhang begriffen haben, haben Sie bei Ihrem Hund schon viel gewonnen!

▶ **Liegenbleiben und Abrufen**
Nehmen wir nur das ganz einfache Spiel »Liegenbleiben mit Abrufen«. Hierbei wird der Hund mit den Schlüsselwörtern »Platz« und »Bleib« dazu veranlasst, sich nicht mehr von der Stelle zu rühren. Herrchen bzw. Frauchen entfernt sich so weit wie möglich mit dem Ball oder der Lieblingsbeißwurst des Hundes. Nach einer bestimmten Entfernung wird dann der vierbeinige Genosse abgerufen. Er wird wie eine Rakete angeschossen kommen und erhält zur Belohnung noch eine zusätzliche Runde »Ball fangen« oder »Beißwurst zerren«. Dieses kann man wunderbar in den Spaziergang mit einflechten. Dabei kann Ihr Hund seinen Bewegungsdrang ausleben, sein Meutetrieb wird angesprochen, also die Beziehung zu Ihnen gestärkt, und sein Gehorsam wird vertieft.

Schlüsselwörter

Hat er die oben genannten Schlüsselwörter nicht gelernt, wird es Ihnen sehr schwer fallen, Ihren Bello davon zu überzeugen, dass er nicht sein restliches Leben ohne Sie verbringen muss, dass Sie sich nicht bei nächster Gelegenheit aus dem Staub machen und dass Sie nicht vergessen, ihn mit dem Schlüsselwort »Hier« aus seinem Schicksal zu erlösen! Also, ohne Erziehung geht es nicht, wie Ihnen bereits klar geworden sein dürfte. Um ein solches Spiel zu spielen, muss Ihr Hund die Schlüsselwörter »Platz«, »Bleib« und »Hier« gelernt haben.

Er befolgt das Hörzeichen »Hier!« schnell und freudig.

> **Verständigung**
>
> Um trotz unterschiedlicher »Sprache« und Veranlagung gemeinsam spielen zu können, gehört ein gewisses Maß an Verständigung dazu. Mit anderen Worten: Ein Vierbeiner, der niemals wenigstens ansatzweise erzogen worden ist, wird als erwachsener Hund kaum in der Lage sein, mit seinem Partner Mensch zu spielen.

Was Hunde können sollten

Die Begriffe, die ein Hund im Laufe seines Lebens lernt, untergliedern sich in zwei hauptsächliche Kategorien, nämlich in diejenigen, die wirklich nötig, um nicht zu sagen lebenswichtig sind, um in die menschliche Gesellschaft problemlos eingegliedert zu werden, und in weitere Schlüsselwörter, die über eine Basiserziehung hinausgehen. Zu den erstgenannten gehören sein Name, »Hier«, »Sitz«, »Platz« und »Pfui«.

Jederzeit abrufbereit

Mit seinem Namen und dem Schlüsselwort »Hier« sollten Sie Ihren Rex jederzeit zu sich herrufen können, um ihn vor Gefahren zu schützen bzw. ihn nicht zu einer Gefahr für seine Umwelt werden zu lassen. (Kennen Sie die armen Hundehalter auch, die mit hochrotem Kopf und saftigen Flüchen auf der Zunge händeringend hinter ihrem Westi, Bernhardiner oder ihrer Pudelmischling herrennen, ohne damit irgendwelche befriedigenden Ergebnisse zu erzielen!?)

Kommen garantiert

Wie aber bringen Sie Ihrem Hund von Anfang an bei, dass er beim Schlüsselwort »Hier« zu Ihnen kommen soll? Fangen wir einmal beim Welpen an: Welpen suchen von sich aus immer wieder den Kontakt zu der Person, der sie vertrauen. Wenn sich Ihr Hundebaby also freudestrahlend auf Sie zubewegt, gehen Sie in die Hocke, um ihn nicht gleich mit Ihrer Größe einzuschüchtern, und sagen dazu genauso freudestrahlend: »Bello, hier!« Sodann loben Sie ihn herzhaft. Ein Welpe verknüpft dann mit dem Schlüsselwort »Hier« immer sein freundliches Herrchen oder Frauchen und viel Lob. Er wird dann auch weiterhin gerne kommen.

Ganz wichtig: Das Lob für richtiges Verhalten.

ERZIEHUNGS-BASICS

▶ **Wenn alles andere interessanter ist ...**

Sollte er einmal durch irgendetwas derart in seiner Aufmerksamkeit gefesselt sein, dass er auf Ihr Hörzeichen nicht reagiert, schlucken Sie Ihren Ärger bitte herunter. Verderben Sie das

Er hat das Hörzeichen »Sitz!« gut gelernt.

erworbene Vertrauen des Welpen nicht. Tun Sie einfach Folgendes: Wenn Sie Bello bereits zweimal gerufen haben, er aber gerade so vom interessanten Geruch eines Mauselochs gefesselt ist, gehen Sie ruhig (!) auf ihn zu, leinen Sie ihn an, geben Sie nochmals das Hörzeichen »Hier« und dem Welpen einen kleinen Ruck. Sobald er auf den Boden der Tatsachen zurückkommt und Sie wieder registriert, loben Sie ihn ausgiebig.

»Sitz«

Das »Sitz« sollte Bello beherrschen, um ihn bei Bedarf in eine Wartestellung bringen zu können, die ihn aufmerksam für die nächste Aktion macht. Das Überqueren einer befahrenen Straße z. B. gestaltet sich wesentlich sicherer, wenn Ihr Hund gelernt hat, so lange »Sitz« zu machen, bis die Fahrbahn frei ist und Sie und Ihr Hund unbeschadet hinüberwechseln können.

▶ **Etwas voreilig**

Unangenehm dagegen ist es, wenn Bello dieses Kommando nicht kennt und schon mal mit der halben Länge der Rollleine bis zur Fahrbahnmitte vorprescht, während Sie sich am Bordstein gerade verdutzt umschauen und erschrocken feststellen müssen, dass Ihr Hund gar nicht von Ihren vielen Einkaufstaschen verdeckt wird, sondern im Begriff ist, soeben einen Auffahrunfall zu provozieren.

▶ **So einfach geht's**

Dabei gibt es fast nichts Einfacheres, als bereits dem kleinen Hund das Schlüsselwort »Sitz« beizubringen! Nutzen Sie einfach sein ihm angeborenes Verhalten aus, bei der Hundemutter zu betteln, indem er sich vor oder neben sie hinsetzt und sie freundlich durch Mundwinkelstupsen und Pfötchenheben zur Futterherausgabe auffordert.

Jedesmal, wenn Sie Ihrem kleinen Vierbeiner in Zukunft ein Leckerli geben wollen oder bevor er seine Futterschüssel mit seiner Mahlzeit erhält, halten Sie diese über seine Nase und sagen »Sitz«. Sollte er gleich nach seinem Futter schnappen oder durch Hochspringen versuchen, heranzukommen, geben Sie es ihm nicht! Wiederholen Sie ruhig und bestimmt das Hörzeichen, und erst wenn er sein Hinterteil zu Boden gesenkt hat (wie beim Betteln bei seiner Hundemutter), belohnen Sie ihn sofort mit dem Leckerbissen. Dies funktioniert auch, wenn Sie Ihrem Bello das Lieblingsspielzeug anstatt eines Leckerlis vorenthalten.

»Platz«

»Platz« dagegen ist endgültig. Ihrem Hund wird durch dieses Schlüsselwort unmissverständlich klar gemacht, dass er jetzt ruhig bleiben muss; sei es, weil Herrchen Bello mit ins Gasthaus genommen hat und nun in Ruhe etwas essen möchte, oder sei es, weil Schlafenszeit ist und auch Bello Ruhe geben soll.

Es soll Hundebesitzer geben, die hungrig aus einem Gasthaus gekommen sind, weil der Ober kein Verständnis dafür hatte, dass Bello mal kurz an die Theke pinkelt, während Herrchen auf seinen Schmorbraten wartet. Hätte sein Hund gelernt, auf das Hörzeichen »Platz« brav unter dem Tisch abzuliegen, wäre Herrchen (samt Hund) auch in Zukunft ein gern gesehener Gast geblieben.

▶ **Müde Welpen liegen lieber**
Wie lernt nun ein Vierbeiner bereits im Welpenalter dieses Schlüsselwort? Am einfachsten ist es, seinen Welpen immer dann, wenn er müde ist und sich in die Platzlage begibt, zu loben und dabei das Schlüsselwort »Platz« mehrmals zu wiederholen.

▶ **»Platz« durch weggezogene Leckerchen**
Eine weitere Möglichkeit, ohne großen Zwang dem jungen Hund das Kommando »Platz« beizubringen, basiert auf der Tatsache, dass Ihr Vierbeiner bereits weiß, was »Sitz« bedeutet. Auch hier machen wir dem Welpen den Zusammenhang wieder über Lob und Belohnung klar. Machen Sie mit

»Platz!« ist ein endgültiges Hörzeichen. Und ein sehr wichtiges in der Grunderziehung.

Klein-Bello eine Sitzübung, wie er sie gelernt hat. Sitzt er nun brav ab, legen Sie Ihre eine Hand auf sein sitzendes Hinterteil, senken das Leckerli in der anderen Hand auf den Boden vor ihm ab und ziehen es am Boden entlang von ihm weg. Sagen Sie dazu deutlich »Platz«! Um das Leckerchen zu erreichen, wird sich Bello strecken müssen und geht mit den Vorderpfoten vor, bis er tatsächlich in Platzlage ist. Die Hand auf seinem Po verhindert, dass er aufsteht und dem Leckerbissen hinterherläuft.

zu vermitteln. Mit zunehmendem Alter kann man diese Übung verlängern, sodass irgendwann automatisch der erwachsene Hund so lange auf seinem »Platz« verbleibt, bis er abgerufen oder abgeholt wird.

»Pfui«

Das nächste wichtige Schlüsselwort ist »Pfui«. Wohl dem Hund, der irgendeinen unverdaulichen oder giftigen Unrat aufgelesen hat und von Herrchen das Schlüsselwort »Pfui« richtig ge-

Regelmäßiges Üben der Hörzeichen ist richtig und wichtig.

Loben Sie Ihren kleinen Hund sofort ausgiebig, wenn er sich auf den Boden gelegt hat, und geben Sie ihm sein verdientes Leckerli.

▶ **Ein kurzes »Platz« genügt fürs Erste**

Auch wenn Bello gleich danach vor Begeisterung wieder aufsteht, ist diese Übung richtig ausgeführt worden. Verlangen Sie von einem jungen Hund noch nicht stundenlanges Stillliegen auf einem Fleck. Es geht in erster Linie darum, ihm das Schlüsselwort an sich

lernt hat! Gegenüber den drei anderen Begriffen ist dieses Hörzeichen eigentlich etwas Negatives, ein Verbot, das der Welpe sehr schnell als unangenehm empfindet. Hier müssen Sie als Hundebesitzer sehr viel Fingerspitzengefühl an den Tag legen, um nicht schon beim Welpen jedes Mal Meideverhalten hervorzurufen, wenn der Begriff auch nur andeutungsweise fällt. Was aber tun, wenn Ihr kleiner Bello irgendeine Ekelhaftigkeit aus dem Kompost gebuddelt oder in der Wiese aufgestöbert hat?

▸ Unterschiedliche Geschmäcker

Vergegenwärtigen wir uns einmal die Situation, in der das »Pfui« nötig wird. Klein-Bello geht mit Herrchen Gassi. Unterwegs steigt ihm ein sehr interessanter Geruch in die Nase. Er verfolgt ihn und findet – welch ein Jubel bei Bello! – eine völlig vergammelte Maus! Da Welpen und junge Hunde ihre Umwelt wie kleine Kinder erst erfahren müssen, wird die Maus abgeschleckt und probehalber einmal angenagt.

Zwischenzeitlich wird Herrchen auf Klein-Bello aufmerksam und entgeht knapp einem Herzinfarkt! »Pfuiiiii!« Mit lärmendem Entsetzen rennt Herrchen auf seinen Hund zu, um ihm die Ekelhaftigkeit wegzunehmen. Klein-Bello erschrickt heftig, lässt vielleicht dieses Mal die Maus noch fallen und macht sich aus dem Staub. Herrchen brummelt vor sich hin, nimmt die tote Maus in Augenschein, kickt sie von der Straße und droht in Richtung des kleinlauten Bello.

▸ »Futterneidisches« Herrchen?

Bello aber hat gelernt: Maus schmeckt gut, Herrchen futterneidisch. Will mir Beute abnehmen! Also wird er sich das nächste Mal stante pede, aber mitsamt Maus aus dem Staub machen! Wie aber bringen Sie Ihrem Welpen nun bei, dass man tote Mäuse nicht entführen und fressen darf?

▸ Unbedingt loben!

Auch wenn es Ihnen schwerfällt, toben Sie nicht drauflos, sondern rufen Sie nachdrücklich »Pfui« und bleiben Sie stehen. Wenn dies zum ersten Mal passiert, wird Ihr kleiner Partner wahrscheinlich vor Schreck den Unrat fallenlassen. Unverzüglich müssen Sie Ihren Welpen nun überschwänglich loben! Wahrscheinlich wird er über dieses unvermutete Lob so froh sein, dass er sogar zu Ihnen hergewackelt kommt. Loben Sie ihn auch hierfür. Sie können ihm zur Belohnung auch ein Leckerli geben, quasi als »Beutetausch«.

Die Belohnung für ein gut ausgeführtes »Platz!« gibt es auf dem Boden.

Was bringt Bello denn da wieder an? – Junge Hunde vergreifen sich gerne an irgendwelchen Ekelhaftigkeiten.

Wie gesagt, diese genannten Begriffe sind für unseren Hund für sein Überleben in der menschlichen Gemeinschaft einfach lebenswichtig und sollten von jedem Hund beherrscht werden. Sie als Hundehalter werden diese Begriffe ein Hundeleben lang brauchen!

1.000 weitere Begriffe

Die andere Gruppe von Schlüsselwörtern ist diejenige, die von der jeweiligen Umgebung, Situation, Haltung und nicht zuletzt vom jeweiligen Herrchen bzw. Frauchen abhängt. Hunde sind wahre Genies, wenn es darum geht, neue Begriffe zu lernen. Ob Sie Ihrem Vierbeiner nun beibringen, auf Kommando zu bellen, Pfötchen zu geben, Türen zu öffnen oder sofort beim kleinsten Weckergerassel die Bettdecke von Herrchens Bett zu ziehen, bleibt Ihnen selbst überlassen. Die Variationen im Repertoire eines Hundes sind groß – lebenswichtig sind sie nicht unbedingt.

Wie bringen Sie nun Ihrem Hund bei, auf einen bestimmten Begriff eine bestimmte Aktion auszuführen? Um dies zu können, müssen Sie erst einmal selbst lernen.

Für frisch gebackene Hundebesitzer

Gehen wir einmal davon aus, dass Sie noch nie einen eigenen Hund gehabt haben. Im Idealfall haben Sie bereits vor dem Welpenkauf einige gute kynologische Fachbücher gelesen, um sich wenigstens einiges an theoretischem Wissen anzueignen. Jeder, der sich einen Hund als Partner ins Haus holt, sollte zumindest eine Ahnung davon haben, wo sich beim Hund der Schwanz und wo die Zähne befinden. Auch der Nahrungsbedarf eines Lebewesens dieser Spezies sollte bekannt sein. (Es gibt unglaublicherweise einen Fall, in welchem ein frisch gebackener Hundebesitzer seinem Welpen Frühlingsrollen, Süßspeisen und ähnliche Delikatessen angeboten hat, in der unwissenden Meinung, seinem Liebling damit eine große Freude zu machen.)

Aber genauso wie die äußeren Bedingungen für einen Vierbeiner stimmen müssen, muss er auch eine artgerechte Behandlung und Erziehung erhalten, damit zur physischen auch die psychische Gesundheit erhalten bleibt. Hierzu gibt es inzwischen hervorragende Fachbücher, die einem Erstlings-Hundebesitzer mit Rat und Tat zur Seite stehen. Diese geben Ihnen Anleitung zur Grundausbildung Ihres Tieres.

▸ Erfahrung sammeln

Was Ihnen natürlich kein Buch vermitteln kann, ist die praktische Erfahrung mit dem Vierbeiner. Jeder Hund hat seine eigene Persönlichkeit, seinen eigenen Charakter und jeder reagiert einfach ein wenig anders als der Nachbarshund. Hier kann Ihnen nur ein anderer Hundehalter mit viel Erfahrung und Wissen um den Hund weiterhelfen. Und wo könnten Sie diesen leichter finden, als in einem guten Hundesportverein?

▸ Hundesportvereine – oft besser als ihr Ruf

Leider haftet diesen Interessengemeinschaften aus der Vergangenheit ein sehr schlechter Ruf an. Viele frisch gebackene Hundebesitzer scheuen den Gang zum ortsansässigen Hundeverein, weil damals vor vierzig oder fünfzig Jahren die Erziehung eines Vierbeiners in einem solchen Verein oft nur über den Zwang – sprich Schläge und sonstige körperliche Schmerzen – stattgefunden hat. Gott sei Dank sind solche Vereine sehr selten geworden und zweifelsohne zum Aussterben verurteilt. Heutzutage beginnt auch in diesen Institutionen die »Erziehung« eines Hundes bereits im Welpenalter

über das positive Verknüpfen (wie oben erläutert) sowie die Ausnutzung seiner angeborenen Triebe und Instinkte. Individuelle Beratung von hilfesuchenden Hundehaltern gehört in einem guten Hundesportverein genauso dazu wie die weiterführende Ausbildung eines Hundes unter fachkundiger Anleitung.

> ### ▸ Tipp
>
> Um gemeinsam mit seinem Hund zu lernen, kann man auch einen Intensivkurs in einer privaten Hundeschule besuchen, die seit einigen Jahen angeboten werden. Diese Kurse werden gebucht und bezahlt wie Urlaub und Sie als Hundehalter wohnen für die Zeit der Ausbildung mit Ihrem Vierbeiner zusammen in der Hundeschule.

▸ Hundeschulen – nur für Hunde?

Von denjenigen Einrichtungen allerdings, die gegen viel Entgelt Ihren Hund zu erziehen versprechen und Sie als Besitzer des Tieres nicht mit einbeziehen, sollten Sie als Erstlings-Hundebesitzer die Finger lassen. Denn was nützt Ihnen ein gut erzogener Hund, wenn Sie nicht mit seinen gelernten Schlüsselwörtern umgehen beziehungsweise keine Verknüpfung schaffen können, die dem Hund »erklärt«, was er tun soll? Man muss zuerst lernen, um zu lehren!

Hunde lernen schnell

Da Hunde sehr lernfähige Lebewesen sind, verstehen sie sehr schnell, dass sie bei richtigem Verhalten Lob, bei falschem aber Strafe erhalten. Diesen Umstand können wir Menschen uns wunderbar zunutze machen, indem wir ganz einfach versuchen, so oft wie möglich unseren Hund bei erwünschtem Verhalten zu loben.

▸ Zeitungsservice

Die Schäferhündin Anka darf jeden Morgen um sieben Uhr ihren Morgenspaziergang mit Frauchen machen. Bei ihrer Rückkehr holt diese regelmäßig die Tageszeitung aus dem Briefkasten, um sie beim anschließenden Frühstück zu lesen. Irgendwann beginnt Anka, die Zeitung zu fassen und sie in die Schnauze zu nehmen. »Bring« sagt Frauchen dazu. Anka rennt mit der Zeitung in der Schnauze unter herzlichen Beifallsbekundungen von Frauchen hinein in die Wohnung, wo sie – in der Küche angekommen – die Zeitung zu Boden fallen lässt. Frauchen freut sich riesig über diese Aktion, lobt Anka überschwänglich und krault sie herzhaft durch. Für Anka ein Hochgenuss! Mit der Zeit wird diese morgendliche Zeremonie für Hund und Besitzer zur Selbstverständlichkeit.

▸ Sofort gelobt

Hier wurde eine erwünschte einmalige Handlung durch unmittelbares Loben und Belohnen so gefestigt, dass sie ein fester Bestandteil des Tagesablaufs wurde. Zudem hat Anka als Nebeneffekt das Schlüsselwort »Bring« gelernt, was in weiteren Spielen zwischen Frauchen und ihr an Bedeutung gewinnt und das Spektrum der Beschäftigungsmöglichkeiten zwischen Mensch und Hund enorm vergrößert.

▸ Verständigungsschwierigkeiten

Riesenschnauzer Buddy vom Nachbarn nebenan dagegen kämpft schon seit Jahren mit seinem Herrchen, der – könnte Buddy sich in Worten äußern – absolut unbegabt zum Erlernen einer »Fremdsprache« ist. Herrchen liebt Buddy über alles und Buddy weiß und spürt das. Auch der Riesenschnauzer hängt sehr an seinem Herrchen nur ihre Meinungen gehen regelmäßig getrennte Wege!

▸ Verpasste Augenblicke

Als Herrchen nämlich kürzlich versuchte, seinem Buddy auch das Zeitungs-Apportieren als vernünftige Aufgabe beizubringen, endete dieser gute Vorsatz bei Beiden schon am ersten Morgen. Herrchen drückte Buddy die Zeitung in die Schnauze und sagte: »Bring«. Buddy hielt das weiche Papier fest und wartete auf sein Lob. Als dieses nicht kam, war Buddy schon gar nicht mehr so begeistert von der Idee, die Zeitung zu halten. Herrchen ging einfach zum Haus zurück. Da Buddy aber sehr gutmütig war, wollte er Herrchen noch eine Chance geben; er jagte also mitsamt der Zeitung an Herrchen vorbei ins Haus zurück. Drinnen angekommen, legte er sein Bündel ab.

Er hat es richtig gelernt: Jeden Morgen holt er mit Frauchen die Zeitung.

▸ **Zerfledderte Morgenlektüre**
Mann, was tat Herrchen so lange da draußen? Buddy rupfte ein Stück der Zeitung ab und kaute es genüsslich durch. Endlich kam Herrchen. Fröhlich lief Buddy auf ihn zu, noch immer zeitungskauend. Jetzt lobte ihn Herrchen, der das Loch in seinen Nachrichten noch gar nicht entdeckt hatte, und gab ihm ein Leckerli. Natürlich mit dem Effekt, dass sich Buddy ab diesem Moment auf jede erreichbare Tageszeitung stürzte, sie rupfte und von Herrchen ein Leckerli forderte!

▸ **Gedankengänge neu verknüpfen**
Richtig wäre natürlich gewesen, Buddy – der beim Zeitungskauen erwischt worden war – mit fester Stimme »Pfui!« zu sagen, um dem Unmut über Buddys Tat Ausdruck zu verleihen. Sodann hätte Herrchen ihm die Zeitung nochmals mit dem Schlüsselwort »Bring« in die Schnauze geben und ihn sofort und ausgiebig dafür loben müssen. Buddy hätte dann richtig verknüpft: Zeitung fressen ist pfui;

Zeitung festhalten ist fein! Also: Will ich Lob und Leckerli, halte ich die Zeitung nur vorsichtig fest.

Positive Stimmungsübertragung

Sie als Hundehalter können eine einmalige Handlung Ihres Hundes »konditionieren«, also festigen, indem Sie ihn sofort, im Moment seiner Hand-

> **Kurze Übungen mit Erfolg**

Beenden Sie alle Aufgaben mit einem Erfolgserlebnis. Damit schlagen Sie gleich mehrere Fliegen mit einer Klappe:

- Ein Hund lernt schneller, besser und mehr, wenn er ein und dieselbe Übung nicht stundenlang am Stück machen muss, sondern nur kurz und gezielt, dafür aber in regelmäßigen Übungseinheiten.

- Durch regelmäßiges Wiederholen festigen Sie das Gelernte, das heißt, auch wenn Sie irgendwann einmal über eine gewisse Zeit Ihren Flocky nicht Pantoffeln bringen lassen, wird er sich trotzdem immer an sein Schlüsselwort erinnern, da es ein fester Bestandteil seines »Wissens« ist.

- Auch ein Hund verliert die Lust an einer bestimmten Aufgabe, wenn sie unnatürlich lange durchgeführt wird. Wird die Aufgabe aber immer wieder und nur kurz gestellt, bleibt sie auch für den Vierbeiner interessant.

- Durch tägliches Einbauen einer kurzen Übung bietet sich für Sie und Flocky die Gelegenheit, sich regelmäßig intensiv miteinander zu beschäftigen.

- Sie als »Rudelchef« beenden das Spiel (denn das ist es im Prinzip für Flocky), was wiederum Ihre Position festigt.

- Wenn Kinder mit dem Familienhund spielen, behalten Sie unbedingt als verantwortlicher Erwachsener und Rudelchef die Oberaufsicht über die gemeinsamen Aktivitäten.

lung überschwänglich loben und belohnen. Jeder einigermaßen durchschnittliche Hund ist von Natur aus ein fröhliches Lebewesen, das immer zu einem schönen Spiel oder zur Durchführung einer Aufgabe bereit ist, wenn es dafür entsprechend gelobt wird. Es spürt Ihre Freude, woran es – so paradox dies klingen mag – selbst fast noch mehr Freude hat als am Spiel oder der Aufgabe selbst.

Wenn Strafe sein muss

Genauso wird der Hund eine unerwünschte Handlung unterlassen, wenn er – wiederum im Moment der Tat – dafür bestraft wird. Meist reicht ein klares, deutliches »Nein« oder »Pfui« aus, um ihn von der Schändlichkeit seines Tuns zu überzeugen. In härteren Fällen können Sie Ihren Hund durch ein »Platz« über die Schnauze fassen oder am Nacken zu Boden drücken in seine Schranken weisen.

Punktgenaues Loben

Ganz und gar nutzlos, ja sogar verkehrt ist es, den Hund einige Zeit nach seiner Tat zu loben bzw. zu strafen. Sobald auch nur wenige Sekunden zwischen seiner Aktion und Ihrer Reaktion darauf vergangen sind, wird ein entsprechendes Einwirken wirkungslos.

> **Flocky und die Hausschuhe**

Nehmen wir einmal an, Sie möchten Ihren Flocky dazu bringen, Ihnen abends bei Ihrer Heimkehr von der Ar-

▸ Neuer Versuch und ganz viel loben

Also achten Sie bitte darauf, dass Ihr Lob schnell und gezielt dann kommt, wenn Ihr Hund das tut, was Sie gerne hätten. Sollte er doch einmal falsch verknüpfen, wie in obigem Beispiel, dann entfernen Sie das verkehrte Objekt der Begierde und beginnen Sie – nur mit den Pantoffeln – von vorne. Wenn er jetzt das Richtige bringt, geizen Sie nicht mit Lob!

Hunde sind extrem lernfähig und genauso lernbegierig.

Erfolgsrezept zur Grunderziehung

▸ 1. Konsequenz

Bereits mit der Übernahme eines Welpen beginnt dessen Erziehung. Egal, ob es um Stubenreinheit, das Sofa als Schlafplatz oder das Ausführen eines Hörzeichens geht: Bleiben Sie konsequent! Ein Hund kennt kein »ausnahmsweise«. Darf er einmal bei Ihnen im Bett schlafen, beansprucht er dieses Recht mit Sicherheit immer wieder. (Einige ganz durchsetzungsfähige Vierbeiner schaffen es sogar, dass Herrchen in die Badewanne auswandert.) Gelingt es ihm, sich erfolgreich Ihrem Kommando »Sitz« zu entziehen (Herrchens Kommentar: »Er hat halt heute keine Lust!«), wird er dies immer wieder versuchen, ja es sogar auf andere Schlüsselwörter ausweiten (Kommentar: »Doch, er folgt schon, wenn er gut drauf ist!«).

▸ 2. Geduld

Dies ist eine ganz wichtige Tugend bei der Hundeerziehung. Sehr viele Menschen verlieren nämlich die Geduld

beit die Pantoffeln zu bringen. Sie gehen mit ihm zu den gewünschten Hausschuhen, zeigen darauf und sagen »Bring! Bring Schuh!«. Flocky hat vielleicht das Schlüsselwort »Bring« schon gelernt, aber »Schuh« sagt ihm in diesem Fall erst einmal gar nichts! Er ist aber lernbegierig und bereit, seine Freude über Ihre Heimkehr durch irgendeine Aufgabe auszudrücken. Er stürzt sich auch auf einen der Pantoffeln, schüttelt ihn kurz und lässt ihn zugunsten des Regenschirmes wieder fallen.

▸ Nicht schnell genug

In diesem Moment kommt, zwei Sekunden zu spät, Ihr »Feiiiin«, gefolgt von einem dezenten »Sch....!« Von so viel Lob bestätigt, hört Flocky gar nicht mehr auf, den Regenschirm herumzutragen. Sie aber werden sich wahrscheinlich ärgern und Ihren Flocky für doof halten, weil er nicht kapiert hat, was Sie von ihm wollen.

mit ihrem Hund, wenn er nicht spätestens nach dem dritten Versuch versteht, was sein Herrchen von ihm will. Wer dann »ausflippt« und die Beherrschung seinem Hund gegenüber verliert, der verscherzt sich das Vertrauen seines Vierbeiners. Versetzen Sie sich in die Situation des Hundes: Er versteht den Zweibeiner nicht, ist aber voller Lernwillen, übt alle möglichen Handlungen aus, um herauszufinden, was Herrchen meint – und wird dann noch geschimpft!

▶ 3. Loben

Viel wichtiger als Strafen! Der Hundebesitzer, der es versteht, seinen Hund in möglichst viele Situationen zu bringen, in denen er ihn loben kann, ist von vornherein nicht gezwungen, ständig zu schimpfen. Ein Hund, der durch positive Erfahrungen weiß, was er darf, verfällt schon mal gar nicht der unseligen Versuchung, herauszufinden, was er nicht darf. Ganz abgesehen davon steigert Herrchens Lob das Selbstbewusstsein des Hundes und stärkt das gegenseitige Vertrauen zueinander.

▶ 4. Ihre Stimme

Ein ganz wichtiges Instrument bei der Erziehung Ihres Hundes! Bemühen Sie sich, in normaler Lautstärke mit Ihrem Tier zu reden. Viele Menschen machen den Fehler zu glauben, ein Hund gehorche nur auf lauten Befehlston. Ihr Hund hört sowieso viel besser als ein Mensch; und mit Menschen schreit man auch nicht herum.

»Ja«, werden Sie sagen, »aber unser Nachbarhund gehorcht wirklich nur, wenn sein Herrchen ihn anbrüllt. Ist der Hund vielleicht schwerhörig?« Aller Wahrscheinlichkeit nach nicht. Aber ein Vierbeiner, der vom Welpenalter an nur Kommandos in einer Lautstärke über hundert Dezibel erhält, verknüpft Folgendes: »Nur wenn Herrchen schreit, geht das mich etwas an. Mit leiser Stimme redet er nicht mit mir.«

Dabei hat ein Hund die Fähigkeit, jede noch so feine Nuance unserer momentanen Stimmung aus dem Klang unserer Stimme herauszuhören. Dies können Sie als Hundebesitzer dahingehend positiv ausnutzen, indem Sie Ihrer Stimme einen festen Klang geben, wenn Sie auf die Ausübung einer Aktion Nachdruck legen wollen; einen weichen Klang, wenn Sie mit Ihrem Hund schmusen; einen fröhlichen Klang, wenn Sie ihn freudig loben; die erhöhte Lautstärke aber sollten Sie sich aufbewahren für wirklich brenzlige Situationen, in denen der Hund merken soll, dass jetzt »Not am Mann« ist.

Bei richtigem Einsatz Ihrer Stimme können Sie das erwünschte Verhalten Ihres Hundes entweder verstärken oder unterbinden.

5. Schlüsselwörter

Ganz wichtig für den Hund! Benutzen Sie vom Welpenalter an immer ein und denselben Begriff für ein und dieselbe Handlung Ihres Hundes. Wenn Sie sich also für das Schlüsselwort »Hier!« beim Heranrufen Ihres Vierbeiners entscheiden, dann sollten Sie nicht beim nächsten Mal »Komm« oder »Geh hierher« rufen, sondern den einmal verknüpften Begriff beibehalten.

6. Leistungsgrenzen akzeptieren

Üben Sie eine Aufgabe oder ein Spiel mit Ihrem Hund kurz und gezielt, dafür regelmäßig. Vermeiden Sie, ihm gleich mehrere Spiele gleichzeitig beibringen zu wollen. Er muss einen Begriff richtig verknüpft, also »verstanden« haben, um die nächste Aufgabe in Angriff nehmen zu können.

Seien Sie auch vorsichtig mit der körperlichen Überforderung Ihres vierbeinigen Freundes! Es gibt z.B. Hunde mit sehr kurzen Läufen, die man nicht zu irgendwelchen artistischen Hochsprung-Leistungen zwingen sollte. Auch das Alter des Vierbeiners sollte bei den gestellten Aufgaben berücksichtigt werden! Und dass Sie bei Temperaturen von vierzig Grad im Schatten keine langwierigen Konzentrationsübungen machen, sondern im Bedarfsfall lieber mit Ihrem Bello im nächsten Bach oder Baggersee schwimmen gehen oder ihm ganz einfach im Schatten seine Ruhepause gönnen, sollte sich von selbst verstehen.

7. Übungen einbauen

Oft wird die Erziehung eines Hundes als »Teilzeitarbeit« betrachtet. Oder anders ausgedrückt fragen viele Hundehalter, wie oft, wann und wie lange täglich geübt werden soll, damit der Hund »Erziehung« genießt. Dabei ist es eigentlich ganz einfach, die wichtigen Schlüsselwörter für den Hund immer wieder ins Tagesgeschehen einzubauen. Er soll nicht »dressiert« werden wie ein Zirkuslöwe, sondern über die gelernten Schlüsselwörter seinen festen Platz in der menschlichen Gemeinschaft und im Zusammenleben mit einer Menschenfamilie finden.

Ein Beispiel, wie Sie das Kommando »Sitz« nahtlos in Ihren Tagesablauf und in den Ihres Hundes eingliedern: Sie wollen mit Bello Gassi gehen. Er freut sich und tobt durch den Flur. Sagen Sie »Sitz« und bestehen Sie konsequent darauf, dass er dieses Kommando ausführt, damit Sie ihn in Ruhe anleinen können. Bestehen Sie auch am Bordstein darauf, dass sich Bello vor dem Überqueren der Straße hinsetzt. Bei Ihrer Heimkehr vom Spaziergang lassen Sie ihn vor der Haustür

Urlaub oder Ausflug – wann immer möglich, sollte der Hund mit von der Partie sein.

Links: Bei diesem Spiel gut erkennbar: Ohne einen gewissen Grundgehorsam funktioniert es nicht.

absitzen, damit Sie ihn vor dem Betreten der Wohnung säubern können.

Sie brauchen sich nicht unbedingt »extra« Zeit zu nehmen, um Ihrem Hund eine solide Grunderziehung zu geben.

▶ 8. Vertrauter Ablauf

Alle Hunde lieben bestimmte »Rituale«. Ein Tagesablauf, den der Hund kennt, macht die Umwelt für Bello berechenbar und einschätzbar – beides schafft Vertrauen und Sicherheit. Versuchen Sie also, Ihren Hund so weit wie möglich zu festen Zeiten zu füttern, Gassi zu gehen und auch – bei berufstätigen Hundehaltern – ihn alleine zu lassen. Das heißt natürlich nicht, dass Sie ihn auf einen Wochenendausflug nicht mitnehmen dürfen! Hunde sind erstaunlich anpassungsfähig und können sehr schnell zwischen Freizeit und Alltag unterscheiden.

▶ 9. Konzentration

Wenn Sie Ihrem jungen Hund ein neues Schlüsselwort beibringen wollen, achten Sie darauf, dass er sich in diesem Moment voll auf Sie konzentriert. Ablenkungen beim Lernen verkraftet ein junger Hund noch nicht, vor allem, wenn das Schlüsselwort noch unbekannt für ihn ist.

Nehmen wir noch einmal das »Sitz«, bevor Bello Gassi gehen darf und Sie ihn anleinen wollen. Wie die meisten Hunde wird er hocherfreut über den bevorstehenden Spaziergang herumspringen. Bleiben Sie ruhig mit dem Halsband stehen und sagen Sie deutlich »Bello, Sitz«. Sehen Sie ihn dabei an und achten Sie darauf, dass auch er Sie ansieht. Erst, wenn er sich auf Sie konzentriert, wird er das Kommando ausführen. Wenn Sie natürlich merken, dass Klein-Bello dringend mal muss und schon kurz vor dem Zerplatzen ist, wäre es unsinnig, ihm gerade in dieser Situation ein neues Schlüsselwort beibringen zu wollen.

▶ 10. Integration

Ein Fehler, der vor allem von den »Extrem-Hundesportlern« gern gemacht wird, ist der, seinen Hund wie ein Sportgerät zu behandeln und auch so zu halten. Manche Vierbeiner werden nur aus dem Zwinger geholt, um Gehorsamsübungen zu absolvieren. Danach verbringen sie ihren Tag wieder alleine und isoliert in ihren vier Wänden. Erstaunlicherweise werden solche Hunde oft sehr gute Sporthunde; kommen sie dann aber einmal in eine »normale« Umgebung, benehmen sie sich meist völlig daneben. Eigentlich klar, nicht wahr? Ganz abgesehen davon ist eine Haltung in ständiger »Isolationshaft« auch nicht unbedingt artgerecht.

Ein Hund ist ein sehr soziales Lebewesen und sollte mit Anschluss an seine Menschen leben dürfen. Er muss genügend Zeit mit seinem menschlichen Partner verbringen dürfen. Nehmen Sie Bello mit in den Urlaub, zum Sonntagsausflug der Familie, in die Stadt etc. Dann wird er auch die Zeit, die er alleine zu Hause verbringen muss, in dem Bewusstsein ausharren, dass sein Herrchen mit Sicherheit wieder zurückkommt.

Kinder und Hunde

Kinder und Hunde – ein Kinderspiel

154 ▶ Dream-Team Hund – Kind?	155 ▶ Klare Regeln erleichtern das Hundeleben
154 ▶ Der passende Hund	
155 ▶ Hundeerziehung ist kein »Kinderkram«	155 ▶ Ein paar Spielregeln

In noch einem weiteren, sehr wichtigen Punkt ist die richtige Erziehung ein ausschlaggebender Faktor für ein reibungsloses Spiel miteinander, nämlich bei der Frage: Können Kinder und Hunde miteinander spielen?

Diese Frage stellen sich wahrscheinlich die meisten Hundehalter, denn viele Hunde leben in Menschenfamilien mit Kindern. Ja, viele Hunde werden sogar ganz speziell als Spielpartner für die Kinder der Familie gekauft!

Dream-Team Hund – Kind?

Hunde und Kinder passen eigentlich ganz wunderbar zusammen: Kinder leben noch viel intuitiver als Erwachsene, sind fast immer zum Spielen aufgelegt, bewegen sich gerne an der frischen Luft und lieben es, zu kuscheln – wie der vierbeinige Hausgenosse auch! Trotzdem kommt es immer wieder zu Horrormeldungen über Unfälle zwischen Hund und Kind. Untersucht man solche problematischen Situationen einmal genauer, stellt man fest, dass in den allermeisten Fällen der Mensch allein die Schuld an einem Unfall trägt. Denn im Zusammenleben mit Hund und Kind müssen klare Regeln befolgt werden, damit es zu keinen Streitigkeiten kommt.

Spielen, herumtollen und miteinander schmusen: Lieblingsbeschäftigung von Kindern und Hunden. Eigentlich ein Dream-Team ... oder?

Der passende Hund

Schon bevor Sie sich dazu entschließen, einen Welpen ins Haus zu holen, sollten Sie Ihre familiäre Situation in den Hundekauf mit einplanen. Dies klingt vielleicht im ersten Moment etwas befremdlich, denn schließlich wünschen Sie sich seit Jahren einen Mastino Napoletano, der im Welpenalter schon fast größer als Ihr Kindergartenkind ist. Oder der Hund Ihrer Träume ist ein Chihuahua, der gar nicht begeistert ist, wenn ihn tapsige Kinderhände durch die Gegend schleppen.

Hundeerziehung ist kein »Kinderkram«

Von Ihren Kindern können Sie nicht unbedingt verlangen, dass sie den Hund erziehen. Ein Hund von der Größe eines Schäferhundes zum Beispiel sollte – auch wieder je nach Wesensart – erst Jugendlichen über zwölf Jahren unter Anleitung anvertraut werden. delchef« für die richtige Verständigungsbasis sorgen, sind Kinder und Hund miteinander glücklich. Das ist ja nun alles schön und gut, werden Sie sagen, doch damit ist folgende Frage immer noch nicht geklärt: »Können nun Kinder und Hund miteinander spielen oder nicht? Und wenn ja, sollte man als Erziehungsberechtigter auf Kind und Hund achten?«

Klare Regeln erleichtern das Hundeleben

Andererseits sollte Ihr Hund alles, was er darf, immer dürfen. Erklären Sie Ihren Kindern, dass Bello seine Ruhe haben will, wenn er in seinem Körbchen liegt, oder dass er auch beim Fressen nicht gestört werden darf. Machen Sie Ihren Kindern auch klar, dass ein Hund – besonders ein Welpe – unter Einsatz seiner Zähnchen spielt und das schon mal zu einer Schramme an der Hand führen kann, ohne dass Bello dies böse meint. Wenn Sie als »Ru-

Ein paar Spielregeln

Eine allgemeingültige, immer anwendbare Regel kann es beim Lebewesen Hund (wie beim Menschen auch) nicht geben. Wohl aber einige Tipps und Hinweise, auf die jeder Hundehalter zurückgreifen kann:

▶ **Gutmütige Hunde**
Gesunde, gutmütige, wesenssichere Hunde von mittlerer Größe lieben es, mit den Kindern ihrer Menschenfamilie zu spielen. Hierzu gehören zum Beispiel Golden- und Labrador-Retriever

Auswahlkriterien für den Familienhund

- Sollten Sie bereits Kinder haben – erfahrene Hundefachleute empfehlen die Anschaffung eines Hundes erst dann, wenn die »Familienplanung« abgeschlossen ist und der jüngste Sprössling das Kindergartenalter erreicht hat – oder sollten Kinder in den nächsten Jahren unbedingt zu Ihrer familiären Zukunft gehören, dann sollten Sie kompromissbereit sein.

- Manche Hunderassen werden als ausgesprochen kinderlieb eingestuft. Meist sind dies die mittelgroßen bis großen Hunde, während Zwergrassen und Riesen unter den Vierbeinern weniger Begeisterung an den Tag legen. Informieren Sie sich unter allen Umständen vorher über die Charaktereigenschaften der Rasse Ihrer Wahl! Dies kann über geeignete Fachbücher geschehen, durch ein beratendes Gespräch bei einem Tierarzt, bei einem guten Hundesportverein und bei Züchtern der jeweiligen Rasse.

- Der nächste wichtige Schritt ist der, sich die Elterntiere genau anzusehen und so viele Informationen wie möglich über sie zu erhalten. Dabei ist die Hundemutter noch wichtiger als der Vater, denn sie ist diejenige, die die Welpen neun Wochen lang austrägt und sie weitere acht bis zwölf Wochen lang durch ihr eigenes Verhalten prägt. Die Welpen werden sich fast ausschließlich an der Mutter orientieren, ob ihr Verhalten in unseren Augen nun positiv oder negativ ist.

- Ein Züchter, der sich aus irgendwelchen Gründen weigert, das Muttertier zu zeigen, hat immer etwas zu verbergen! So schwer es Ihnen fällt, lassen Sie in diesem Fall die Finger von den kleinen Hunden! Aber auch, wenn die Hündin zugegen ist und Ihnen ihre Wesensart nicht gefällt, sollten Sie von einem Welpenkauf Abstand nehmen. Die Gefahr, dass Ihr neuer Hausgenosse Verhaltensstörungen an den Tag legt, ist groß und die Gefahr für Ihre Kinder ebenfalls.

- Der dritte wichtige Faktor ist die richtige, konsequente Erziehung und die artgerechte Haltung. Ihr Hund sollte vom Welpenalter an seinen festen Platz innerhalb der Familie zugewiesen bekommen. Er hat »Rechte und Pflichten«, die er erkennen können muss. Sollten Sie ein kleines Dominanzbündel Ihr eigen nennen, ist es sehr wichtig, ihm von Beginn an seine Grenzen aufzuzeigen. Lassen Sie niemals zu, dass er sich über Sie und Ihre Kinder als Chef aufschwingt! Die Folgen können sehr böse sein: vom gelegentlichen Anknurren bis hin zu schlimmen Bissverletzungen.

oder Spaniel, um nur ein paar zu nennen. Aber auch größere Hunderassen wie Airdaleterrier, Schäferhund, Neufundländer oder Berner Sennenhund gelten Kindern gegenüber als gutmütig. Hier hilft das ehrliche Gespräch mit einem gewissenhaften Züchter weiter.

▸ Das Alter des Kindes

BABYS UND KINDER IM KRABBELALTER ▸ können verständlicherweise noch nichts mit dem vierbeinigen Hausgenossen anfangen. Sie sind froh, wenn sie bei ihren ersten Gehversuchen nicht angerempelt werden!

KINDER IM KINDERGARTENALTER ▸ können schon einzelne kleine Übungen mit dem Hund ausführen, allerdings unter Anleitung der Eltern. So wird sich Ihr fünfjähriger Sohn sicher darüber freuen, wenn er unter Ihrer Aufsicht Ihrem Arko den Futternapf bringen darf. In diesem Alter sind Kinder auch schon verständiger und verstehen sehr gut, wenn Sie ihnen den Grund für ein bestimmtes Verhalten ihres vierbeinigen Freundes erklären.

SCHULKINDER ▸ dagegen können bereits mit dem Familienhund einiges mehr unternehmen. So erlauben zum Beispiel Hundesportvereine bereits einem Sechsjährigen, mit seinem Vierbeiner eine Begleithunde- bzw. Turnierhundesportprüfung abzulegen – vorausgesetzt natürlich, die beiden kommen miteinander zurecht! Und für Jugendliche, die in den Familienhund vernarrt sind, gibt es beim gemeinsamen Spielen im Prinzip keine Grenzen mehr!

KINDER UNTER ZEHN JAHREN ▸ und Hunde sollten grundsätzlich nur unter Aufsicht der Eltern miteinander spielen. Auch wenn Ihr Bello die Gutmütigkeit in Person ist, kann es schnell einmal passieren, dass er im Eifer des Gefechts, sprich des Spiels, seine guten Manieren vergisst und etwas grober zur Sache geht, als er sollte. Wie schnell ist ein Fünfjähriger umgerannt und stößt sich vielleicht irgendwo den Kopf an! Oder beim hastigen Zufassen nach dem Ball kommen dem Hund die kleinen Kinderfinger in die Quere – auch wenn Bello dies in der Regel sofort bemerkt, bleiben blutende Kratzer nicht aus. Kleinere Kinder sind dann nicht mehr in der Lage, einen übermütig spielenden Hund zur Ordnung zu rufen. Deshalb sollten Sie unter allen Umständen den Hund und Ihre kleinen Kinder nie alleine lassen!

Hund und Kleinkind? Das geht, aber nur unter Aufsicht eines Erwachsenen.

Wesensfeste Hunde und eine gute Erziehung sind die Voraussetzung für eine funktionierende Kind-Hund-Beziehung.

Sie müssen jederzeit eingreifen können. Auch Füttern, Gassigehen oder Bürsten sollten Sie immer nur gemeinsam mit Ihren Kindern durchführen.

▶ Das richtige Spielzeug

Die Art des Spielzeugs ist ein weiterer Punkt, der beachtet werden sollte. Leider passiert es immer wieder, dass der Hund zu den Kindern seiner Menschenfamilie ins Kinderzimmer marschiert, wo es von Spielsachen nur so wimmelt. Ihre Kinder wissen jedoch nicht, dass die Glasmurmeln, die Bello gerade aufschlabbert, nicht sehr förderlich für dessen Verdauung sind. Oder dass die zerkauten Legosteine – für Menschenkinder sicher pädagogisch sehr wertvoll – dem Hund ins Zahnfleisch schneiden und heruntergeschluckte Plastikteile zu schlimmen Darmproblemen führen können. Auch der Nylonfaden aus der Holzperlenkette, den Bello mitsamt Kette geschluckt hat, kann dazu führen, dass er vom Tierarzt operiert werden muss. Metall, Plastik, Nylonstrümpfe, Schnüre etc. sind sehr gefährlich für Hunde! So mancher Welpe musste für seine Neugier mit dem Leben bezahlen, weil Herrchen oder Frauchen unachtsam waren.

▶ Spielzeugkiste für Hunde

Erklären Sie Ihren Kindern, dass Bello anderes Spielzeug braucht. Eine gute Idee ist, eine extra Kiste für Hundespielzeug in der Wohnung zu deponieren, aus der auch Ihre Kinder etwas herausholen dürfen, um mit dem Vierbeiner zu spielen. Alles was giftig, spitz und leicht verschluckbar ist, muss tabu sein. Geeignetes Spielzeug sind Bälle in der richtigen Größe, Stofffetzen, Beißwürste, Ziehringe etc. Lassen Sie sich im Fachhandel beraten, denn nicht jedes Spielzeug ist für jeden Hund geeignet.

Spielregeln und Spielzeug

Spielregeln und Spielzeug

160 ▸	**Fair Play**	165 ▸	**10 kleine Spielregeln**
160 ▸	**Spielaufbau in kleinen Schritten**	171 ▸	**Das richtige Spielzeug**
		172 ▸	**Lieblingsspielzeuge**
161 ▸	**Schritt für Schritt zum Schnüffel-Freak**	173 ▸	**Verschiedene Materialien**
164 ▸	**Zeit zu zweit**	175 ▸	**Fix selbst gemacht**
164 ▸	**Alle Spiele Schritt für Schritt**	176 ▸	**Viele Spiele mit wenigen Mitteln**

Fair Play

Fair play will gelernt sein und auch beim Spielen gilt, wie bei allem im Leben, es muss fair zugehen. Fair gegenüber Bello ist, dass Sie ihm die Chance geben, ein neues Spiel erst einmal zu verstehen. Diese Chance geben Sie ihm, indem Sie jedes Spiel in kleine Einheiten zerlegen.

Sie wissen nun bereits, dass Ihr Hund über seine angeborenen Triebe spielt sowie durch richtige Verknüpfungen bei der Erziehung spielerisch lernt. Lehren Sie Ihren Hund ein Spiel deshalb in kleinen Schritten. Verlangen Sie nicht zu viel auf einmal.

Spielaufbau in kleinen Schritten

Wir zeigen Ihnen nun anhand des Beispiels Fährtensuche, wie Ihr Hund unter Ihrer Anleitung die Grundzüge des Spiels erlernt. Auch wenn es sich hierbei eigentlich nicht um ein Spiel im herkömmlichen Sinne handelt, haben wir trotzdem das »Fährten« gewählt,

▸ **Ein paar Gedanken vorab**

Bevor Sie mit Bello ein Spiel beginnen, überlegen Sie sich Folgendes:
▸ Wie schaffe ich eine positive Verknüpfung, damit er weiß, was ich möchte und dass er es richtig gemacht hat?
▸ Welchen Trieb spricht dieses Spiel an? Welche Triebe kann ich bei Bello positiv nutzen?
▸ Welche Schlüsselwörter aus seiner bisherigen Erziehung, die er gut beherrscht, kann ich als Hilfestellung hinzuziehen? Welches Schlüsselwort soll neu dazukommen?
▸ In wie viele Schritte teile ich das Spiel auf, damit Bello die Möglichkeit hat, zu begreifen, was ich von ihm möchte?

weil man an diesem Beispiel sehr schön das Prinzip der kleinen Schritte sowie den Zusammenhang zwischen angeborenen Trieben und der richtigen Verknüpfung mit einer bestimmten Handlung sieht. Es geht hier wohlgemerkt nicht darum, in einem Hundesportverein seinen Hund zu Höchstleistungen beim Fährten auszubilden, sondern darum, ihm zur Unterbrechung der täglichen Routine etwas Neues zu zeigen, das ihm genauso viel Spaß macht wie seinem Herrchen.

▸ **Leidenschaftliche Spurenleser**

Leider wird bei der überwiegenden Mehrheit unserer Hunde die Fähigkeit des Spurenlesens nicht mehr gefördert. Teilweise wurde manchen Rassen diese Fähigkeit auch so weit weggezüchtet, dass diese Hunde zu größeren Leistungen als zum täglichen Schnuppern beim Gassigehen nicht mehr in der Lage sind. Ein normaler Hund mit normalen Veranlagungen hat aber ganz sicher jede Menge Spaß am Fährtensuchen.

▸ **Die beste Jahreszeit**

Die idealen Monate, um seinem Hund das Fährten zu lehren, sind von März bis Juni und von September bis November. Im Winter und im Hochsommer sollte man möglichst keine Spurensuche beginnen, da der Boden entweder gefroren oder zu trocken ist. Auch bei starkem Wind, schweren Regenfällen und extremer Hitze sollte das Fährten mit dem Hund nicht begonnen werden!

Die Nase ist nach wie vor das wichtigste Sinnesorgan beim Hund.

Schritt für Schritt zum Schnüffel-Freak

▸ **Instinkte wecken**

Überlegen Sie sich erst einmal, welche Verknüpfung Sie für Bello schaffen müssen, um ihm verständlich zu machen, was Sie von ihm wollen. Eine Menschenfährte nämlich ist für einen Hund eigentlich etwas völlig Uninteressantes. Sein Instinkt lässt ihn nur aufmerken, wenn er die Spur eines Wildes findet (hier grüßt wieder Urvater Wolf, der selbst Beute jagen muss,

Wildspuren sind für Hunde besonders interessant – auch dies ein Erbe ihres Urahns Wolf, der sich sein Futter selbst besorgen musste.

Oben: Die Malinois-Hündin nimmt die Witterung am Strumpf auf.

Oben rechts: Während Frauchen die Fährte legt, sieht die Hündin zu.

Rechts: Am markierten Abgang zeigt Frauchen ihr die Fährte und das Futter.

um zu überleben) oder aber wenn er auf die Fährte eines Artgenossen stößt (ganz besonders als Rüde auf die Fährte einer läufigen Hündin!). Menschen jedoch sind für einen Caniden völlig uninteressant. Man kann sie weder heiraten noch fressen.

 **Mit Leckerchen auf der richtigen Spur**

Also muss dem Hund erst einmal verständlich gemacht werden, wie vorteilhaft das Verfolgen von menschlichen Schritten sein kann. Und dies tun wir über seinen Fresstrieb, also mit Leckerlis. Und schon können Sie bei diesem »Spiel« einen der Triebe Ihres Hundes befriedigen!

 **Neugieriges Kerlchen**

Ein weiterer Trieb wird beim Hund angesprochen, wenn er sein Herrchen von sich weg über die Wiese marschieren sieht. Bello würde alles dafür tun, um nur wieder in die Nähe seines Herrchens zu kommen! Hier kommt der Meutetrieb Ihres Hundes zum Tra-

gen. Auch wenn Sie nach dem Austreten einer Fährte zu Ihrem Hund zurückkehren, wird er sich brennend dafür interessieren, wohin Sie gegangen sind und was Sie dort getan haben. Diese Informationen erhält er nur durch »Erriechen«.

 **So bringen Sie sich ins Spiel**

Wenn Sie dann noch einen persönlichen Gegenstand auf der von Ihnen getretenen Fährte ablegen (z. B. eine Geldbörse, einen Handschuh oder ein

Spielzeug Ihres Hundes etc.), beziehen Sie in dieses Suchspiel auch den Beute- und Bringtrieb Ihres Hundes mit ein.

▸ **Schlüsselwort »Suuuuuch«**
Als neues Schlüsselwort nehmen Sie am besten ein langgezogenes und ruhig gesprochenes »Suuuuch«. Können sollte Ihr Hund möglichst schon die Übungen »Sitz« und »Bleib«.

Nun dürfen Sie und Ihr Hund mit der Fährtensuche beginnen. In der Fotoserie demonstriert Erna, die Malinois-Hündin, Schritt für Schritt das Erlernen der Fährtensuche.

▸ **1. Schritt: Die Socke kennen lernen**
Die Hündin wird am Rand einer Wiese angeleint oder von einer zweiten Person festgehalten. Frauchen hat einen alten Strumpf dabei, den sie einige Stunden bei sich getragen hat, damit er intensiv Witterung annimmt. Von diesem Strumpf lässt Frauchen ihren Hund zwei bis drei Leckerlis abfressen. Das nächste Leckerli wird dem Hund nur auf dem Strumpf liegend gezeigt. (Sie sehen: Hier wird eine Verknüpfung geschaffen: Strumpf ist etwas Positives, da man darauf Leckerlis findet wie im Futternapf!)

▸ **2. Schritt: Abgang treten ...**
Sodann begibt sich Frauchen einige Meter weg auf die Wiese, wo sie einen Stock zur Markierung des Fährtenbeginns steckt. Sie bleibt während der

Interessiert wird die Fährte mit dem Futter verfolgt...

... bis die Socke mit weiteren Leckerbissen gefunden ist. Und Frauchen lobt ihre Hündin kräftig!

ganzen Zeit ihrem Hund zugewandt. Neben dem Stock »trampelt« Frauchen einen schönen Abgang, um ihrem Hund später die Möglichkeit zu geben, ausgiebig Witterung aufzunehmen. Auf diesen Abgang legt sie schon ein erstes Leckerli.

▸ ... und Fährte legen ...

Jetzt geht Frauchen mit kleinen, engen Schritten rückwärts vom Abgang weg, wobei sie immer wieder mit dem Strumpf winkt – der ja für den Hund »Leckerli« bedeutet – und ihren Vierbeiner immer wieder zur Aufmerksamkeit motiviert, etwa mit »Schau nur, Erna, was ich hier Feines für Dich habe!«

Dabei legt Frauchen in jeden zweiten oder dritten Fußabdruck ebenfalls ein Leckerli.

▸ ... bis zum Ende

Nach ungefähr zwanzig Metern bleibt Frauchen dann stehen, macht nochmals ihre Hündin auf den Gegenstand in ihrer Hand aufmerksam und legt diesen dann demonstrativ vor sich auf die soeben getretene Fährte, großzügig bestückt mit einigen lecker schmeckenden Belohnungshappen.

Nun ist ganz wichtig, dass Frauchen direkt auf der Fährte zurückgeht, da jedes Abweichen ein starkes Verwischen des Geruchsfeldes erzeugen würde. Das würde den Hund nur verwirren und er könnte zudem noch den Eindruck gewinnen, er müsse in der Richtung zu suchen beginnen, aus der er sein Frauchen zuletzt zurückkommen sah (Meutetrieb!).

▸ 3. Schritt: Und los geht's

Frauchen begibt sich nun direkt zu ihrer Erna. Sie geht mit der Hündin zum Anfangspunkt der Fährte, der ja mit dem Abgangsstock gekennzeichnet ist, zeigt in den Abgang hinein und fordert sie deutlich mit einem langgezogenen »Suuch« auf. Die rechte Hand zeigt weiterhin in den Verlauf der Fährte, während Frauchen direkt neben ihrem angeleinten Hund bleibt.

▸ 4. Schritt: Leckerchen erschnuppern und Socke finden

Sowie Erna mit der Nase in die Fährte taucht, wird sie zur Belohnung ein Leckerli finden. Wichtig ist dabei, dass Frauchen ihren Hund für jede Bemühung, ein weiteres Leckerli aufzufinden, lobt. Ganz besonders ausgiebig muss das Lob am ausgelegten Gegenstand – in diesem Fall dem Strumpf – ausfallen. Sie werden sehen, sobald Ihr Hund verknüpft hat, dass es auf der Menschenfährte prima Leckerlis gibt und Herrchen dabei nicht mit Lob geizt, wird es für ihn nichts Tolleres geben, als wenn Herrchen den Fährtenstock paratlegt und die Leckerli-Tüte einpackt!

Zeit zu zweit

Diese soeben Schritt für Schritt beschriebene Übungsfährte ist eine herrliche Aufgabe und Herausforderung für Ihren Hund und für Sie als Hundebesitzer eine weitere Möglichkeit, sich wieder einmal intensiv mit Ihrem Vierbeiner zu beschäftigen. Nasenarbeit eignet sich auch gut für ältere Hunde.

10 SPIELREGELN

Sich mit dem Hund zu beschäftigen, fördert Zuneigung und Vertrauen.

Alle Spiele Schritt für Schritt

Mit dieser logisch aufgebauten Schritt-für-Schritt-Methode können Sie Ihrem Hund fast alle Spiele beibringen.

Vielleicht fällt es Ihnen momentan auch etwas schwer, sich vorzustellen, dass Sie das Beispiel mit der Fährte auf andere Spiele umsetzen können. Aber keine Angst: im Spieleteil wird jede Spielidee ganz ausführlich und Schritt für Schritt erklärt!

10 kleine Spielregeln

Damit aus aller Spiel-Lust kein Spiel-Frust wird, haben wir für Sie die zehn kleine Spielregeln aufgeschrieben. Wenn Sie sich daran orientieren, haben Sie beide viel Freude am gemeinsamen Spiel mit Ihrem gelehrigen Vierbeiner, und können alle Spiele ganz einfach nachspielen, ohne dass es zu Unannehmlichkeiten kommt.

1. Jedes Spiel hat seine Zeit

▶ **Hundespaß rund um die Uhr?**
Wenn es nach Ihrem Hund ginge – vor allem, wenn es sich dabei um einen lebhaften Vertreter seiner Rasse handelt –, könnten Sie in Zukunft Bügelwäsche und Kochgeschirr, Gartenarbeit und Bürokram nur noch links liegen lassen, denn es gibt ja sooo viel Spannenderes im Leben: herumzutoben und zu spielen, am besten immer und überall.

▶ **Wenn Hunde erziehen ...**
Gemäß diesem Grundsatz versuchen viele Hunde, Herrchen und Frauchen richtig zu erziehen: Kaum haben sich diese am Wohnzimmertisch niedergelassen, um die liegen gebliebene Ablage zu ordnen, kommt Bello mit seinem Ball im Maul angaloppiert. Mit großen Augen wird Frauchen angestarrt, es folgt ein Stups mit feuchtkal-

ter Nase und, wenn das noch nicht reicht, ein massiverer Schlag mit der Pfote. »Los, spiel mit mir!«, heißt diese unmissverständliche Aufforderung.

▸ **Ab und zu mal übersehen**
Sie sind gut beraten, wenn Sie diese Aufforderung öfter übersehen als darauf einzugehen! Sie wissen inzwischen, dass Hunde unmittelbar aufeinander folgende Handlungen sehr gut miteinander verknüpfen können, und diese Fähigkeit wenden sie auch hier an: 'Wenn ich nur aufdringlich genug bin, lässt Frauchen alles stehen und liegen und spielt mit mir!' – das hat Ihr Hund bald heraus.

▸ **Wechselseitige Spielaufforderungen**
Das heißt nun nicht, dass jedes Spiel allein von Ihnen initiiert werden soll! Wenn Ihr Hund mit einer Spielaufforderung zu Ihnen kommt, sollten Sie sich darüber freuen und auch einmal – wenn es Ihre Zeit und die Gegebenheiten erlauben – darauf eingehen. Doch Ihre immerwährende Verfügbarkeit als Spielpartner sollte Ihr Hund nie als selbstverständlich annehmen, denn schnell wird sonst aus Ihnen ein Ballwerfender, Leckerli-versteckender Sklave!

2. Nach dem Füttern sollst du ruhen

Denn sonst können Übelkeit, Erbrechen, eine ungenügende Verdauung der aufgenommenen Nahrung oder im schlimmsten Fall eine Magendrehung die bösen Folgen sein. Hier heißt es, Ihr Tier vor sich selbst zu bewahren! Kaum ist der Futternapf leer, springen viele eifrig zur Spielekiste, um Bällchen, Knochen oder Ziehlappen zu bringen und eine fröhliche Spielstunde zu beginnen. Wer zwei Hunde hat, kann ebenfalls ein Lied davon singen: Der letzte Bissen ist noch nicht geschluckt, wird wieder durch Haus und Garten getobt.

Hier sind Sie gefragt! Die Gefahr, dass Ihr Hund sich im Spiel nach der Nahrungsaufnahme eine lebensgefährliche Magendrehung zuzieht, ist nicht zu unterschätzen. Wahrscheinlich haben auch Sie schon von einem dieser traurigen Fälle, fast immer mit tödlichem Ausgang, gehört. Leider handelt es sich hierbei nicht um weitererzählte Schreckensgeschichten ohne Grund und Boden, sondern um böse Realität!

▸ **Bremsen Sie ihn**
Hier hilft nur eins: Nach dem Fressen herrscht Ruhe! Lassen Sie diese täglichen Ruhephasen zu einem Ritual werden. Fordern Sie Ihren Hund dazu auf, nach dem Fressen in sein Körbchen zu gehen, auf seinen Platz zu liegen. Bald werden Sie nicht mehr viel sagen müssen und sich Ihr Hund wird sich von selbst zurückziehen, um zufrieden, mit vollem Bäuchlein, seinen Verdauungsschlaf zu halten.

Wer mit zwei Hunden zusammenlebt, hat es hier sicherlich schwerer, trotzdem ist mindestens eine Stunde Ruhe nach der Fütterung dringend angeraten.

3. Das Spielzeug gehört Ihnen

Auch wenn Sie sich weder um Bällchen noch um Knochen reißen, sie gehören dennoch Ihnen, und nicht Ihrem Hund! Um diese Regel verstehen zu können, müssen wir wieder in die Vorgeschichte unseres Hundes als Rudeltier zurückblicken: Welch lausigen Rudelführer würden Sie in seinen Augen abgeben, wenn nicht Ihnen, sondern Ihrem Bello die ganzen feinen Bällchen und Stöckchen gehörten! Einen Rudelführer, dem man jedes noch so interessante Utensil abnehmen kann, wird er bald nicht mehr ernst nehmen, sondern versuchen, selbst die oberste Stufe des Rudels einzunehmen. Und seien Sie versichert: Bello als Ihr Chef wird sich nichts wegnehmen lassen!

▶ **Alles meins!?**
Lassen Sie sein Spielzeug in der Wohnung verstreut liegen oder gestatten Sie Ihrem Hund, alles in sein Körbchen zu tragen, kann es dazu kommen, dass er, als ein dominanter Vertreter seiner Rasse, Sie anknurrt, sobald Sie sich auch nur seinem Spielzeugfundus nähern!

▶ **Hundeeigene Spielzeugkiste**
Solche unerfreuliche Besitzwahrung können Sie einfach umgehen, indem Sie am Ende das gesamte Spielzeug einsammeln und in der Spielekiste verstauen. Angenehmer Nebeneffekt: Was nicht jederzeit für Bello verfügbar ist, bleibt lange Zeit interessant und wird nicht langweilig!

4. Spielpause bei Hitze

In der warmen Jahreszeit sollten Sie Ihre Spielstunden, wie auch Ihre Gassirunden, auf die frühen Vormittags- und späteren Abendstunden verlegen. Steht die Sonne hoch am Himmel und herrschen hochsommerliche Temperaturen, ist die Gefahr, dass Ihr Hund im

Das Spielzeug gehört Ihnen, nicht Ihrem Hund! Nach dem Spielen sollte es weggeräumt werden.

Zerr- und Beutespiele sind bei allen Hunden sehr beliebt.

wilden Spiel einen Kreislaufkollaps oder Sonnenstich bekommt, einfach zu groß. Viele Hunde sind klug genug, um in der Hitze von selbst nach Ruhe zu suchen; andere wiederum würden selbstvergessen bis zum Umfallen spielen und toben.

5. Nicht vor dem Weggehen spielen

Spielen Sie nicht mit Ihrem Hund, wenn er kurz darauf alleine bleiben muss! Gerade noch in ein wildes Spiel verwickelt, aufgeheizt und fröhlich, soll Bello sich ruhig verhalten, nachdem Sie ihn verlassen haben. Nach so viel lustigem Zusammensein mit Herrchen wird ihm das schwer fallen: Es kann gut sein, dass ihm dadurch Ihr Weggang sogar stärker zu schaffen macht, als wenn Sie ohne viele Worte einfach die Türe hinter sich schließen. Lassen Sie Ihren Hund nicht in dieses schwarze Loch fallen! Viel besser ist es, die Spielstunde auf die Zeit nach Ihrer Rückkehr zu verlegen, wenn er sich über Ihr Wiederkommen freut.

6. Gewinner bei Zerrspielen

Heißbegehrt sind so genannte Beutespiele, bei denen Herrchen oder Frauchen mit dem Hund um die Wette an einem verknoteten Lappen oder Seil zieht.

▶ **Schüchterne Hunde dürfen gewinnen ...**

Da wird auf beiden Seiten geknurrt und gezogen, geschafft und gezerrt, und – am Ende trägt meist Bello mit hocherhobenem Haupt seine Beute davon. Dagegen ist nichts einzuwenden, solange es sich bei Ihrem Hund um einen etwas schüchternen Burschen handelt!

Indem Sie ihn bei Ziehspielen anfeuern und auch gewinnen lassen, steigern Sie sein Selbstbewusstsein um etliche Grade!

▸ **... selbstbewusste nicht!**

Anders bei dominanten Hunden, die sich selbst schon als Alpha ihres Rudels sehen: Diese werden in ihrer Einschätzung, sie selbst seien der Stärkste, Überlegenste und somit Geeignetste, um das Rudel zu führen, nur bestätigt. Fazit: Ihre Autorität als Hundehalter hat einen empfindlichen Rückschlag erhalten und Sie müssen sich nicht wundern, wenn Ihr Bello auch bald in anderen Bereichen versucht, das Ruder zu übernehmen! Wer also einen dominanten Hund mit Anführeransprüchen hat und sich ihm kräftemäßig bei einem Ziehspiel nicht gewachsen fühlt, sollte besser auf andere Spielarten umsteigen.

7. Hunde brauchen Ruhephasen

▸ **Hundekinder und -senioren**

Dass dies besonders für die ganz jungen, noch im Wachstum befindlichen Tiere sowie die Senioren gilt, ist selbstverständlich. Dabei können gerade Welpen Stunde um Stunde selbstvergessen im Spiel verbringen! Von einem unfertigen Knochengerüst, einem noch nicht ausgebildeten Sehnen- und Muskelapparat wissen die Kleinen natürlich nichts.

▸ **Auszeit für die Kleinen**

Hier ist Ihre Verantwortung als Hundehalter gefragt! Gerade bei Welpen ist es ratsam, mehrere kurze Spielrunden statt einer langen einzulegen. Dass Klein-Waldi zwischendurch seine Ruhe braucht, sollten Sie unbedingt und von Anfang an auch Ihren Kindern klarmachen.

▸ **Junggebliebene bremsen**

Doch Ruhe ist nicht nur für Hundebabys wichtig; auch ältere Vertreter wissen oftmals nicht von alleine, wann genug ist. Da wird ein besonders eifriger Geselle hundertmal dem Ball hinterherjagen, nur um Ihnen zu gefallen oder weil's halt so viel Spaß macht. Dass dadurch bestehende Verschleißerscheinungen nicht besser werden, ist eine traurige Tatsache. Deshalb gilt hier: Vor allem bei älteren Hunden mit Gelenkproblemen oder der gefürchteten Hüftgelenksdysplasie sollten Sie statt flotten Spielen mit abrupten Stopps und Geschwindigkeitswechseln lieber eine ruhigere Gangart einschalten.

Junge Hunde im Wachstum dürfen nicht überfordert werden, auch wenn es recht schwer fällt, ihren Spielaufforderungen zu widerstehen.

8. Ab und zu ein Leckerchen

Loben Sie zwischendurch ruhig mal durch Streicheln oder ein paar freundliche Worte. Denn wenn bei jedem gebrachten Ball und bei jedem gefundenen Stöckchen ein Leckerli zwischen die Zähne geschoben wird, verlieren diese erstens sehr schnell ihren Reiz, haben Sie zweitens bald eine verfressene Bettelmaschine neben sich sitzen und drittens einen übergewichtigen Hund. Loben Sie jedoch nur jedes dritte oder vierte Mal mit einem Leckerli, erhöht dies die Spannung.

Auch wenn er noch so ruhig dasteht: Seinen Ball jagt der Rhodesian Ridgeback Rüde unheimlich gerne und das am liebsten den ganzen Tag!

9. Spiel beendet

Das müsste mittlerweile eigentlich schon selbstverständlich sein, dass Sie das Spiel beenden, nicht wahr? Trotzdem ist dieser Grundsatz in der Praxis nicht immer ganz einfach umzusetzen. Ihnen mag das Bällchenwerfen nach 20 Würfen vielleicht langweilig werden (... und Ihrem rechten Arm allmählich zu anstrengend), Ihrem Hund dafür noch lange nicht.

▶ »Noch einmal, bitte!«

Auch Hunde, die in ihrer Ausbildung durch schlechtes Konzentrationsvermögen oder fehlende Ausdauer glänzen und ihre Herrchen manchmal an den Rand der Verzweiflung bringen, entwickeln bei einem Spiel, das ihnen gefällt, bisher ungeahnte Energien!

Da mag die Zunge schon fast den Boden streifen, der ganze Leib durch

heftiges Hecheln geschüttelt werden – doch Bello fordert mit Glanz in den Augen: »Los, Herrchen, spiel noch einmal das tolle Stöckchen-Spiel!«

▶ Ausgespielt

Am besten benutzen Sie am Ende eines Spiels immer das gleiche Schlüsselwort (z. B. Ausgespielt! Schluss!) und räumen die Spielutensilien demonstrativ weg. So wird Ihr Hund bald merken, dass auch längeres Herumzappeln seinerseits nicht zu der gewünschten Zugabe führt. Hilfreich kann auch sein, wenn Sie Ihrem Hund das Spielende mit einem Kauknochen oder Hundekeks versüßen. Dadurch beruhigt er sich von selbst.

10. Beenden Sie mit einem Erfolgserlebnis

Damit behält das Spiel seinen Reiz und Ihr Hund seine Spielfreude. Packen Sie dagegen wutentbrannt das Geschicklichkeitsspiel in den Schrank und strafen Ihren Hund durch Missachtung, weil er scheinbar vier linke Pfoten besitzt, werden Sie ihn beim nächsten Mal kaum mehr animieren können. Könnte Bello jedoch vor Stolz über die eigene Leistung fast platzen, ist es der richtige Zeitpunkt, mit einem Spiel aufzuhören.

Das richtige Spielzeug

In den vorangegangenen Kapiteln haben wir bereits ansatzweise erklärt, wie geeignetes Spielzeug für Hunde beschaffen sein sollte. Bevor wir nun in den großen Spiele- und Freizeitteil einsteigen, möchten wir unsere Spielzeugtipps noch ein wenig ergänzen.

Absolut ungeeignet sind alle spitzen und scharfkantigen Dinge, zum Beispiel Spielzeug, in welchem spitze Dinge enthalten sind (Drähte, Nägel etc.).

Verboten sind auch alle giftigen Materialien wie z.B. Äste von giftigen Sträuchern, lackierte Dinge etc. Auch unverdauliche Utensilien gehören außer Reichweite des Hundes. Hierzu gehören Plastikbecher, Schnüre oder dünne Nylonstrümpfe. Und wie schnell ist ein zerbissener Luftballon geschluckt?!

Schon viele Hunde, vor allem Welpen, mussten durch eine Notoperation von solchen Gegenständen befreit werden, die im Leib eines Hundes Darmverschluss oder Verletzungen hervorrufen können. Auch Legobausteine sind, wie bereits erwähnt, für Hunde völlig ungeeignet, da sie beim Zerbeißen splittern und dem Hund Verletzungen im Maul bzw. im Darm beibringen können.

Ungefährlich sind dagegen Hundespielsachen aus Stoff, Hartgummi, reißfestem Nylon, Hartholz, Jute oder

Sein Lieblingsspielzeug: ein Stofftier.

Bälle sind nach wie vor der Renner bei der Mehrheit aller Hunde.

aus natürlichen Materialien wie z.B. Büffelhautknochen, Kauröllchen oder sonstige Kauspielzeuge aus Rinderhaut. Letztere stärken außerdem die Kiefer, reinigen das gesamte Gebiss und helfen dem Welpen beim Zahnwechsel, da er bei »Zahnweh« auf diesen Kauknochen wunderbar und völlig gefahrlos herumnagen kann.

Lieblingsspielzeuge

▸ **Bälle**

Die meisten Hunde spielen gern mit Bällen. Hier sollte man jedoch schon wieder Vorsicht walten lassen: Plastikbälle, wie sie z.B. Kinder bekommen, haben meist eine so dünne Haut, dass der Welpe oder Junghund sie mühelos und ruck, zuck zerlegt. Schluckt er Teile davon, kann dies wieder zu den bereits erwähnten Folgen führen. Vor allem das Ventil sollte auf jeden Fall vor der Benutzung durch den Hund ausgebaut werden. Meist montiert der Vierbeiner dieses nämlich als erstes heraus und verschluckt es.

▸ **Quietsche-Spielzeug**

Ebenso sind Spielzeuge mit »quietschenden« Ventilen für Hunde nicht unbedingt empfehlenswert. Kynologen vermuten, dass der Quietsche-Igel oder Ähnliches dem Hund die Beißhemmung gegenüber quiekenden unterlegenen Artgenossen abgewöhnt.

▸ **Zerstörungsresistente Hartgummiringe**

Besser sind Bälle aus Hartgummi, die viel resistenter gegen die Zerstörungsversuche der Vierbeiner sind. Diese gibt es in vielen verschiedenen Formen und Farben: rund, achteckig mit abgerundeten Ecken, konisch (im Fachhandel unter dem Namen »Kong« erhältlich), als Igel, als Ring, als Schlange; Ihr Hund wird in jedem Fall seine Freude daran haben, egal welche Form oder Farbe ...

Verschiedene Materialien

▶ Riesen-Auswahl im Zoofachhandel

Eine breite Auswahl an geeignetem Hundespielzeug bietet der gute Hundezubehörfachhandel. Hier können Sie sich auch eingehend beraten lassen, damit Sie je nach Größe, Alter und Temperament Ihres Hundes die richtigen Utensilien mit nach Hause bringen. Vorsicht! Wer zum ersten Mal einen Blick in die bunten Regale der Fachhändler wirft, wird vom Riesenangebot wahrscheinlich zuerst einmal erschlagen sein. Deshalb möchten wir Ihnen eine ganz kleine Übersicht zu Ihrer Orientierung geben.

▶ Spielzeug aus Stoff

Hier gibt es ein wundervolles Spielzeug, das aus vielen bunten Baumwollschnüren besteht, die zu einem gewaltigen Knoten zusammengedreht wurden. Temperamentvolle Hunde lieben es, mit ihren Herrchen daran um die Wette zu zerren. Für zartere Gemüter, die – wie kleine Kinder – einfach etwas zum Kuscheln in ihrer Schlafstatt brauchen, sind Stofftiere in verschiedenen Ausführungen erhältlich.

▶ Bunt, genoppt, in allen Größen – Spielsachen aus Hartgummi

Aus diesem Material besteht der größte Teil unserer Utensilien. Sie können wählen zwischen Bällen in verschiedenen Größen, Formen und Farben, Kongs in ebenso vielen Variationen, Beißringen in glatter und in genoppter Ausführung, Gummitieren wie Igeln, Enten oder Mäusen, Gummischuhen, Gummihanteln und dergleichen mehr. Der Phantasie der Hundebesitzer sowie der Spielzeughersteller sind hier keine Grenzen gesetzt.

Bitte achten Sie jedoch darauf, dass das verwendete Hartgummimaterial nicht zu hart ist! Wenn Ihr Bello nämlich ein Meister im Fangen fliegender Bälle ist, wird so ein Spielzeug schnell zu einem richtigen Geschoss und kann unter Umständen zu abgeschlagenen Zähnen führen.

Spielzeuge, die der Vierbeiner in der Luft fangen kann, wie diese Frisbee-Scheibe, dürfen nicht zu hart sein, damit er sich nicht beim Fangen verletzt.

▶ **Nylon-Frisbees**
Hier sei vorrangig die Frisbee-Scheibe aus Nylon für Hunde erwähnt, die in den letzten Jahren immer größere Beliebtheit erlangt hat. Durch das gewählte Material kann sie jederzeit zusammengefaltet und in der Hosentasche verstaut werden.

▶ **Harthölzer zum Apportieren**
Daraus bestehen hauptsächlich die so genannten Apportierhölzer. An einem Holzstab befinden sich rechts und links Holzgewichte in verschiedenen Größen. Mit diesen Hölzern wird vor allem in den Hundesportvereinen das Apportieren geübt. Aber auch der ein oder andere »Privathund« hat sich ein solches Bringholz zum Lieblingsspielzeug erkoren.

▶ **Jute statt Plastik – die beliebte Beißwurst**
So genannte Beißwürste oder Bringsel in verschieden großen Ausführungen bestehen aus Jute, dem Material, aus dem auch die Jutesäcke gefertigt werden. Auch Leder wird gerne für diese

---

▶ **Kleine Shoppingliste für Hunde-Spielzeug**

Wer lieber einkaufen geht statt zu basteln, für den haben wir eine kleine Einkaufsliste vorbereitet:

☐ Der Ball
Ganz wichtig ist für fast jeden Hund sein Ball. Welche Form oder Größe er dabei bevorzugt, ob er lieber einen Hartgummiball, einen Kong oder einen Lederfußball mag, müssen Sie selbst feststellen. Berücksichtigen Sie die Größe und Rasse des Hundes. Denn ist der Ball für den betreffenden Hund zu klein, besteht die Gefahr, dass er ihn verschluckt bzw. der Ball im Hals stecken bleibt und der Hund einen schrecklichen Erstickungstod erleidet. Wer ganz sicher gehen will, kauft einen Ball mit Schnur; im schlimmsten Fall können Sie diesen nämlich an der Schnur wieder aus dem Rachen Ihres Vierbeiners herausziehen.

☐ Zerrseil oder -lappen
Ein Lappen, ein altes Handtuch oder eine Beißwurst aus Jute oder Leder sind für die lebhaften Vertreter der Vierbeiner für ausgiebige Zerrspiele mit Herrchen oder Frauchen von großer Wichtigkeit und sollten in der Spielkiste nicht fehlen.

☐ Kauspielzeug
wie Büffelhautknochen oder Ochsenziemer sollte immer vorrätig sein, damit sich der Hund zwischendurch auch einmal selbst beschäftigen kann.

Bringsel verwendet. Diese Beißwürste sind weich, da sie innen mit einer synthetischen Watte gefüllt sind, und erfreuen sich bei den meisten Hunden bei Rauf- und Zerrspielen mit Herrchen oder Frauchen großer Beliebtheit. Besonders handlich sind sie, wenn rechts oder links bzw. an beiden Seiten noch Lederlaschen zum besseren Festhalten für Herrchen angebracht sind.

▸ **Schweineohr und Büffelhaut – die leckersten Kauspielzeuge**
Büffelhautknochen, Ochsenziemer, Kauröllchen, Schuhe, Körbchen, Würste aus Tierhaut werden als »Kauspielzeuge« vom Hund gerne angenommen. Im Gegensatz zu den anderen Spielsachen dient diese Gruppe dazu, den Hund alleine zu beschäftigen. Ein Kauknochen kann eine wunderbare Überbrückung sein, wenn der junge Hund zum ersten Mal für einige Zeit alleine zu Hause bleiben muss. Ganz abgesehen davon sind Kauspielzeuge hervorragend zur Gebissreinigung und -stärkung geeignet.

Fix selbst gemacht

Einige der angeführten Spielzeuge kann man natürlich auch selbst basteln! Das schont den Geldbeutel und dient dem gleichen Zweck:

▸ **Ausgeze(h)rrte Hosenbeine**
Wohl jeder Erwachsene besitzt die eine oder andere Jeans, die ihm zu eng, zu kurz oder einfach zu unmodern geworden ist. Ein abgetrenntes Jeansbein

Alte Kleidungsstücke liefern prima Ziehspielzeug.

(ohne das Oberteil mit dem verschluckbaren Knopf oder dem Reißverschluss) eignet sich ganz hervorragend zu Rauf- und Zerrspielen! Das Gleiche gilt – besonders geeignet für kleine Hunde – für ausrangierte Geschirrtücher, alte Handtücher, Baumwoll-T-Shirts etc.

▸ **Vom Jutesack zur Beißwurst**
Sollten Sie im Besitz eines alten Jutesacks sein, können Sie diesen leicht mit Holzwolle oder Ähnlichem ungiftigen Material ausstopfen, oben und unten mit einem Baumwollstrick zubinden, und schon haben Sie eine wunderbare Beißwurst. Für kleine Hunderassen nehmen Sie einfach ein kleines Weihnachts-Jutesäckchen, das im Dezember gerne mit Süßigkeiten gefüllt als »Nikolaus« verschenkt wird. Sollten Sie an Lederreste kommen, sind diese schnell zu einer Rolle zusammengenäht, die ebenfalls mit Holzwolle ausgestopft werden kann. Bitte achten Sie darauf, für die Nähte einen stabilen Faden zu benutzen.

- **»Naturbelassene« Prügel**
Im Prinzip finden Sie geeignetes Spielzeug aus Holz fast an »jeder Ecke« Ihres Spazierganges mit dem Hund! Ein Abstecher in den Wald genügt, um reich beladen mit verschiedenen Stöcken, Ästen und Prügeln wieder herauszukommen. Aber Vorsicht: Achten Sie bei diesen natürlichen Hölzern darauf, dass sie nicht scharfkantig oder zersplittert sind und sich Ihr Hund beim Zufassen nicht verletzt.

- **Apportierhölzer selbst gemacht**
Natürlich können Sie Ihrem Bello auch ein richtiges Apportierholz basteln. Ein ca. zwanzig Zentimeter langes Stück eines Besenstiels, zwei Holzkugeln mit jeweils einer Aussparung vom Umfang des Besenstiels, ungiftiger (!) Holzleim, und schon hat Ihr Vierbeiner ein neues Spielzeug!

Viele Spiele mit wenigen Mitteln

Sie werden staunen, wie viele Variationen und Spielmöglichkeiten sich alleine aus diesen wenigen Utensilien ergeben! Kaufen Sie dazu noch ein, zwei »Spezialausrüstungen« wie eine flexible Leine zum Joggen oder ein Zuggeschirr, um größere Hunde vor den Kinderschlitten zu spannen, dann sind der Spielfreude keine Grenzen mehr gesetzt! Keine Sorge: Wir haben bei jeder Spielidee dazugeschrieben, welche »Zutaten« Sie benötigen, so dass Sie zu Spielbeginn alle Utensilien zur Hand haben.

Und nun: Viel Spaß im großen Spiele- und Freizeitteil! Hier werden Sie sicher auch für Ihren Vierbeiner die richtigen Spielideen finden, die bald zu beliebten Freizeitaktivitäten werden.

Im Wald findet man tolles Spielzeug, wie diesen großen Ast, den die Schäferhündin sich ausgesucht hat.

Spiele für Haus und Garten

Spiele für Haus und Garten

Spielsymbole

 leicht zu lernen

 ein wenig anspruchsvoller

 setzt etwas Sportlichkeit bei Hund und/oder Mensch voraus

 macht Kindern besonders viel Spaß

das kann ein Hund auch gut alleine spielen

Spiele-Spaß im Haus

Um Ihnen die Auswahl der Spiele zu erleichtern, die Ihnen und Ihrem Hund besonders viel Spaß bereiten, haben wir jedes Spiel mit Symbolen versehen, die gleich das Wichtigste darüber verraten:

▶ Kurze Spaziergänge

Nicht immer reicht die Zeit für stundenlanges Spazierengehen, manchmal macht einem die eigene Gesundheit oder die des Hundes einen Strich durch die Rechnung. Auch Besitzer einer läufigen Hündin verkürzen das tägliche Gassigehen in der »gefährlichen« Zeit gerne auf ein absolutes Minimum. Und ist der Hund erst einmal älter, sind stundenlange Märsche sowieso out. Bei zehn Grad Minus hört auch für viele Hundebesitzer die Freude am Naturburschendasein auf – der Rückzug in die gute Stube ist angesagt.

▶ Kluge Hunde wollen beschäftigt werden

Trotzdem hat der Tag 24 Stunden und Bello will weiterhin beschäftigt werden. Mit unseren Spielideen ist das kein Problem mehr: Wann immer Sie einige Minuten Zeit haben, können Sie eine davon in Ihren Tagesablauf einbauen. Sie werden staunen, wie viele Möglichkeiten sich dabei wie von selbst anbieten.

▶ Erfinden Sie neue Spiele

Dabei erheben wir keinerlei Anspruch auf Vollständigkeit! Ganz im Gegenteil: Lassen Sie sich von unseren Ideen anregen, neue, aufregende Spiele für sich und Ihren Hund zu erfinden. Schreiben Sie uns davon, so dass wir Ihre Erfindungen in zukünftigen Büchern berücksichtigen können. Doch zuerst einmal wünschen wir viel Spaß mit unseren Freizeitideen für drinnen. Und nun geht's los!

1. Salvatores Hütchenspiel

Sie brauchen dazu:
zwei ausrangierte Nudelsiebe oder kleine Ton-Blumentöpfchen, Leckerlis
Fördert:
Ausdauer, Intelligenz, Geruchssinn, Gehorsam

▸ **Wo ist das Leckerchen?**
Wir alle kennen sie: die flinken Straßenspieler der Großstädte, die mit schnellen Händen geschickt eine Nuss oder Kugel unter einem von drei Hütchen verstecken, diese in Windeseile hin- und herbewegen und hastig versammelte Zuschauer raten lassen, in welchem der drei Hütchen sich das versteckte Teil befindet. Nun, etwas Ähnliches wollen wir heute mit unserem Hund spielen.

▸ Freie Bahn für Innenspiele

☐ Stehlampen, Bodenvasen, die Porzellanfigurensammlung – sorgen Sie dafür, dass in der Nähe des Spielplatzes nichts Zerbrechliches steht (was in einer hundegerechten Wohnung sowieso nicht vorkommen sollte ...).

☐ Offen liegende Kabel, Lampenschalter und andere technische Gerätschaften gehören auch nicht in die Nähe von Hundezähnen.

☐ Gibt es in Ihrer Wohnung Räume (z. B. die Küche oder das Schlafzimmer), die für Ihren Hund tabu sind, sollten Sie ihn auch während des Spielens nicht dort hineinlassen.

☐ Ist Ihre Wohnung zweigeschossig, vermeiden Sie zu häufiges Treppenlaufen während der Spiele wie auch während des gesamten Tagesablaufes.

Das Leckerli wird gezeigt und dann versteckt.

▸ **So geht's**

1. Schritt ▸ Lassen Sie Ihren Hund vor sich absitzen oder abliegen und versuchen Sie, seine Konzentration auf Ihre Hände zu lenken. Zeigen Sie ihm das Leckerli und lassen Sie dieses dann mit mehr oder weniger Zeremonie unter einem der beiden Nudelsiebe oder Tontöpfchen verschwinden. Will Ihr Hund aufstehen und das Leckerli jetzt schon suchen, weisen Sie ihn mit dem Schlüsselwort »Bleib!« zurück.

2. Schritt ▸ Drehen Sie dann die beiden Blumentöpfchen vor seinen Augen hin und her, so dass beide mehrmals von links nach rechts und andersherum wechseln. Dann erst geben Sie ihm das Schlüsselwort »Such Leckerli« und zeigen auf die beiden Siebe oder Töpfchen.

▸ **Welches riecht nach Leckerchen?**

Was jetzt folgt, ist filmreif, das können wir Ihnen versprechen! Wahrscheinlich findet Bello durch seinen Geruchssinn recht schnell heraus, unter welchem Gefäß sich sein Leckerli befindet.

▸ **... und wie bekommt man es?**

Wie er daran kommt, ist allerdings eine andere Frage. Da wird mit der Pfote dagegengestoßen, das Sieb oder Töpfchen quer durchs ganze Zimmer geschoben, mit dem Maul nachgeholfen, bis ... es plötzlich klappt! Doch keine Sorge: Langweilig wird Salvatores Hütchenspiel höchstens einmal Ihnen, Ihr Hund wird immer wieder viel Freude an dem Spiel haben.

2. Das Stöberhund-Spiel

Sie brauchen dazu:
einige stark riechende Leckerlis, z. B. kleine Fleischwurststückchen
Fördert:
Ausdauer, Geruchssinn, Führigkeit

▸ **Stöber-Spaß bei schlechtem Wetter**

Was einige seiner vierbeinigen Kollegen zum Beruf haben, nämlich verloren gegangene Personen oder Gegenstände aufzustöbern, kann Ihr Bello jetzt auch hobbyhalber trainieren. Bei schlechtem Wetter ist dies ein prima Spiel, um sich die Zeit in der Wohnung sinnvoll zu vertreiben. Bei gutem Wetter können Sie es auch nach ein wenig Übung auf den Garten ausweiten. Dort gibt es sogar noch mehr Versteckmöglichkeiten!

Manche Verstecke erfordern schon etwas Einfallsreichtum vom Hund, um an das Leckerli zu kommen!

▶ **Bühnenreifes Verstecken**

Lassen Sie Ihren Hund in einer etwas abgelegenen Ecke Ihrer Wohnung mit den Schlüsselworten »Platz und Bleib!« abliegen. Nehmen Sie das Wurststückchen und zeigen Sie es Bello mit viel Brimborium. Verstecken Sie es dann an einem Ort in Ihrer Wohnung, der für Bello mit etwas Suchen auffindbar und erreichbar ist: Unter einer Teppichbrücke, einem Sofakissen, hinter einem Möbelstück.

▶ **»Wo ist es bloß?«**

Gehen Sie zu Ihrem Hund zurück, lassen Sie ihn mit dem Schlüsselwort »Sitz« absitzen. Nun folgt »Such Leckerli!« und eine nach vorne weisende Handbewegung. Zuerst wird Ihr Hund aufgeregt durchs Zimmer laufen. Versuchen Sie dann, ihn durch Handzeichen gezielt den Raum Stück für Stück absuchen zu lassen, bis er in die Nähe des Leckerlis kommt. Hat er dieses gefunden, wird er für seine tolle Leistung kräftig gelobt!

Dieses Spiel finden die meisten Hunde so toll, dass sie selbst das lästige Abliegen im Vorfeld willig und folgsam in Kauf nehmen, mag dieses auch in anderen Situationen sonst gar nicht klappen!

3. Das Sockenspiel

Sie brauchen dazu:
möglichst viele alte ausrangierte Socken und stark riechende Leckerlis, z.B. Fleischwurststückchen

Fördert:
Geruchssinn, Ausdauer, Gehorsam (durch vorhergehendes Abliegen)

Auch bei diesem Spiel ist vor allem der Geruchssinn Ihres Hundes gefordert. Und weil Hunde ihre Welt vor allem

Eifrig sucht er im Sockenberg nach seinem Leckerbissen.

durch die Nase erleben, haben die meisten riesig viel Spaß am Sockenspiel.

▸ Großer Sockenberg

Lassen Sie Ihren Hund vor sich absitzen oder abliegen. Werfen Sie mit großer Geste alle Socken auf einen Haufen. Zeigen Sie jetzt Ihrem Hund das Wurststückchen und lassen Sie es dann in einem der Socken verschwinden. Mischen Sie den Sockenhaufen einmal kräftig durch.

Achtung! Bello sollte trotz Aufregung noch liegen bleiben, bis Sie ihm das Schlüsselwort »Such Socke« geben.

▸ Such die Socke

Hier heißt es ganz bewusst nicht »Such Leckerli«, weil Sie das Leckerli bei fortgeschrittener Übung auch weglassen und durch einen von Ihnen getragenen Socken ersetzen können.

Dann heißt es für den Hund, den richtigen Socken durch Ihren Eigengeruch ausfindig zu machen. Ist ihm dies gelungen, folgt das Lob natürlich auf dem Fuß!

4. Das Um-die-Wette-Zieh-Spiel

Sie brauchen dazu:
ein ausrangiertes Handtuch oder ähnliches Stoffstück, welches Sie in der Mitte einmal kräftig verknoten
Fördert:
Selbstbewusstsein, Gehorsam (durch das anschließende Auslassen auf Kommando), Kräftigung der Nackenmuskulatur, Kräftigung des Gebisses

Ein wunderbares Spiel, weil es überall kurzfristig durchzuführen ist, keinerlei Aufwand benötigt und fast allen Hunden viel Spaß macht!

▸ Tauziehen

Schon bei Welpen im Spiel mit ihren Geschwistern kann man beobachten, wie sie sich um einen Stofffetzen rangeln. Auch dem erwachsenen Hund macht solch Kräftemessen viel Spaß, wobei schüchterne Hunde zu Beginn vielleicht ein wenig dazu animiert werden müssen, das Handtuch zwischen die Zähne zu nehmen und draufloszuziehen. Draufgängerische Kameraden wissen jedoch gleich, worum es geht und können Sie, bei entsprechender Größe, dabei schon einmal aus dem Fernsehsessel ziehen! Als kleiner Tipp sei noch erwähnt, dass das Tauziehen auch draußen ganz prima gespielt werden kann. Wenn Sie Ihrem Hund nach dem Rangeln das Spielzeug überlassen, kann er sogar noch eine Runde damit umherflitzen.

Um-die-Wette-ziehen mit Frauchen macht großen Spaß! Aber nicht immer darf der Hund gewinnen.

▸ **Sieger-Typen**

Lassen Sie Ihren schüchternen Hund beim Zerrspiel hin und wieder gewinnen, fördert dies enorm sein Selbstbewusstsein.

Auf der anderen Seite: Ein sehr selbstbewusster Hund sollte nicht ständig als Sieger hervorgehen und die Beute wegtragen dürfen. Das müssen in jedem Falle Sie tun. Wie bei allen Spielen bestimmen Sie auch hier, wie lange gespielt wird und wann das Vergnügen zu Ende ist.

5. Der Mutsprung

Sie brauchen dazu:
einen willigen Mitspieler
Fördert:
Vertrauen zwischen Mensch und Tier, Sprungkoordination, Selbstvertrauen

Was fällt einem nicht alles so ein, wenn die Tage lang, trüb und dunkel sind? Auch bei diesem Spiel handelt es sich um eine kleine Übung, die Sie prima in der Wohnung zwischendurch einmal machen können.

▶ **Auf allen Vieren**
Lassen Sie ein Familienmitglied oder anderen Freiwilligen in der Vierfüßlerhaltung auf den Boden knien. Animieren Sie Ihren Hund nun mit dem Schlüsselwort »Hopp« und Gesten dazu, über den Rücken des Knieenden zu springen.
　Handelt es sich bei Ihrem Hund um einen 20 cm kleinen Zwerg, müsste dies recht schnell funktionieren.

Den meisten Hunden ist ihr Stolz nach einem gelungenen Sprung regelrecht anzusehen. Und dem Mitspieler die Erleichterung.

6. Das-Bisschen-Haushalt-Spiel

Sie brauchen dazu:
einige Belohnungsleckerlis in der Schürzentasche
Fördert:
Gehorsam und eine engere Bindung zwischen Ihrem Hund und Ihnen

▶ **Fleißige Helfer**
Spielen macht Spaß, nur der Haushalt will eben auch gemacht werden, mögen die Hundeaugen auch noch so

sehnsüchtig nach Abwechslung lechzen. Unser Vorschlag: Lassen Sie Ihren Hund bei der Hausarbeit helfen. Das kann auf verschiedene Arten funktionieren – und sicher fällt Ihnen noch eine Menge mehr ein:

▸ Lassen Sie ihn Putzeimer und Putzlappen apportieren.
▸ Lassen Sie ihn einen Korb Wäsche bewachen, während Sie Wäscheklammern holen gehen.
▸ Nehmen Sie ihn mit nach draußen, wenn Sie die Straße fegen und lassen Sie ihn dabei den kleinen Kehrbesen hinaustragen.
▸ Fordern Sie ihn auf, zusammengelegte Sockenpaare in einen von Ihnen bereitgestellten Korb zu legen.

Solche kleinen Aufgaben bedeuten Abwechslung und Beschäftigung für Ihren Hund, für die er Ihnen dankbar ist. Wer meint, Hunde seien dafür zu faul und würden lieber träge im Körbchen herumliegen, wird durch den Eifer seines vierbeinigen Mitarbeiters schnell eines Besseren belehrt!

▸ **Assistenten im Rudel**
Indem Sie Ihren Hund zum »Helfer« bei der Alltagsbewältigung machen, stellen Sie im Prinzip die klassische Situation im Wildhunderudel nach, wobei der Rudelchef sich bei der Welpenaufzucht ebenfalls von Junghunden assistieren lässt.

Seien Sie also erfinderisch und nutzen Sie kleine Lücken Ihres Alltags, um die Langeweile Ihres Vierbeiners zu vertreiben.

7. Das Wühlmausspiel

Sie brauchen dazu:
eine ausrangierte Decke, ein Spielzeug oder Leckerlis
Fördert:
Ausdauer und etwas Einfallsreichtum

Jetzt wird's wieder etwas wilder: graben, wühlen, Löcher ins Erdreich buddeln, nach Mäusen und Maulwürfen forschen ist ein wunderbarer Zeitvertreib – aber leider ganz und gar nicht wohnungstauglich. Hier kommen wieder die Wühlmäuse und Raubeine auf ihre Kosten. Trotzdem ist es ein Spiel, das keinerlei Aufwand erfordert und schnell einmal zwischendurch gespielt werden kann.

Der Mutsprung in königlicher Ausführung! Locker überspringt die Hündin sogar ihren gebückt stehenden Menschen!

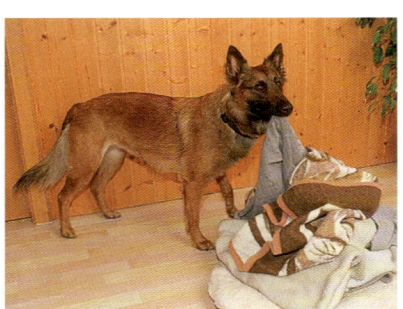

Mit Feuereifer wird in den Decken nach dem versteckten Spielzeug gewühlt.

▸ **Zerwühlte Decken**

Lassen Sie Ihren Hund vor sich absitzen oder abliegen. Legen Sie dann das Spielzeug mit viel Zeremoniell unter die Decke und zerwühlen Sie diese ein wenig. Geben Sie Ihrem Hund dann das Schlüsselwort »Such den Ball« und freuen Sie sich daran, wie aktiv Ihr Wollknäuel auf einmal wird: Da wird gestöbert und gegraben, gezogen und geschnuppert. Damit Ihr Hund im Eifer des Gefechtes weder Bodenvase noch Rokoko-Lampe umwirft, sollten Sie dieses Spiel in die Zimmermitte verlegen und zerbrechliche Gegenstände an den Rand räumen.

8. Das Geschicklichkeitsspiel

Für dieses Spiel ist einige Übung nötig; Frauchen zeigt der Hündin, wie es geht.

Sie brauchen dazu:
ein hölzernes Geschicklichkeitsspiel für Kinder der Altersstufe 3–5 (Spielwarenladen, Flohmarkt, Marke Eigenbau)
Fördert:
Reaktionsvermögen, Kombinationsvermögen, Konzentration

Geschicklichkeitsspiele, ähnlich dem auf dem Foto, gibt es für Kleinkinder zuhauf. Zum einen wird die Reaktionsschnelligkeit, das Kombinationsvermögen, die Konzentration, aber auch die Feinmotorik kleiner Kinder dadurch gefördert. Zum anderen machen Sie einfach nur riesig viel Spaß! Dass alles oben Genannte auch für Hunde gilt, haben wir zunächst durch Zufall entdeckt, dann allerdings an verschiedenen »Versuchstieren« ausprobiert. Mit Erfolg! Fast alle unsere Testhunde haben sofort begriffen, dass es gilt, den Moment, in dem das Rundholz aus der Halterung springt, abzupassen und dieses blitzschnell mit dem Maul aufzufangen. Bei etwas langsameren Gesellen springt das Rundholz zwar erst

auf den Boden, bevor es aufgenommen wird, aber das tut der Spielfreude keinen Abbruch.

9. Das Namen-Spiel

Sie brauchen dazu:
eine gesellige Runde aus Familienmitgliedern, mit denen Ihr Hund tagtäglich vertraut ist, und einige Leckerlis
Fördert:
Gehorsam, Aufmerksamkeit, Zutrauen in Menschen (bei schüchternen Hunden)

Sobald Ihr Hund dieses Spiel beherrscht, können Sie bei Familienfeiern damit mächtig Eindruck schinden!

▸ **Wo ist Tante Frieda?**
Beginnen Sie mit dem Einüben am besten mit maximal zwei bis drei Mitspielern, die Sie mit Hundeleckerlis ausrüsten. Setzen Sie sich dann mit Ihrem Hund den Mitspielern gegenüber. Schicken Sie Bello per Handzeichen und mit dem Schlüsselsatz »Geh zu Oma« zu der entsprechenden Person. Ist er dort angekommen, wird er von dem Betreffenden heftig gelobt und bekommt ein Leckerli zugesteckt. Nun kann entweder diese Person den Hund weiterschicken oder Sie rufen ihn wieder zu sich und verfahren erneut wie oben. Wichtig ist dabei unbedingt das Leckerli, denn der Hund soll das »Von-Ihnen-weggeschickt-werden« als etwas Lustvolles empfinden.

> ▸ **Tipp**
>
> Namen lernt Ihr Hund nicht von heute auf morgen, sondern dadurch, dass Sie im Laufe des Tages viel mit ihm sprechen und dabei immer wieder bei passender Gelegenheit Namen und Bezeichnungen fallen lassen, z. B. so: »Guck Charly, da kommt Bettina!« Dabei kommen Sie sich kindisch vor? Keine Sorge, das lässt nach ...
>
> Im Ernst: Hunde lieben es, wenn wir mit Ihnen reden, und zwar völlig normal und nicht in der Klein-Waldo– oder Babysprache. Nur so kann Ihr Hund die Menschensprache lernen, nur so versteht er, was Sie von ihm wollen. Sie meinen, das widerspricht den landläufigen Aufforderungen anderer Hundebücher, sich lediglich mit kurzen, knappen und immer möglichst gleichen Kommandos mit dem Hund zu verständigen? Ganz im Gegenteil! Zu Beginn Ihrer Partnerschaft kann es hilfreich sein, sich mit kurzen, knappen Schlüsselworten verständlich zu machen.

»Nanu, wer lacht da? Und woher kommt das?«

Zwischenzeit aufgezogenen Lachsack in einer dem Hund zugänglichen Ecke Ihrer Wohnung zu verstecken. Gehen Sie anschließend zum Hund zurück und fordern Sie ihn mit dem Schlüsselwort »Such« auf, mit der Suche zu beginnen. Hahahahaha ...

11. Das Räum-dein-Spielzeug-auf-Spiel

Sie brauchen dazu:
Bellos Spielzeugkiste bzw. -korb
Fördert:
geistige Regsamkeit, Konzentration

Vielleicht hätten wir dieses Spiel ganz an den Anfang setzen sollen, denn beherrscht ein Hund es erst einmal, erweist es sich als sehr sinnvoll: Auch hier heißt es, wieder ganz im Kleinen anzufangen, um den Hund nicht zu überfordern.

10. Das Wo-ist-der-Lachsack-Spiel

Sie brauchen dazu:
einen Lachsack (Spielwarenhandel)
Fördert:
Gehör, Konzentration, Gehorsam (durch vorhergehendes Abliegen)

Im Grunde genommen handelt es sich hierbei um ein einfaches Versteckspiel, das jedoch durch die lustige Geräuschkulisse einen enorm hohen Unterhaltungswert für Hunde hat. Die Spielregeln sind denkbar einfach: Lassen Sie Ihren Hund abliegen, zeigen Sie ihm den Lachsack und verlassen Sie dann das Zimmer, um den in der

▶ **Was ist was?**
Legen Sie sich drei äußerlich sehr unterschiedliche Spielzeuge zurecht und fordern Sie Ihren Hund mit dem Schlüsselwort »Bring Ball« oder »Bring Puppe« zum Apport auf. Wichtig dabei ist auch, dass sich Ihre Schlüsselworte lautmäßig voneinander unterscheiden. Sie können Ihren Hund anfangs durch Handzeichen unterstützen. Außerdem können die Spielzeugnamen im alltäglichen Gebrauch eingeübt werden, bis sie dem Hund irgendwann selbstverständlich geworden sind.

▸ **Aus- und einräumen**

Viele Abwandlungen sind hier möglich: Sie können Bello in der Kiste nach dem gewünschten Spielzeug wühlen lassen. Oder Sie können ihn dazu auffordern, ein Spielzeug nach dem andern in die Kiste zurückzulegen, »aufzuräumen« sozusagen. Wir kennen Hunde, die mehr als zehn verschiedene Spielzeuge beim Namen kennen; unsere eigenen gehören leider nicht dazu ...

Wie bei allen Spielideen gilt auch bei dieser: Beenden Sie das Spiel immer mit einem positiven, lustvollen Erlebnis. Und ärgern Sie sich nicht, wenn Ihr Hund nicht gleich kapiert, was denn nun Stöckchen und was Ball ist. Nicht jeder ist ein Einstein.

12. Das Hat-der-Hund-Hunger?-Spiel

Sie brauchen dazu:
Bellos Futterschüssel
Fördert:
Gehorsam, Kombinationsvermögen, Selbstvertrauen

Auch hier handelt es sich um ein Spiel, das sich wunderbar in den Tagesablauf einbauen lässt und somit keine extra Zeit kostet. Lediglich ein wenig Geduld Ihrerseits ist notwendig. Da jedoch eine besonders große Futterbelohnung damit verbunden ist, ist das Spiel gleichzeitig sehr erfolgversprechend. Mit diesem Trick können Sie auch wieder mächtig Eindruck schinden.

▸ **Tisch-deck-Service**

Animieren Sie Bello während der Futterzeit dazu, die (unzerbrechliche) Schüssel aufzunehmen und Ihnen zu bringen, sozusagen seinen Tisch zu decken. Obwohl sich das denkbar einfach anhört, haben wir festgestellt, dass nicht jeder Hund dazu bereit ist. Vielleicht ist dem einen das Metall an den Zähnen unangenehm und dem anderen gefällt das Apportieren an und

Hier wird Nützliches mit dem Angenehmen verbunden: Der Hund räumt sein Spielzeug selbst auf!

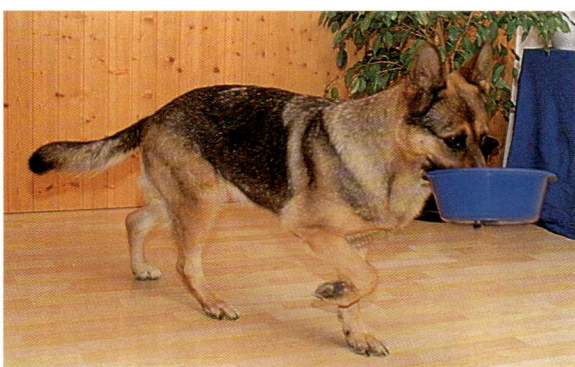

Hat der Hund Hunger? – Und wie!

13. Das Sag-Hallo-Spiel

Sie brauchen dazu:
eventuell einige Leckerlis
Fördert:
Gehorsam; wirkt positiv auf Menschen, die vor Hunden Angst haben

»Hier handelt es sich um eine unserer leichtesten Übungen. Wuff!«, wäre die Antwort unserer Hunde, würden wir sie dazu befragen. Denn viele geben von sich aus Pfötchen, weil ihnen das sozusagen in die Wiege gelegt worden ist: Im Grunde genommen handelt es sich dabei um nichts anderes als den so genannten »Milchtritt« bei Welpen, die damit die Zitze anregen. Gibt Ihr Hund Pfötchen, heißt das entweder »Spiel mit mir«, »Ich habe Hunger« oder »Streichle mich«.

für sich schon nicht – hier gilt es, Vorlieben und Abneigungen des Hundes zu akzeptieren. Mit Zwang erreicht man hier – und auch beim Spielen allgemein – sowieso nichts! Als kleiner Tipp am Rande: Für meine Hündin Chica, die dieses Spiel liebt, haben wir immer einen Satz günstiger Plastikschüsseln im Haus. Wenn mal eine kaputt geht, ist das nicht so schlimm.

Das Pfötchengeben, eine Variation einer angeborenen Verhaltensweise.

▶ **Pfötchen geben**

Es ist denkbar einfach, den Hund dazu zu bringen, auf Kommando Pfötchen zu geben. Ganz prima kommt dieser Trick bei Ihren Zuschauern an, wenn Sie sich einen netten Schlüsselsatz dazu ausdenken. Sagen Sie »Wie sagt der Hund Hallo?«, »Sag Hallo!« oder »Sag Bitte-Bitte!« oder was Ihnen sonst dazu einfällt. Sitzt Ihr Hund nun vor Ihnen, wiederholen Sie diesen Schlüsselsatz so lange und klopfen Bello dabei sanft ans Bein, bis er die Pfote hebt. Danach folgt heftiges Loben und eventuell können Sie auch ein Leckerli geben.

14. Das Gassi-Ritual

Sie brauchen dazu:
Zeit, um Gassi zu gehen
Fördert:
Gehorsam, geistige Beweglichkeit, Kombinationsvermögen

Diese Spielidee wurde eigentlich von einem unserer Hunde entwickelt: Eines Tages beschloss Alf kurzerhand, den Gassizeitpunkt selbst zu bestimmen, indem er die Leine vom Regal zerrte und mir vor die Füße warf. »Los, Frauchen! Jetzt komm endlich!« hieß die dringende Botschaft seiner rehbraunen Augen. Nun, wer kann so einer Aufforderung schon widerstehen .

Vor unserer nächsten Gassirunde schickte ich Alf per Handzeichen und mit der Aufforderung »Bring Leine« in Richtung Garderobe. Ein fragender Blick seinerseits, der Zusatz »Jetzt geht's Gassi, bring Leine!« meinerseits – und schon hatte er kapiert, was ich von ihm wollte. Schnell wurde daraus ein tägliches Ritual, dem Alf genauso begeistert entgegenfiebert wie dem Spaziergang selbst. Hunde lieben nun einmal tägliche Rituale; sie geben ihnen Sicherheit, sind fixe Punkte in ihrem Tagesablauf und etwas, worauf sie sich freuen können. Und das ist für unsere Vierbeiner so wichtig wie für uns.

15. Das King-Kong-Spiel

Sie brauchen dazu:
einen Würfel aus Hartgummi, mit abgerundeten Ecken, im Fachhandel unter dem Namen »Kong-Ball« erhältlich
Fördert:
Beweglichkeit, Schnelligkeit, Reaktionsvermögen

Es ist Zeit zum Gassigehen!

»Los, Frauchen! Schleuder den Kong!«

Achtung! Lampen, Porzellanfiguren und Spiegelkonsolen in Sicherheit bringen, denn jetzt kommt King-Kong! Unter diesem Namen zog der bis dato unverwüstliche Hüpfball in unsere Spielzeugkiste ein. Wann immer unsere Hunde damit spielen dürfen, ist die Freude groß, denn: Wo King-Kong hinhüpft, nachdem er auf dem Boden aufgekommen ist, kann nicht vorhergesehen werden. Das macht den Ball zu einem wunderbaren Spiel, wenn der Hund sich einmal alleine beschäftigen soll: Er kann ihn aufnehmen, fallen lassen, ihm nachspringen, schnappen, wieder fallen lassen ... In jedem Fall wird dieses Spielzeug für viel Bewegung und Abwechslung sorgen.

16. Das Zeitungsträger-Spiel

Sie brauchen dazu:
eine Tageszeitung im Briefkasten
Fördert:
Gehorsam, den Willen zum Apportieren, Selbstbewusstsein

Frühmorgens aufstehen, einmal strecken, Kaffeemaschine anwerfen ... und die Tageszeitung holen. Ein Ritual, das Sie durchaus mit Ihrem Hund teilen können. Der Gang zum Briefkasten kann schon mit der ersten Gassirunde verbunden werden und kostet somit keinerlei extra Zeit, die man frühmorgens sowieso nie hat. Betrachten Sie einmal den Glanz in den Augen Ihres Hundes, wenn Sie ihm erlauben, die zusammengefaltete Zeitung tragen zu dürfen. Damit Bello die Zeitung nicht einfach irgendwo zwischen Treppenhaus und Wohnzimmer fallen lässt, ermuntern Sie ihn während des Apportierens immer wieder mit »So ist's fein, bring Zeitung!«, bis Sie vor Ihrer Wohnungstür angelangt sind. Mit sanfter Hand fahren Sie nun schnell

> **Tipp**
>
> So ein Hartgummiteil mit abgerundeten Ecken ist nicht ganz billig, aufgrund seiner langen Lebensdauer und seinem hohen Unterhaltungswert aber dennoch eine empfehlenswerte Anschaffung. Vielleicht können Sie sich von einem befreundeten Hundehalter erst einmal einen Kong ausleihen, um zu testen, ob Ihr Hund Freude daran hätte. Denn nicht jeder Vierbeiner mag den harten Gummiball zwischen den Zähnen, von dem man schon mal am Kopf getroffen werden kann ...

> **Nicht ganz so einfach!**
>
> So einfach das Ganze aussieht –
> ganz ohne ist diese Übung nicht:
> Generationen von Hundehaltern
> scheitern auf den Hundesport-
> plätzen an der Apportierübung,
> weil die Hunde einen bestimm-
> ten Gegenstand entweder nicht
> gern aufnehmen oder ihn früh-
> zeitig wieder fallen lassen.

unter den Fang Ihres Hundes und nehmen ihm die Zeitung aus dem Maul, bevor sie auf dem Boden landet. Passiert das doch einmal, lassen Sie Bello absitzen, falten die Zeitung erneut und schieben sie ihm wieder in den Fang. Hält er sie fest, bis Sie sie ihm abnehmen, folgt natürlich heftiges Loben!

17. Das Recycling-Spiel

Sie brauchen dazu:
alte Kartons, leere Klopapier- oder Haushaltsrollen
Fördert:
macht Spaß und ist unterhaltsam

▶ **Hausfrauen-Schreck**
Hausfrauen, bitte weggeschaut! Was jetzt kommt, sieht nämlich schlimmer aus, als es in Wirklichkeit ist, und macht doppelt so viel Spaß, wie Sie glauben! In Eigeninitiative von Retrieverhündin Sandy, die Frauchen tagtäglich in einen Schreibwarengroßhandel begleitet, entwickelt, wurde diese Spielidee schnell zu einem Dauerrenner unter unseren Hunden: Was gibt es Schöneres, als dem kleinen Quänt-

Gemeinsames Morgenritual, das Mensch und Hund Spaß macht: die Tageszeitung holen.

Links: Voll in Action beim recyceln der Kartons!

Rechts: Nüsse knacken ist gesund und vertreibt die Langeweile.

chen Zerstörungswut, das tief in einem schlummert, einmal so richtig seinen Lauf zu lassen? Das Gute daran: Mannsgroße Kartonagen können danach wunderbar in die entsprechende Tonne recycelt werden, ist doch kein Fitzelchen größer als 5 x 5 cm ...

Manche Kartons werden durch Metallklammern zusammengehalten – diese scheiden wegen der hohen Verletzungsgefahr natürlich beim Recycling-Spiel aus!

18. Knack die Nuss

Sie brauchen dazu:
eine Handvoll Erdnüsse (ungeschält!), einen guten Staubsauger
Fördert:
macht einfach Spaß und ist unterhaltsam

Bei Ihnen Zu Hause bricht langsam, aber unaufhörlich der Weihnachtsstress aus? Geschenke müssen gekauft, Festessen gekocht und Bäume geschmückt werden? Dann muss Waldo sich ausnahmsweise einmal selbst beschäftigen! Sehr gut geht das mit unserem Erdnüsschen-Spiel, das zudem mit wenigen Sätzen erklärt ist: Lassen Sie Waldo auf seiner Decke abliegen und geben Sie ihm eine Handvoll Erdnüsse. Zuerst wird er diese abschnüffeln, vielleicht auch einmal eine vorsichtig ins Maul nehmen. Richten Sie dann seine Konzentration auf sich und ihre Hände und knacken Sie mit viel Brimborium einige Nüsse. Werfen Sie die Schalen demonstrativ weg, vielleicht von einem »Pfui« begleitet, und geben Sie Waldo das Nüsschen zum Futtern. Schnell hat er den Dreh heraus, wie er die Nüsse knacken kann.

Fazit: Ihr Hund ist beschäftigt und den Rest erledigt Ihr Staubsauger.

> **Tipp**
>
> Einige Erdnüsse sind ein gesunder Snack für Hunde: Sie enthalten viele ungesättigte Fettsäuren, die für ein schönes Haarkleid sorgen. Was der Hund davon nicht verdaut, wird ausgeschieden.

19. Das Zirkus-Spiel

Sie brauchen dazu:
einige Leckerlis
Fördert:
Beweglichkeit, Selbstbewusstsein, ein Gefühl für den eigenen Körper

Wir alle haben sie im Zirkus schon bewundert: Pferde und Löwen, Tiger und sogar Elefanten, die, auf ihre Hinterfüße gestellt, ein Tänzchen vorführen. Falls Sie und Bello Spaß an solchen kleinen Kunststückchen haben, können Sie Bello das sehr einfach beibringen. Lassen Sie ihn dazu absitzen, zeigen Sie ihm ein in die Höhe gehaltenes Leckerli und animieren Sie ihn mit einer Aufwärtshandbewegung dazu, die Vorderbeine zu heben. Sitzt er erst einmal selbstständig auf seinem Hinterteilchen, loben Sie ihn kräftig und geben das Leckerli. Wer einen Schritt weitergehen will und wessen Hund sich geschickt anstellt, versucht nun, ihn zu einer sanften Drehung zu bewegen. Vor allem kleine Hunderassen haben diesen Trick in kürzester Zeit recht gut drauf.

Auf Familienfeiern gibt es immer den einen oder anderen Verwandten, der panische Angst vor Hunden hat und der sich auch von Ihnen nicht überzeugen lässt, dass Ihre Anja furchtbar lieb ist. Beherrscht Anja das eine oder andere Kunststückchen, überzeugt das ängstliche Menschen wesentlich besser von ihrem »guten« Wesen als tausend Worte.

20. Das Zimmerservice-Spiel

Sie brauchen dazu:
eventuell einige Leckerlis
Fördert:
geistige Regsamkeit, Kombinationsvermögen, Selbstbewusstsein, Gehorsam

Sie kennen Sie alle: die treuen Vierbeiner, die behinderten und kranken Menschen das Leben dadurch erleichtern, indem sie Türen und Schubladen öffnen oder hinuntergefallene Dinge apportieren.

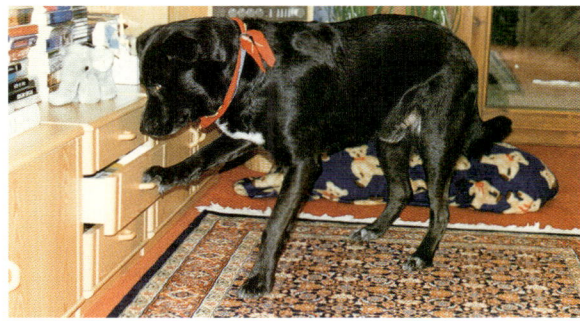

Wer es einmal gelernt hat, bekommt – leider! – jede Schublade auf.

▶ **Schublade, öffne dich!**
Wer Spaß daran hat, kann versuchen, seinen Hund selbst in dieser Richtung auszubilden. Einfach beizubringen ist zum Beispiel das Öffnen einer Schublade, wenn Sie etwas Wohlriechendes hineinlegen und Ihren Hund dann animieren, daranzukommen. Durch Versuch und Irrtum finden die meisten Hunde sehr schnell selbst die beste Möglichkeit heraus, die Schublade zu öffnen.

Nur Übung macht den Meister! Leicht ist dieses Spiel nicht, es fordert große Selbstbeherrschung und Konzentration.

Frauchen hält den Ball so hoch, dass die Schäferhündin nicht ran kommt. Und schon fängt sie mit dem »Bettelbellen« an.

21. Das Käsewürfel-Spiel

Sie brauchen dazu:
einige Käsewürfel
Fördert:
Geschicklichkeit, Gehorsam, Geduld

Beherrscht Ihr Hund erst einmal diesen Trick, können Sie beide mächtig viel Eindruck damit schinden! Doch seien Sie gewarnt: So leicht, wie es aussieht, ist dieser Trick bei Weitem nicht und erfordert ein wenig Geduld.

Lassen Sie Ihren Hund vor sich absitzen, legen einen Käsewürfel auf seine Nase und fordern ihn zum Stillhalten auf. Sobald er ruhig hält, bekommt er die Erlaubnis, den Käsewürfel zu schnappen. Fällt dieser dabei auf den Boden, nehmen Sie ihn wieder an sich und beginnen von vorn. Wenn Sie Glück haben, folgen den ersten konsternierten Blicken Ihres Hundes die ersten zaghaften Schnappversuche, vielleicht wirbelt der Käsewürfel dann bald durch die Luft und wird gekonnt aufgefangen.

22. Das Wie-spricht-der-Hund-Spiel

Sie brauchen dazu:
einige Leckerlis
Fördert:
Gehorsam

Wer sich im Hundesport ein wenig auskennt, erkennt sofort das Kommando »Gib Laut« wieder. Wir können uns dieses Können sehr gut für eine nette Spielidee zunutze machen: Wenn Hunde unbedingt etwas Bestimmtes haben wollen, zeigen sie oft das so genannte »Bettelverhalten«. Und genau das ist es, dass wir für das nächste Spiel herausfordern wollen.

▶ **Ein bisschen Ärgern hilft**
Lassen Sie Ihren Hund vor sich absitzen, binden Sie ihn eventuell mit der Leine an. Zeigen Sie ihm dann ein Leckerli und lassen Sie ihn danach

schnappen. Achtung! Er soll es zunächst nicht zu fassen bekommen, was Bello bald frustriert oder ärgerlich machen wird. Er wird mit der Pfote danach schlagen, in die Höhe springen und vielleicht ein ärgerliches »Wuff« über die Lefzen bringen. Ermuntern Sie ihn dazu mit dem Schlüsselsatz »Wie spricht der Hund?«, den Sie geduldig und mit viel Begeisterung in der Stimme wiederholen.

Sobald sein erstes hörbares Bellen ertönt, bekommt er das Leckerli. Haben Sie diese Übung oft genug wiederholt, kann Ihr Hund auf Ihr Kommando Laut geben – das Leckerli ist dann hinfällig geworden.

Eine Wundertüte »versüßt« den Abschied von Herrchen oder Frauchen.

Jeden Morgen vor der Arbeit das gleiche Lied: Sie werden von Mitleid heischenden Hundeaugen verfolgt. Hier hilft die Wundertüte!

▸ **Tipp**

Es gibt Hunde, die diesen Trick innerhalb weniger Minuten lernen, andere brauchen kleine Ewigkeiten dazu – manche (dazu gehört unser Alf) lernen es gar nicht. Ihr Hund und seine Veranlagung gibt hier das Maß vor, nach dem Sie sich richten sollten.

▸ **Überraschung!**

In unserer Bekanntschaft gibt es mittlerweile einige Hundehalter, die aus der Wundertüte ein tägliches Ritual gemacht haben: Packen Sie dazu einfach einige Leckerlis, ein Spielzeug, einen Hundekeks oder eine Kaustange in eine Papiertüte, die Sie oben zuknoten.

Wie bei einer »richtigen« Wundertüte sollte auch hier immer etwas Anderes drin sein – erst dann wird's richtig spannend!

23. Das Wundertüten-Spiel

Sie brauchen dazu:
Papiertüten (Supermarkt), Spielzeug, Leckerlis oder Kaustangen
Fördert:
Geschicklichkeit beim Aufmachen, ist unterhaltsam

▸ **Darf ich?**

Das erste Mal sollten Sie Bello die Wundertüte in Ihrem Beisein geben und ihn ermuntern, sie zu öffnen. Zuerst wird er Sie fragend anschauen, denn schließlich ist es sonst nicht erlaubt, mit Zähnen und Pfoten draufloszupacken. Klopfen Sie auf die Tüte, sagen Sie ihm, dass sich was Gutes darin befindet und loben Sie ihn heftig, wenn er sich schließlich ans Öffnen wagt. Wie bereits erwähnt, wirkt Fressen und Schlucken beruhigend, ein natürliches »Calm down« quasi als Vorbereitung für das Alleine bleiben.

Wissen Sie Ihren Hund mit der Wundertüte beschäftigt, fällt sicherlich auch Ihnen der morgendliche Abschied ein wenig leichter.

24. Das Hatschi!-Spiel

Sie brauchen dazu:
ein großes Stofftaschentuch, einige Leckerlis
Fördert:
geistige Regsamkeit, Kombinationsvermögen, Gehorsam, Selbstbewusstsein

Hier kann Ihr Hund einen Trick erlernen, der seine Umwelt völlig verblüffen wird: Denn kaum niesen Sie laut und herzhaft, ist Bello zur Stelle und zieht Ihnen hilfsbereit ein Taschentuch aus der Hosen- oder Jackentasche! Nun, wie ist so etwas zu erlernen?

Bei diesem Trick geht es darum, dass Bello das Hatschi mit dem Herausziehen des Taschentuches zu verknüpfen lernt. Das geschieht in drei Schritten:

▶ **Zieh am Taschentuch**
Legen Sie ein Leckerli in ein Taschentuch und packen Sie dieses locker in Ihre Jackentasche. Animieren Sie Ihren Hund dann mit Worten und Gesten, ans Leckerli zu gelangen.

Dazu ist es notwendig, dass er das Tuch aus der Tasche zieht. Hat er das getan, fällt ihm das Leckerli automatisch entgegen. Diese Abfolge üben Sie einige Male, bis Ihr Vierbeiner ohne zu Zögern nach dem Taschentuch greift.

▶ **Hatschi**
Hat Ihr Hund gelernt, dass aus dem Taschentuch ein Leckerli fällt, sagen Sie laut und deutlich »Hatschi!«, während er nach dem Taschentuch greift.

Beim kleinsten Nieser ihres Frauchens hält die Hündin schon das Taschentuch parat.

Auch in früheren Zeiten lehrte man seinen Hunden kleine Kunststückchen wie Wurststückchenfangen.

Viele Wiederholungen können notwendig sein, bis Ihr Hund das »Hatschi« mit dem Taschentuchholen verknüpft – hier ist Geduld und Übung angesagt.

▶ **Ganz ohne Leckerli**
Beim letzten Übungsschritt wird das oben Gelernte auch ohne Leckerli wiederholt. Ganz wichtig ist nun, dass Sie Ihren Hund immer wieder per Stimme positiv motivieren und heftig loben.

25. Das Fang-das-Leckerli-Spiel

Sie brauchen dazu:
einige mundgerechte Leckerlis
Fördert:
Geschicklichkeit

»Ach, wie öde!« werden viele Waus dazu wohl sagen, denn viel steckt wirklich nicht in dieser Spielidee. Älteren Hunden, die nicht mehr ganz so beweglich und behände sind, macht es jedoch riesig viel Freude, im Sitzen ein geschickt geworfenes Leckerli mit dem Maul aufzufangen.

Und schließlich sollen unsere älteren Hundesemester auch noch Freude am Spielen haben!

▶ **Tipp**

Statt zehnmal hintereinander, ist es besser, so ein Spiel jeden Tag zwei-, dreimal zu üben, und zwar dann, wenn der Hund aus seiner augenblicklichen Stimmung heraus dazu bereit ist – und zum Leckerchen fangen sind Hunde fast immer bereit!

26. Das Hundskaputt!-Spiel

Sie brauchen dazu:
etwas Geduld
Fördert:
Gehorsam

▸ Hundemüde

Einmal gelernt, sieht das Spiel folgendermaßen aus: Auf Ihren Ausruf: »Oh, da ist aber einer hundskaputt!« wirft sich Ihr Charly urplötzlich auf den Boden. Die Lernmethode ist ähnlich der von Spielidee Nummer 24: Passen Sie einige Male genau den Zeitpunkt ab, wenn Ihr Hund sich hinlegen möchte und sagen Sie Ihren Schlüsselsatz. Nach einigen Wiederholungen gehen Sie dazu über, den Hund sanft auf den Boden zu drücken oder per Handzeichen zum Liegen zu animieren, während Sie den Schlüsselsatz sagen – so findet die Verknüpfung statt. Der arme Kerl ist aber müde!

27. Das Flaschenspiel

Sie brauchen dazu:
eine unzerbrechliche, unzerkaubare Kunststoff-Flasche (kein Email!) oder ein spezielles Spielzeug aus dem Fachhandel, Leckerlis, die durch die Flaschenöffnung passen
Fördert:
Geschicklichkeit, Ausdauer, ist unterhaltsam

Geduld, Geschicklichkeit und etwas Gefräßigkeit – das sind die drei Schlagworte, mit denen das Flaschenspiel schnell umschrieben ist: Füllen Sie einige Leckerlis in die Flasche und geben Sie diese Ihrem Hund.

Durch Drehen und Wenden fällt immer wieder ein Keksbrümel oder Leckerli hinaus, so dass Ihr Hund über längere Zeit wunderbar beschäftigt ist.

Wir haben diese Idee das Flaschenspiel genannt, weil man spezielle Spielzeuge für diesen Zweck erst seit kurzem im Zubehörhandel kaufen kann. Als wir das Spiel für unsere Hunde »erfanden«, griffen wir auf eine Kunststoff-Flasche aus dem Haushaltswarenbedarf zurück. Bekannte von uns haben ihre ganz eigene Methode: In ein Apportierholz, wie es überall im Hundesportbedarf oder im Zoofachhandel zu haben ist, bohrten Sie mit einem großen Bohrer Löcher, in welche sie Käse, Trockenfutterbrocken oder Wurststücke stopfen. Auch damit ist ein Hund lange Zeit wunderbar beschäftigt!

Superspiel! Wenn der Würfel nur lang genug durch die Gegend geschubst wird, fallen Leckerlis heraus.

28. Das Gesellschafter-Spiel

Sie brauchen dazu:
einen gutmütigen, menschen- bzw. kinderfreundlichen Hund, den Wunsch nach mehr sozialem Engagement

Diesen Tipp lediglich als eine Spielidee zu bezeichnen, wird der großen Aufgabe, die dahinter steckt, eigentlich nicht gerecht. Trotzdem möchten wir die Anregung, seine Freizeit mit dem Hund auf diese Art zu verbringen, in diesem Kontext geben. Denn gibt es etwas Sinnvolleres, etwas Schöneres für Mensch und Hund, als anderen Freude zu bereiten? In den Vereinigten Staaten ist der hohe Nutzen von Hunden, eingesetzt in der Therapie kranker oder alter Menschen, längst erkannt und verfeinert worden. Bei uns stecken diese Berufe für Hunde noch in den Kinderschuhen.

Das soll Sie nicht davon abhalten, Eigeninitiative zu ergreifen: Halten Sie Ihren Hund für besonders kinderlieb, schlagen Sie der zuständigen Stelle einen Besuch im örtlichen Kindergarten vor. Dabei können die Kinder unter Ihrer Aufsicht und Anleitung Kontakt zu Ihrem Hund schließen, während Sie den Kindern erzählen, was im Umgang mit ihm so alles wichtig ist. Oder Sie besuchen gemeinsam die Bewohner eines Altenheims. Stellen Sie fest, dass alle Beteiligten daran Spaß haben, kann daraus – zur Freude aller – ein wöchentliches Ritual werden.

Wesensfeste Hunde sind gute Gesellschafter.

29. Das Fotomodell-Spiel

Sie brauchen dazu:
einen Fotoapparat, eventuell zusätzliche Lampen, Leckerlis, Accessoires und Deko-Material nach Belieben
Fördert:
Geduld, Gehorsam

Sie möchten wissen, was so unterhaltsam daran sein soll, einen Hund zu fotografieren? Das soll Ihnen am besten Ihr Hund erklären, denn: Viele Hunde lieben es geradezu, Modell zu stehen! Mit Hingabe posieren sie geduldig im Sitzen wie im Stehen, vor dem Weihnachtsbaum und auf dem Sofa, mit Glitzerhalsband und Baseball-Mütze. Was Sie davon haben? So entstehen originelle Grußkarten, Puzzles, Poster und andere schöne Dinge, auf denen Sie das Konterfei Ihres Hundes verewigen lassen können.

Ein geduldiges Fotomodell!

▶ **Freiwillige Models**

Nicht jeder Hund ist zum Modell geboren – wenn Ihr Hund so gar keine Star-Allüren an den Tag legt, bitte nicht zwingen! Fehlt es allerdings lediglich an ein wenig Geduld seitens Ihres Vierbeiners, können Sie mit gutem Zureden und kleinen Leckerlis einiges erreichen. Und noch etwas: So lustig Hunde im T-Shirt oder Mäntelchen auch sein mögen: Sich auf Kosten des Tieres lustig zu machen, genießt sicherlich kein Hund.

Gegen fröhliche Fotos mit einem frechen Halstuch oder einer Weihnachtsbommelmütze hat dagegen keiner etwas einzuwenden.

▶ **Profitipps für Fotografen**

Darauf sollten Sie beim Fotografieren achten:

☐ Gehen Sie unbedingt in Augenhöhe Ihres Hundes.

☐ Setzen Sie helle Hunde vor einen dunklen Hintergrund und umgekehrt.

☐ Vermeiden Sie zu unruhige Kulissen im Hintergrund; die Blümchentapete mag zwar romantisch wirken, auf einem Foto kann sie aber einfach nur bunt aussehen.

☐ Räumen Sie auch im Randbereich Ihrer Aufnahmen alles weg, was im Bild stören könnte.

☐ Vermeiden Sie abgeschnittene Ohren und Schwanzspitzen.

30. Die Spielzeug-Tauschbörse

Sie brauchen dazu:
tausch- bzw. leihwillige andere Hundebesitzer mit vollen Spielzeugkisten
Fördert:
Abwechslung

Den roten Ball hat Ihr Hund schon lange satt und das Gummitier rührt er auch nicht mehr an? Ziehspiele findet er zum Gähnen und den Beißring ebenso? Dann wird es höchste Zeit, mit einem befreundeten Hundebesitzer den Inhalt von Waldos Spielzeugkiste zeitweise zu tauschen: »Neue« Spielzeuge, gerade wenn sie gebraucht sind, riechen ganz besonders interessant. Langeweile hat so keine Chance!

31. »Peng!«

Sie brauchen dazu:
nichts
Fördert:
Gehorsam, Vertrauen, ist unterhaltsam

Mit diesem eigentlich ganz simplen Trick, der sich ohne viel Aufwand und gänzlich ohne Hilfsmittel durchführen lässt, können Sie und Ihr Wuff mächtig Eindruck schinden! Lassen Sie Ihren Hund »Platz« machen. Schauen Sie ihn an, zeigen Sie mit dem Finger auf ihn und sagen deutlich »Peng«. Drücken Sie ihn dabei sanft in eine liegende Position. Sobald er liegt, loben Sie ihn und geben Sie ihm einen Belohnungshappen. Achten Sie bitte darauf, dass Sie Ihren Hund beim »Umlegen« mit der Handhilfe nicht überrumpeln, denn je stärker und heftiger Sie gegen seinen Körper drücken, desto mehr wird er dagegendrücken. Entspanntes Liegen vor seinem Menschen auf Anweisung ist immer auch eine Form von Vertrauensbeweis des Hundes, was Sie nicht dadurch kaputt machen sollten, indem Sie ihn im Hauruck-Verfahren einfach umnieten!

▶ **Pfoten hoch!**
Bis Ihr Hund sich selbständig auf das Schlüsselwort »Peng« hinlegt, wird es einige Zeit dauern. Wenn Sie jeden Tag ein paar Minuten lang üben, wird er aber mit Sicherheit nach zwei, drei Tagen das Spiel begriffen haben

»Peng!« – »Ich bin ja schon sooo tot!«

32. »Schäm dich!«

Sie brauchen dazu:
ein Stückchen Klebeband oder eine Wäscheklammer
Fördert:
Gehorsam, Intelligenz

Das »Schäm dich!«-Spiel ist nicht ganz so einfach, wie es aussieht. Bello soll, wenn das Spiel richtig ist, bei der Aufforderung »Schäm dich!« den Kopf senken und sich mit einer Pfote über Kopf und Gesicht streichen.

▶ **Lästiges Klebeband**
Damit er aber diese Geste lernt, müssen Sie über einen Umweg wiederum eine Verknüpfung zu Ihrem Schlüsselwort schaffen. Hierbei nützen Sie am Besten das natürliche Verhaltensrepertoire eines Hundes aus. Kleben Sie ihm ein Stückchen Klebeband auf die Backe oder auf die Schnauze vor seinen Augen. Bei Hunden mit längerem Fell wirkt eine Wäscheklammer noch besser. Klemmen Sie die Klammer wie

Mit diesem Spiel können Sie und Ihr Hund mächtig Eindruck schinden!

oben beschrieben an die Backenhaare des Hundes. Er wird das zusätzliche »Gewicht« in jedem Fall bemerken.

Weg mit dem Störenfried

Er wird natürlich versuchen, den Störenfried aus dem Gesicht zu kriegen und beginnt, mit der Pfote über das Gesicht zu streichen. Geben Sie ihm hierzu das Schlüsselwort »Schäm dich« und loben Sie ihn für seine Aktion!

Dieses Spiel wird von Ihrer Seite aus etwas mehr Geduld erfordern und in jedem Falle einige Wiederholungen, bis es Ihr Hund richtig kann.

33. Hotelportier Dobi

Sie brauchen dazu:
eine Glocke zum Draufhauen
Fördert:
Intelligenz, Geschicklichkeit

Diese Spiel hat meine Dobermann-Hündin Biene erfunden! Eines der Gesellschaftsspiele meiner Kinder enthielt eine Glocke, ähnlich der, die man auf den Empfangstresen einiger Hotels stehen sieht und auf die der Neuankömmling mit der Handfläche draufhauen kann.

Der erste Kontakt mit dem auf dem Boden herumstehenden silbernen Teil war wohl eher zufällig als geplant. Als sie im Vorbeigehen mit der Pfote auf die Glocke kam und damit einen hellen Klingelton hervorrief, erzeugte das bei meinen Kindern auf der Stelle eine riesige Begeisterung! »Toll, Biene!!« – »Prima! Klasse!« Angespornt von dieser Reaktion, war sie sogar bereit, nochmals zu klingeln und schlug – diesmal bewusst – erneut mit der Pfote zu. Zwischenzeitlich haben wir dieses zufällige Verhalten mit einem Schlüsselwort verbunden und für ein Leckerchen ist es jederzeit abrufbar! Im Prinzip lernt Ihr Hund dieses Spiel genauso, wie es bei meiner Hündin funktioniert hat.

▶ Klingeln, was das Zeug hält

Falls er schon das »Sag Hallo!«-Spiel kennt, können Sie dieses damit verbinden. Sobald Ihr Hund die Pfote hebt, halten Sie ihm die Glocke so vor die Füße, dass er damit in Berührung kommt und einen Ton erzeugt. Immer dann, wenn der Ton erklingt, freuen Sie sich, loben ihn und geben ihm einen Leckerbissen. Sobald er weiß, dass er nur dann belohnt wird, wenn er einen Klingelton erzeugt, hat er das Spiel begriffen und er wird sich bemühen, die Glocke zu treffen. Sie können dann auch das Schlüsselwort einbauen (z.B. »Biene, mach Bimm!«). Es wird nicht lange dauern, und er wird damit seine Aktion in Verbindung bringen.

Spiele für unterwegs

Spiele für unterwegs

> **Spielsymbole**

 leicht zu lernen

 ein wenig anspruchsvoller

 setzt etwas Sportlichkeit bei Hund und/oder Mensch voraus

 macht Kindern besonders viel Spaß

 das kann ein Hund auch gut alleine spielen

Raus aus dem Haus

Wer sucht, der findet: Die freie Natur bietet genug Möglichkeiten, aus dem Gassigehen einen Abenteuerspaziergang zu machen.

Ihre Anka ist ein quirliges Aktivitätsbündel, Ihr Berry ein kraftstrotzender Naturbursche, für den Bewegung an erster Stelle der Beliebtheitsskala steht? Das Wetter ist so strahlend, dass es Sie keine Minute länger in der Wohnung hält? Oder gehören Sie zu denjenigen, für die es gar kein schlechtes Wetter, sondern nur unpassende Kleidung gibt? Wir wünschen Ihnen jedenfalls viel Freude an unseren Spiel- und Freizeitideen für draußen!

1. Der Abenteuer-Spaziergang

Sie brauchen dazu:
feste Schuhe, bequeme Kleidung, eventuell einige Leckerlis
Fördert:
Kondition (auch die eigene!), Mut (durch das Überwinden von natürlichen Hindernissen), Führigkeit, Koordinationsvermögen

Natürlich können Sie mit Ihrem Hund gemächlich eine Runde drehen. Sie können aber auch ein kleines Abenteuer daraus machen! Statt auf den

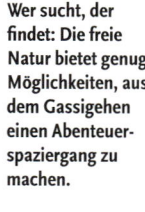

befestigten Wegen zu bleiben, ist dabei ein Querfeldeinmarsch angesagt. Statt übers Brücklein zu gehen, der Sprung über den Bach, statt gemächlichem Umweglaufen wird unterm gefallenen Baumstamm hindurchgekrabbelt. Äpfel werden apportiert, Mauselöcher mit Stock, Nase und Pfoten eingehend inspiziert, dazwischen eine kleine Runde gejoggt oder Verstecken gespielt, auch der Ball in der Tasche darf nicht fehlen. Inspirieren Sie sich gegenseitig zu immer neuen Taten! Kurzum: Action ist angesagt. Logisch, dass die Gassizeit bei soviel Action gleich doppelt zählt!

2. Der Weitwurf-Apport

Sie brauchen dazu:
entweder einen Weitwurfprofi plus Ball oder ein spezielles Wurfgerät, wie es für die Ausbildung von Jagdhunden angeboten wird (Marke Eigenbau geht auch); ebenfalls prima: ein Ball an einer Schnur, mit der man ihn weit schleudern kann

Fördert:
Abwechslung, Herz-Kreislauf-Training, Apportierfreude

Ihr Hund apportiert leidenschaftlich gern und ausdauernd? Sie ärgern sich jedoch immer wieder über die kümmerliche Wurfweite Ihres rechten Armes? Oder macht sich nach fünfmal Werfen Ihr Tennisarm bemerkbar? Mit einem »Weitwurfapportiergerät« – ob gekauft oder Marke Eigenbau – sind

> **Beim Spielen draußen beachten**

☐ Ob Frisbee oder Weitwurf: Umgehen Sie frisch eingesäte Felder und andere Anpflanzungen.

☐ Ob Versteckspielen oder Fährtensuchen: Gehen Sie nur in abgemähte bzw. knöchelhohe Wiesen und lassen Sie Ihren Hund während Ihrer Spaziergänge nicht in hohe Wiesen – das verschafft Ihnen unter den umliegenden Bauern nämlich keine Freunde.

☐ Achtung im April, Mai und Juni: Jetzt ist die Zeit der Pflanzenschutz- und Düngemittel! Überall auf den Feldern können Sie schon mit bloßem Auge kleine blaue oder weiße Körnchen entdecken. Achten Sie jetzt besonders darauf, wo sich Ihr Hund befindet, denn die Pflanzengifte werden über die Ackergrenzen hinweg in die Wiesen getragen.

☐ Ob im Wald, am See oder in der Wiesenlandschaft: Achten Sie besonders im Frühjahr darauf, brütende Vögel und andere Tierarten, die jetzt Junge haben, nicht zu stören. Nehmen Sie Ihren Hund besser an die Leine.

☐ Kommen Ihnen Fahrradfahrer, Spaziergänger oder Personen mit Kinderwagen entgegen, rufen Sie Ihren Hund zu sich und lassen ihn »bei Fuß« gehen. Ihre Beteuerung »Der macht nichts!« mag zwar stimmen, beruhigt aber nicht jeden Zeitgenossen. Am besten leinen Sie Bello sogar an, da viele Menschen einfach Angst vor Hunden haben und – vor allem Jogger – sich wohler fühlen, wenn die Leine als weiteres Sicherheitsmerkmal sichtbar ist.

Für den Weitwurfapport eignet sich auch für weniger geübte Werfer am besten ein Ball mit Schnur.

nach vorne zu katapultieren. Muss ein Spaziergang aus Zeitgründen einmal kürzer ausfallen, können Sie so Ihrem Hund immer noch genügend Auslauf verschaffen, außerdem sorgen die Sprints für Abwechslung.

3. Der Stadtspaziergang

Sie brauchen dazu:
ein kleines Körbchen, einen Regenschirm o. Ä.
Fördert:
soziale Verträglichkeit des Hundes in allen Lebenslagen

Hunde lieben es, Ihre Familie überallhin begleiten zu dürfen. Trotzdem kann so ein Marsch durch die Fußgängerzone für unseren Vierbeiner sehr schnell langweilig werden: Während Sie mit Einkäufen beschäftigt sind, sich an den Schaufensterauslagen erfreuen, darf er weder schnuppern, buddeln, ja, nicht einmal eine Duftnote für seine städtischen Kollegen hinterlassen! Ganz schön öde, finden Sie nicht auch?

▶ **Einkaufstaschen tragen**
Wer das Gefühl hat, sein Hund langweile sich in der Stadt, kann durch kleine Aufgaben für Abhilfe sorgen: Lassen Sie Ihren Hund ein Körbchen, Ihren Schirm oder eine Baumwolltasche tragen. Lehren Sie ihn, für kurze Zeit vor einem Geschäft auf Sie zu warten, dabei abzuliegen. Achtung! Machen Sie dies nur da, wo Sie Ihren

Sie ein für alle Mal bestens ausgerüstet. Im Grunde genommen reicht eine übergroße »Zwille«, wie sie wahrscheinlich jeder noch aus der Kindheit kennt, um einen kleinen Ball kraftvoll

Hund von innen im Auge haben – schon zu viele Hunde wurden bei solchen Gelegenheiten geklaut! Belohnen Sie Bello für sein braves Warten mit einer Wurstscheibe, einem Stück Brötchen oder einer Eiswaffel. So schaffen Sie auch in der Fußgängerzone Rituale, die für Abwechslung sorgen. Wenn Sie Ihren Hund bei Spaziergängen auf diese Art beschäftigen, langweilt er sich nicht und seine Aufmerksamkeit wird auf Sie gelenkt. So haben Sie ihn sozusagen »unter Kontrolle« und er ist ein angenehmer Begleiter, der überall gern gesehen wird.

als man anfangs glauben mag, was wohl daran liegt, dass die Fahrradbegleitung den meisten unheimlich viel Freude macht.

Für sportliche Mensch-Hund-Teams ist das gemeinsame Fahrrad fahren eine wunderbare Abwechslung.

4. Gemeinsam Fahrrad fahren

▶ **Mit größeren Hunderassen**
Sie brauchen dazu:
Roll-Leine, dehnbare »Fahrradleine«, (die normale Gassileine tut's zur Not auch), evtl. einen »Springer«
Fördert:
Ausdauer, Disziplin, Führigkeit

Wer mit seinem Hund Fahrrad fahren möchte, sollte gemächlich beginnen. Diese Punkte sind dabei besonders wichtig:
▶ Laut Straßenverkehrsordnung muss der Hund rechts vom Fahrrad laufen, d. h., Sie müssen durch ein spezielles Schlüsselwort (»Lauf Rad« oder »Lauf rechts«) Ihrem Hund klarmachen, dass Linkslaufen ausnahmsweise nicht gilt. Die meisten Hunde kapieren diesen Unterschied schneller,

▶ **Achtung**

Um einen Hund sicher vom Fahrrad aus an der Leine zu führen, bedarf es eines hohen Grads an Disziplin und Gehorsam seitens des Hundes: Ein Ruck an der Leine, weil's am Straßenpfosten so gut riecht oder weil eine Katze vorbeiläuft – und schon können Sie stürzen! Es muss nicht unbedingt ein großer und schwerer Hund sein, der einen vom Sattel zieht oder vors Rad läuft. Um Unfälle und Stürze zu vermeiden, bestehen Sie von Anfang an auf diszipliniertem Laufen an der Leine. Haben Sie die Möglichkeit, ihn auf ruhigen Feldwegen abzuleinen, können die Benimmregeln dort ein wenig gelockert werden.
Bewährt hat sich hier auch der sogenannte »Springer«, eine Vorrichtung, die man ohne großen Aufwand an jedes Fahrrad schrauben kann. Eine Feder zwischen Fahrrad und Vierbeiner reduziert eventuelle Rucke von Seiten des Hundes auf ein erträgliches Maß. Der Springer ist relativ günstig und kann in jedem guten Zoofachgeschäft oder Hundezubehörfachhandel erstanden werden.

- Der Hund muss schrittweise an längere Distanzen herangeführt werden. Sehr gut wäre ein einfacher Kilometerzähler am Rad, damit Sie den Überblick über Ihre Steigerungen behalten. Beginnen Sie mit einer Strecke von zwei, drei Kilometern, steigern Sie sich von Mal zu Mal kontinuierlich.
- Achten Sie darauf, dass Ihr Hund locker neben Ihnen hertrabt, eine Geschwindigkeit von ca. 14 km/h sollte nicht überschritten werden; keinesfalls sollte der Hund im Galopp neben Ihnen herjagen.
- Wechseln Sie zwischen befestigten Böden und weichen Gras- oder Erdwegen ab – das ist »pfotenschonender« als reine Straßenfahrten.
- Fahren Sie auf der Straße, vermeiden Sie, dass Ihr Hund auf dem Grünstreifen neben Ihnen laufen muss: Aus dem Fenster geworfener Müll vorbeifahrender Autos kann zu Pfotenverletzungen führen.
- Auch wenn Sie inzwischen vom Fahrradfieber befallen sind: Fahren Sie nicht täglich mit Ihrem Hund, sonst wird das Ganze bald zur bloßen Pflichtübung für ihn.
- Gesunde Hunde, die gut im Training stehen, können Distanzen von 20 km gut überwinden, kleine Pausen halten den Hund dabei frisch. Möchten Sie längere Touren machen, gibt es die Möglichkeit, auch größere Hunde streckenweise in einem speziellen Fahrradanhänger zu transportieren. Fragen Sie im Fachhandel nach.

- **Mit kleineren Hunden**

Sie brauchen dazu:
ein Fahrradkörbchen, in dem Ihr Hund bequem Platz und sicheren Halt hat

Fördert:
Disziplin

Auch gemächliches Fahrradtempo ist für kleine Hunderassen meist noch zu schnell; die einzige Möglichkeit, Ihren Zwerg mitzunehmen, ist der Transport im Fahrradkörbchen. Auch das will gelernt sein: Wie sein großer Kollege neben dem Rad muss auch Klein-Waldo lernen, dass während der Fahrt Disziplin angesagt ist. Aufgeregtes Kläffen oder gar ein Sprung in Richtung Todfeind oder Lieblingsfreundin ist nicht angesagt, auch hier gilt für Sie: von Anfang an für Gehorsam sorgen. Ein Geschirr und eine feste Verankerung im Körbchen sorgen außerdem für ein sicheres Verweilen von Klein-Waldo während der Fahrt. Damit nicht nur Sie sich sportlich betätigen, sollten Sie unbedingt Pausen einlegen und diese zum ausgiebigen Gassigehen nutzen.

Kleine Hunde laufen nicht am Rad, sondern reisen bequem im Korb.

Ein solcher Sprung ist ein gegenseitiger Vertrauensbeweis.

5. Spring mir in die Arme, Kleiner!

Sie brauchen dazu:
etwas Standfestigkeit, keine Angst vor blauen Flecken und einen sprungkräftigen Hund

Fördert:
gegenseitiges Vertrauen, stärkt die Bindung zwischen Hund und Mensch, macht einfach Spaß

Logisch, dass Sie diesen Trick nicht gerade mit Ihrem 50-kg-Rottweiler ausprobieren sollten – wir haben ihn allerdings auch schon von einem Riesenschnauzer und seinem Herrchen ausgeführt gesehen, und das hat prima geklappt. Anmerkung: Herrchen war ein ca. 1,90 m großer, kräftiger und durchtrainierter Polizeibeamter.

Kleinere bis mittlere Hunderassen, die zudem noch über etwas Sprungkraft verfügen, stellen sich recht geschickt an. Beibringen können Sie Ihrem Hund den Trick am einfachsten dann, wenn er von sich aus an Ihnen hochspringt, also beispielsweise bei Ihrer Rückkehr. Ermuntern Sie ihn zuerst dazu, auf seinen Hinterbeinen zu stehen und mit den Vorderpfoten auf Ihren Arm zu steigen. Durch ein »Hopp« gelingt es Ihnen bald, Ihren Wau zum Sprung auf Ihren Arm zu bewegen – heftiges Loben folgt natürlich!

6. Dogging statt Jogging

Sie brauchen dazu:
Lust am Laufen, etwas Puste, eventuell eine flexible Leine bzw. einen Brustgurt für Sie
Fördert:
Kondition und Führigkeit des Vierbeiners

Sie fühlen sich der Natur sehr verbunden? Sie wollen etwas für Ihre Fitness tun? Und Ihrem Hund kann etwas mehr Bewegung auch nicht schaden? Dann sollten Sie es mit gemeinsamem Jogging versuchen.

Wie beim Radfahren ist auch hier ein stufenweises Aufbautraining angesagt: Beginnen Sie mit ein, zwei Kilometern, die Sie abwechselnd joggen und im Gehen bewältigen. Achten Sie auf weiche Naturböden, wie sie z. B. auf Trimm-Dich-Pfaden angeboten werden. Versuchen Sie, ein Lauftempo zu finden, welches Ihnen und Ihrem Hund gleichermaßen liegt; es geht darum, einen Gleichschritt zu finden. Wenn das klappt, können Sie Bellos Leine an Ihrem Gürtel oder Brustgurt festmachen und haben so die Arme frei.

Gemeinsames Joggen hat nichts mit Gassigehen zu tun, sondern dient in erster Linie der Fitness, dem Ausdauertraining und der Freude am gemeinsamen Laufen. Lassen Sie Ihren Hund vorher ausgiebig seine Geschäfte verrichten – beim Laufen selbst sollten Sie auf diszipliniertes Links-bei-Fuß-Laufen bestehen.

> **Tipp**
>
> Gerade bewegungsfreudige Hunderassen lieben diese Art der Bewegung sehr, auch mittelgroße Rassen eignen sich gut als Trimm-Dich-Begleiter. Lässt man es langsam anlaufen, kann Dogging auch schwereren Hunden Spaß machen: Wir kennen einen Bernhardiner, der bis ins hohe Alter sein Herrchen beim Dauerlauf begleitet hat! Es gibt allerdings auch Hunde, die Jogging gemäß dem Motto »Sport ist Mord« einfach hassen. Wir meinen – ausprobieren!

7. Auf der richtigen Fährte sein

Sie brauchen dazu:
siehe Seite 45, 2. Variante, außerdem ein Zwiebel- oder Apfelsinennetz, ein Stück Schnur, ein Stück frischen Pansen oder stark riechenden Käse
Fördert:
Spursicherheit, Selbstvertrauen durch das selbstständige Absuchen der Fährte

Fährtensuchen macht vielen Hunden Spaß – ob groß oder klein, jung oder alt spielt dabei keine Rolle. Auch von Ihnen als Hundehalter bedarf es keinerlei besonderer Anstrengungen, sondern kann wunderbar im Rahmen eines Spazierganges eingebaut werden. Eine Art der Fährtensuche und

Da freut sich das Näschen: Er darf eine Schleppfährte suchen.

wie sie funktioniert, haben wir schon recht ausführlich ab Seite 45 dargestellt. Wem das zu kompliziert erscheint, für den haben wir noch eine zweite Variante in petto:

▸ **Schleppe legen**

Besorgen Sie sich dazu ein Stück Pansen oder stark riechenden Käse, den Sie im leeren Zwiebelnetz verstauen. Dieses binden Sie oben mit der Schnur zu. Legen Sie damit nun eine Schleppfährte, indem Sie etwas breitbeinig laufen und dabei das Netz zwischen Ihren Füßen hinter sich herziehen. Nicht das von Ihnen niedergetretene Gras ist hierbei die Fährte, sondern der Käse. Laufen Sie damit eventuell einen Bogen oder auch nur eine Gerade und legen Sie am Ende der Fährte das Netz ab. Das Absuchen der Fährte erfolgt wie bei Variante 1 beschrieben.

Manche Fährtenhundführer stehen solchen Schleppfährten eher skeptisch und ablehnend gegenüber, weil sie der Ansicht sind, der Hund würde durch diese simple Art der Fährtensuche zu sehr verwöhnt. Wer jedoch nur hin und wieder einmal das Fährtensuchen probieren möchte, kann dies auch mit einer Schleppfährte tun.

▸ **Tipp**

Um einem Anfängerhund das Fährtensuchen zu erleichtern, sollten Sie folgende Ratschläge beherzigen:
- ▸ Fährten Sie bei sehr warmer Witterung in den frühen Morgen- und Abendstunden.
- ▸ Fährten Sie nicht bei zu starkem Wind.
- ▸ Fährten Sie nicht während der Wintermonate, wenn die Bodenverletzung zu gering ist.

Hula-Hoop ist auch für Hunde ein lustiges Spiel.

Kleiner Hund, großer Ball, riesiger Spaß! So macht Fußball richtig Gaudi!

8. Durch einen Reifen springen

Sie brauchen dazu:
einen alten Autoreifen oder einen Hula-Hoop-Reifen, je nach Größe des Hundes
Fördert:
gute Laune, weil's einfach Spaß macht, Koordinationsvermögen

Dies ist eine wunderbare Übung, die einfach zwischendurch im Garten durchgeführt werden kann. Während Sie den Hula-Hoop-Reifen in der Hand halten, können Sie den Autoreifen auch an einem Baum aufhängen oder einen Ständer dafür basteln. Achten Sie beim Sprung lediglich darauf, dass Sie den Reifen nicht zu hoch halten und dass dahinter genügend Platz zum sicheren Aufkommen ist. Durch den Reifen springen macht fast jeder Hund mit viel Begeisterung und Stolz in den Augen. Na, dann: »Allez hopp!«

9. Fußball, Fußball über alles

Sie brauchen dazu:
einen Ball, der so groß ist, dass er von Ihrem Hund nicht ins Maul genommen werden kann
Fördert:
Gehorsam, Wendigkeit, macht einfach Spaß

Fußballspielen unterscheidet sich von anderen Ballspielen dadurch, dass der Hund den Ball nicht mit dem Maul aufnehmen darf, sondern ihn durch Pfoten- und Körpereinsatz nach vorne bewegen soll. Am einfachsten funktioniert das, indem Sie gleich von Anfang an einen großen Ball nehmen und bei den ersten zaghaften Beißversuchen ein lautes »Pfui« und beim ersten Körperkontakt zwischen Ball und Hund sofort ein »So ist's fein« folgen lassen.

So wird Ihr Vierbeiner bald zu einem begeisterten Ball-Athleten. Vor allem Hunde kleiner Rassen sind Meister darin, den Ball vor sich her zu treiben.

10. Auf-die-Plätze-fertig-los!

Sie brauchen dazu:
einige willige »Mitläufer«
Fördert:
Herz-Kreislauf-Training, macht einfach Spaß

Sie sind mit Kind und Kegel unterwegs, doch irgendwie scheint keine richtige Sonntag-Spaziergangslaune aufzukommen? Dann probieren Sie es doch einmal mit einem kleinen Wettrennen, indem Sie sich alle – inklusive Hund – in einer Reihe aufstellen, ein Ziel vor sich anpeilen und dann auf ein Zeichen losrennen. Sie werden staunen: So richtig aus der Puste zu kommen, macht nämlich ganz schön gute Laune!

11. »Deine Spuren im Sand«

Sie brauchen dazu:
einen Garten, einige Schubkarren frischen Sand, eventuell eine Umrandung aus Holz
Fördert:
macht einfach nur Spaß, verschont das Rosenbeet vor unerwünschtem Buddeln

Diese Freizeitidee eignet sich besonders für diejenigen Vierbeiner, die einen Teil des Tages im eigenen Garten verbringen. Deren Tagesablauf können Sie durch eine Sandkiste, in der nach Lust und Laune gebuddelt werden darf, abwechslungsreicher gestalten.

Vergraben Sie ein Stöckchen oder einen Ball in der Sandkiste und lassen Sie Bello danach suchen – so hat er schnell begriffen, dass Graben im weichen Sand erlaubt, im Rosenbeet jedoch verboten ist.

Auf die Plätze, fertig, los!

12. Mit dem Hund schwimmen gehen

Sie brauchen dazu:
eine Badehose
Fördert:
Herz-Kreislauf-Training, Kondition, Mut und Selbstvertrauen, als Gesundheitsvorsorge und zur Abhärtung geeignet

> **Das sollten Sie beim (gemeinsamen) Schwimmen beachten**

- [ ] Lassen Sie Ihren Hund nur da ins Wasser, wo er aus eigener Kraft wieder ans Ufer kommt (keine Steilufer).

- [ ] Lassen Sie Ihren Hund keinesfalls in Fließgewässer, in denen Schwimmen ausdrücklich verboten ist. Eine Strömung muss nicht sichtbar sein und kann dennoch Ihren Hund mit sich reißen.

- [ ] Das Gewässer sollte sauber und frei von eingeleiteten Giften sein.

- [ ] Wenn Sie gemeinsam schwimmen, achten Sie darauf, dass Ihnen Ihr Hund nicht zu nahe kommt, sonst sind Kratzer nicht zu vermeiden.

- [ ] Bei nicht ganz heißen Temperaturen empfiehlt es sich, den Hund nach dem Baden abzufrottieren, um eine Erkältung zu vermeiden. Am besten sollte er sich bewegen dürfen, bis er ganz trocken geworden ist.

Unserer Meinung nach gibt es fast nichts Schöneres, als gemeinsam mit dem Hund schwimmen zu gehen! Leider ist uns dieses Vergnügen dank der vielen Verbotsschilder an Seen und Stränden meistens versagt. Und so bleiben Hundehaltern eigentlich nur zwei Möglichkeiten:

▸ Sie machen sich die Mühe und suchen nach einer Bademöglichkeit, an der Hunde erlaubt sind.
▸ Sie suchen die Bademöglichkeit Ihrer Wahl in den frühen Morgen- oder Abendstunden auf – dann, wenn sich andere Badegäste nicht durch Ihren Hund gestört fühlen.

Gewöhnen Sie Ihren Hund langsam und in aller Ruhe ans Wasser. Nicht jeder Hund ist zur Wasserratte geboren, so grobe Methoden wie ins Wasser ziehen oder gar werfen führen nur dazu, dem Hund den Spaß am kühlen Nass gründlich zu verderben. Lassen Sie Bello anfangs erst einmal im Uferbereich herumwaten. Werfen Sie dann ein Stöckchen so ins Wasser,

Ein Bad ist das einzig Wahre an heißen Tagen! Es sorgt für Abkühlung und macht auch noch sichtlich Spaß!

dass er es gerade noch so schnappen kann. Tut er das, können Sie das Stöckchen das nächste Mal schon weiter werfen. Bei den ersten Schwimmversuchen wird er sich vielleicht nicht ganz geschickt anstellen, heftig prusten und wie verrückt mit den Pfoten um sich schlagen – alles will eben gelernt sein.

Erst jetzt, nachdem Ihr Hund festgestellt hat, dass Fortbewegung auch im Wasser funktioniert, gehen Sie selbst baden. Überfordern Sie ihn auch jetzt noch nicht, indem Sie gleich sehr weit wegschwimmen, sonst können etwas ängstliche Zeitgenossen Panik und eventuell Verlassensängste bekommen. Wie beim Joggen oder Fahrradfahren ist auch hier ein stetig ansteigendes Training angesagt.

Unser Alf, ein Labrador-Mix, nimmt selbst im Winter täglich zumindest ein Fußbad in einem nahe gelegenen Bächlein, was ihm trotz eisiger Temperaturen anscheinend prächtig zu bekommen scheint.

13. Hunde-Planschbecken

Sie brauchen dazu:
ein Kinderplanschbecken aus Hartkunststoff (nicht aufblasbar, da es den Krallen nicht lange Stand hält) oder einen Teicheinsatz aus Hartkunststoff, bei kleineren Hunden reicht eventuell auch eine Plastikwanne

Fördert:
macht einfach Spaß und sorgt für Abkühlung

Alf ist nun mal eine leidenschaftliche Wasserratte und lässt keine Gelegenheit aus, ein Bad zu nehmen. Deshalb waren uns die amüsierten Blicke der Nachbarn reichlich egal, als wir ihm in unserem Garten ein Hunde-Planschbecken aufstellten. An heißen Tagen können wir nun Alf beobachten, wie er nach einem Planschbad eine Wälzmassage im Gras nimmt, um sich dann unter seinen Lieblingsbaum zu verziehen – und das in wechselnder Reihenfolge.

Mit vollem Einsatz zieht die Hündin ihr Herrchen auf dem Fahrrad vorwärts.

14. Sich auf dem Fahrrad ziehen lassen

Sie brauchen dazu:
ein Fahrrad (logisch!), ein weiches, gut gepolstertes Zuggeschirr mit langen Leinen (Schlittenhundezubehör), für sich selbst einen Brust- oder Bauchgurt (Bergsteigerbedarf)
Fördert:
Führigkeit, Ausdauertraining, Kraft, Konzentration

Sie brauchen keinen Husky für diese Freizeitidee, ein etwas größerer, lauffreudiger Hund sollte es aber schon sein – nordische Hunde sind für diese Art von Training natürlich prädestiniert.

> **Das sollten Sie dabei beachten**

☐ Lassen Sie sich nur auf gerader Ebene ziehen, bergauf oder -ab sollten Sie entsprechend einwirken.

☐ Achten Sie auf ein gut verarbeitetes Zuggeschirr, das weder scheuert noch zu groß oder klein ist. Lassen Sie sich das richtige Anlegen zur Sicherheit nochmals im Fachgeschäft zeigen.

☐ Lassen Sie Ihren Hund nicht die ganze Arbeit tun! Er erwartet von Ihnen, dass Sie auch mitstrampeln!

☐ Üben Sie diese Sportart nur auf ruhigen Feldwegen und niemals im Straßenverkehr aus.

Was ist dabei zu beachten? Was das Training und die Sicherheit im Straßenverkehr angeht, gelten im Großen und Ganzen die unter Freizeitidee Nummer 4 »Gemeinsam Fahrrad fahren« angeführten Punkte. Neu hinzu kommt jetzt das Führen an der langen Leine sowie das Ziehen einer Last – beides will erst einmal auf ruhigen Feldwegen geübt werden: Legen Sie dazu Ihrem Hund das Zuggeschirr plus Halsband an. Befestigen Sie dann am Ende der Zugleinen einen alten Autoreifen oder einen Holzklotz.

Jetzt können Sie mit der Führleine in der Hand folgende neue Schlüsselworte trainieren: »Rechts«, »Links«, »Stopp« und »Langsam«. Erschrickt Ihr Hund anfangs, weil es hinter ihm scheppert oder weil er sich durch die Last behindert fühlt, reden Sie ihm gut zu. Üben Sie anfangs auf kurzen Strecken– das ist wirkungsvoller.

So leicht sich das vielleicht anhören oder bei Könnern auch aussehen mag: Ein sehr wohlerzogener, disziplinierter Hund und eine ordentliche Portion Übung sind dazu notwendig. Als weniger aufwändige Alternative empfiehlt sich eventuell das Bei-Rad-Fahren mit Hund.

15. Den Hund vor ein Wägelchen spannen

Sie brauchen dazu:
ein Brustgeschirr mit langen Führleinen (siehe Spielidee 14), ein Holzwägelchen, Plastikrohre aus dem Flaschnereibedarf, um daraus ein Geschirr zu bauen

Fördert:
Ausdauer, Kraft und Führigkeit des Hundes

Während Hunde in früheren Zeiten aus ganz praktischen Gründen vors Wägelchen gespannt wurden (siehe dazu unser Original-Foto aus dem Jahr 1944), machen wir das heute zur Freude unserer Kinder oder lediglich für kleine Hilfsarbeiten.

Spezielle »Hunde-Wagen« gibt es im Fachhandel allerdings nicht (zumindest kennen wir keine), Marke Eigenbau ist daher angesagt. Was ist dabei zu beachten: Das Brustgeschirr muss gut sitzen und darf nicht scheuern. Zu Beginn muss sich Ihr Hund an den Wagen und seine Geräusche gewöhnen, lassen Sie ihm Zeit dazu – dann klappt's umso besser.

Lassen Sie nie Kinder unbeaufsichtigt mit Hund und Wagen losziehen, führen Sie den Hund immer zusätzlich an einer Führleine. Stundenlanges Wagenziehen artet in pure Arbeit aus und muss nicht sein – Ihren kleinsten Sprössling ein Stück während des Spazierganges ziehen macht Ihr Hund dagegen sicher gerne. Und auf dem Kindergeburtstag ist das nächste Mal statt Pony-Reiten Hunde-Kutsche angesagt!

> **Tipp**
>
> So ein Wagen ist auch dann sehr praktisch, wenn Sie einen großen Garten zu bewirtschaften haben und darin weite Wege mit Lasten zurücklegen müssen: Erde, Blumentöpfe, Jungpflanzen, Humus – spannen Sie Ihren Hund vor und lassen Sie sich von ihm helfen!

Früher wurden Hunde zur Arbeit vor den Wagen gespannt.

Heute ist Wägelchen ziehen eine Freizeitbeschäftigung.

Voller Freude über den Steg – wer einen eigenen Garten hat, kann seinem Hund einen eigenen kleinen Hindernisparcours bauen.

16. Hindernis-Parcours Marke Eigenbau

Sie brauchen dazu:
ein etwas größeres Gartengrundstück, möglichst eingezäunt, diverse Hindernisse

Fördert:
Selbstbewusstsein, Führigkeit, Mut, Konzentration, geistige Regheit, macht einfach Spaß

Sie würden wahnsinnig gern mit Ihrem Hund Agility-Sport oder etwas Ähnliches betreiben, es findet sich jedoch kein Verein dafür weit und breit? Dann bauen Sie sich – vielleicht gemeinsam mit befreundeten Hundehaltern – selbst einen kleinen Hindernis-Parcours:

▸ Besorgen Sie sich lange Holzstangen, die Sie unten anspitzen, bunt anmalen und zum Slalomlaufen variabel in die Erde stecken können. Sie eignen sich auch, um Start und Ziel eines Parcours zu markieren.

▸ Eine alte Blech- oder Plastiktonne, bunt angemalt, eignet sich für mittelgroße und größere Hunde wunderbar zum Drüberspringen.

▸ Aus zwei Holzböcken und einer langen Holzdiele können Sie ohne großen Aufwand einen Laufsteg für Ihren Vierbeiner bauen.

▸ Aus einem Metallgestell und einem ausrangierten LKW-Reifen wird mit wenigen Handgriffen ein Hindernis zum Durchspringen.

▸ Auch eine Hürde aus Holz ist recht schnell zusammengebaut.

▸ Wer es sich zutraut, kann seinen Parcours auch noch um eine standfeste Wippe erweitern.

Die Bauweise jedes einzelnen Hindernisses zu beschreiben würde an dieser Stelle zu weit führen, lassen Sie einfach Ihrer Fantasie freien Lauf oder bitten Sie einen geschickten Heimwerker um Hilfe.

Das sollten Sie beim Hindernislaufen beachten:

▸ Stellen Sie die Hindernisse in wechselnder Reihenfolge auf, damit sich Ihr Hund nicht an eine einzige gewöhnt.

▸ Wer vorhat, mit seinem Hund turniermäßig an Agility-Wettkämpfen teilzunehmen, sollte sich weiterführende Literatur besorgen und bei sämtlichen Hindernissen Höhe und Aufbaunormen berücksichtigen. Sie können auch einen Kurs besuchen.

▸ Gehen Sie beim Einüben ein Hindernis nach dem nächsten an, zwingen Sie Ihren Hund zu nichts und üben Sie mit großem Einfühlungsvermögen: Gewalt führt hier zu nichts!

17. Mit Packtaschen wandern

Sie brauchen dazu:
gut sitzende Packtaschen, die Sie im Hundezubehör-Fachhandel Ihrem Hund anpassen lassen
Fördert:
Ausdauer, Führigkeit, Selbstvertrauen, körperliche Ausgeglichenheit, stärkt die Bindung zu Ihnen

Sie wandern leidenschaftlich gern und lang und immer richtig zünftig mit Rucksack und Vesper? Ihr Hund ist selbstredend immer dabei? Dann besorgen Sie sich Packtaschen und lassen Sie ihn seine Futterration samt Schüssel und andere Kleinigkeiten tragen. Hunde lieben es, ihren Menschen Arbeit abzunehmen und sind unheimlich stolz darauf, gemeinsam mit ihnen eine Last zu tragen.

Neben dem praktischen Nutzen, den diese Freizeitidee für Sie hat, stärkt sie außerdem die Konzentrations- und Navigationsfähigkeit Ihres Hundes in schwergängigem Gelände, auf schmalen Pfaden oder Brücken.

▸ Gewöhnen Sie Ihren Hund langsam an das Gewicht der Packtaschen. Beginnen Sie mit ca. 5 % seines Eigengewichtes, steigern Sie es pro Marsch bis auf max. 15 %.
▸ Wählen Sie für Ihren ersten Marsch eine Route, die Sie kennen.
▸ Achten Sie auf eine gleichmäßige Gewichtsverteilung in beiden Packtaschen; lassen Sie Ihren Hund keine empfindlichen, zerbrechlichen Sachen tragen.

Freudig trägt er seine Packtaschen, denn darin sind seine Leckerlis.

▸ Führen Sie Ihren Hund immer an der (langen) Leine, während er Packtaschen trägt; für Spielen und Toben bleibt in den Pausen genügend Zeit.
▸ Überfordern Sie Ihren Hund nicht bei zu heißer Witterung, machen Sie sich mit den ersten Anzeichen eines Hitzschlags vertraut, sodass Sie im Notfall entsprechend handeln können.
▸ Pausen sind wichtig – für Sie und Ihren Hund! Bieten Sie ihm immer wieder Wasser an.

18. Eine Nacht unter freiem Himmel

Sie brauchen dazu:
etwas Abenteuerlust, Campingausrüstung, einen Erdhaken (Hundefachhandel) zum Anbinden des Hundes, längeres Anbindeseil, kleine Notfallapotheke (die sollten Sie bei längeren Wanderungen immer dabei haben)
Fördert:
Mut, Selbstvertrauen, Wachsamkeit, die Bindung zu Ihnen, macht einfach Spaß

Bei so guter Bewachung macht Zelten doppelt so viel Spaß!

Na, dieser »Fisch« muss doch zu fangen sein!?

Kleines Abenteuer gefällig? Dann planen Sie in eine Ihrer nächsten Tageswanderungen einfach eine Übernachtung unter freiem Himmel mit ein. Na gut, mit Zelt geht's natürlich auch ... Ein Abenteuer wird es so oder so, und das nicht nur für Sie, sondern auch für Ihren Hund! Sie dürfen gespannt sein, wie Ihr Hund auf eine Übernachtung draußen reagiert: Ist er ängstlich, sucht Ihre Nähe? Reagiert er wachsam, passt die ganze Nacht treu auf Sie auf? Oder schließt er einfach die Augen und schnarcht wie zu Hause auch?

Das sollten Sie beachten, wenn Sie mit Hund unter freiem Himmel Campen gehen:
▸ Nutzen Sie entweder eine Anbindespirale, binden Sie ihn an einen Baum oder nehmen Sie den Hund mit ins Zelt; lassen Sie ihn keinesfalls frei laufen, während Sie schlafen.
▸ Verzichten Sie auf ein waldnahes Lager; Wildschweine und andere Tiere könnten sich durch Sie gestört fühlen und aggressiv reagieren, wenn sie gerade Jungtiere aufziehen.

19. Wie ein Fisch an der Angel

Sie brauchen dazu:
eine lange Rute, eine feste Gummilitze, ein Spielzeug, welches sich anbinden lässt
Fördert:
Reaktionsschnelligkeit, macht einfach Spaß

Was Katzenherzen höher schlagen lässt, erfreut auch manche Hunde: Gerade kleinere Rassen sind mit Feuereifer dabei, wenn es darum geht, der

Eine Nachtwanderung ist nicht nur für die beteiligten Hunde ein besonderes Erlebnis! Aber bitte leinen Sie Ihren Vierbeiner vor Beginn der Wanderung an!

»Beute« hinterherzuspringen, sie zu packen und »totzuschütteln«. Wem Bällchenwerfen zu langweilig wird, hat mit dem Angelspiel eine nette Alternative, die einen entscheidenden Vorteil hat: Sie ist weder schweißtreibend noch anstrengend!

20. Eine Nachtwanderung machen

Sie brauchen dazu:
ein paar Leute, die mitmachen, Zubehör siehe unten
Fördert:
die Bindung zwischen dem Hund und Ihnen, macht einfach Spaß

Sie wollten schon immer einmal wissen, wie Ihr Hund unter fremden Bedingungen reagiert? Ob er Sie gegen einen Angreifer verteidigen würde? Oder ob er am liebsten zu Ihnen auf den Arm wollte, sobald es nachts draußen im Gebüsch raschelt? Bei einer Nachtwanderung können Sie die Reaktionen Ihres Hundes hautnah erleben und sich im Dunkeln selbst ein wenig gruseln ...

Hundesportvereine bieten solche organisierten Nachtwanderungen gelegentlich an – fragen Sie wegen Teilnahmemöglichkeiten nach. Oder tun Sie sich mit anderen Hundehaltern zusammen und organisieren Sie selbst etwas: Stecken Sie eine Strecke (am besten einen Rundweg) ab und verteilen Sie an strategisch festgelegten Punkten verschiedene »Überfallkommandos«: Das kann ein Gespenst im wehenden Gewand sein, das urplötzlich quer über den Weg hüpft. (Achtung! Führen Sie Ihren Hund unbedingt zur Sicherheit aller Beteiligten an der Leine) Oder lautes Dosengescheper, das Knall auf Fall hinter Ihnen ertönt. Oder ... Lassen Sie Ihrer Fantasie freien Lauf! Ein gemütliches, anschließendes Beisammensein, bei dem sämtliche Helden- und Schandtaten genüsslich besprochen werden, rundet so eine Nachtwanderung ab.

21. Frisbee spielen

Sie brauchen dazu:
ein Hundefrisbee
Fördert:
Reaktionsschnelligkeit, Herz-Kreislauf-Training, Sprungkraft

Manche Hunde bringen es beim Frisbee spielen zu wahren Meisterleistungen: Im Sprung gefangen!

Eines muss gleich zu Beginn gesagt werden: Am Frisbeespielen scheiden sich die Hundegeister. Die einen finden es megagut und können nicht genug davon bekommen – die anderen finden es schlichtweg doof und bemühen sich nicht einmal, nach der flinken Scheibe zu schnappen. Die ersteren entwickeln jedoch bald artistische Fähigkeiten und Sie können regelrecht zuschauen, wie der hündische Ehrgeiz, die Scheibe noch im Flug zu bekommen, von Mal zu Mal wächst. Und das Können sowie die Reaktionsfähigkeit zunimmt.

Voraussetzung ist, dass Ihr Hund kerngesund ist und keinerlei Probleme mit Sehnen, Knochen und Bändern hat, denn das Hochspringen und Auf-dem-Boden-Aufkommen ist eine hohe Belastung. Ratsam ist es deshalb auch, nicht auf Asphalt oder glatten Böden zu spielen, sondern auf einer Wiese. Der natürliche Boden und das Gras dämpfen den Sprung ab. Ganz wichtig: Die Schlüsselworte »Bring« und »Aus« müssen sitzen, sonst ist die Scheibe gleich beim ersten Spiel zerfetzt ...

22. Eins-zwei-drei-Verstecken!

Sie brauchen dazu:
einige willige Mitspieler, denen Sie ein paar Leckerlis mitgeben
Fördert:
Suchtrieb, Selbstbewusstsein, macht einfach Spaß

Diese Freizeitidee ist leicht erklärt und lässt sich ebenso leicht in jeden Spaziergang mit der Familie einbauen: Lassen Sie Ihren Hund absitzen und warten Sie gemeinsam mit ihm ab, bis sich die anderen Familienmitglieder im Gelände versteckt haben. Die Verstecke sollten dabei weder zu schwierig noch zu weit voneinander entfernt sein, außerdem sollten Sie dieses Spiel nur dort probieren, wo Sie Ihren Hund gefahrlos von der Leine lassen können.

Schicken Sie dann Ihren Hund mit Handzeichen und dem Schlüsselwort »Such« los. Sie können vorher vom Versteckten auch ein Kleidungsstück erbitten (Schal, Mütze, Taschentuch) und den Hund daran riechen lassen, bevor Sie ihn losschicken. So funktioniert die Verknüpfung garantiert! Hat Ihr Hund erst einmal jemanden gefunden, bekommt er von demjenigen ein Leckerli verabreicht und wird gelobt. Dieses Verstecken-Spielen macht vor allem Kindern riesig viel Spaß!

Übrigens: Die Ausbildung von Spür- und Rettungshunden funktioniert nach einem ähnlichen Prinzip.

Noch hilft Herrchen – bald »erinnert« er sich allein.

23. Der Memory-Spaziergang

Sie brauchen dazu:
einen alten Ball, Stofffetzen o. Ä., dessen Verlust erträglich wäre
Fördert:
Die allgemeine Aufmerksamkeit, Konzentration

Dieses kleine Spiel ist schnell erklärt: Als passionierter Spielpartner haben Sie auf Ihren Spaziergängen sowieso immer die Taschen voll mit Ball und Leckerlis. Verstecken Sie einfach den Ball oder einen alten Stofffetzen zu Beginn Ihres Spazierganges mit viel Zeremoniell vor den Augen Ihres Hundes unter einem Stein oder Grasbüschel. Nun wird es spannend: Erinnert sich Ihr Hund auf dem Heimweg an das Versteckte? Vielleicht müssen Sie ihn anfangs noch etwas unterstützen, doch bald »weiß« er es von alleine.

»Such mich!« – Ein Spaß für Hund und Mensch; vor allem für Kinder.

»Hab ich alle allein gesammelt! Welchen fress ich jetzt zuerst?«

24. Helfer im Obstgarten

Sie brauchen dazu:
nichts
Fördert:
die Gesundheit

Rohkost ist gesund – für Sie und Ihren Hund! Zeigen Sie ihm im Garten oder auf Spaziergängen, dass er Äpfel und andere Früchte essen kann. Lassen Sie ihn dabei – soweit möglich – selbst die Früchte holen. Es gibt Hunde, die sind ganz verrückt nach Rohkost.

> **Tipp**
>
> Achtung bei Fallobst, das schon länger liegt. Hier ist die Gefahr, dass Ihr Hund von einer Biene oder Wespe gestochen wird, groß. Halten Sie Ihren Hund davon fern.

25. Kletterübungen

Sie brauchen dazu:
natürliche Klettermöglichkeiten, Holzsprossenleiter oder Holzbohle
Fördert:
Sportlichkeit, Mut, Selbstvertrauen, Wendigkeit

Sie sind von den Vorführungen Ihrer hiesigen Rettungshundestaffel fasziniert? Ganz besonders bewundern Sie die Kletterfähigkeiten dieser tollen Hunde? Dann probieren Sie doch einfach einmal aus, ob auch Ihr Wau sich zum »Klettermaxen« eignet: ein umgefallener Baumstamm, Strohballen auf Stoppelfeldern oder eine auf zwei Böcken aufgebaute Bohle – über alles können Sie Ihren Hund führen, ihn hochklettern und hinabspringen lassen.

Stapelholz im Wald immer erst auf seine Standfestigkeit prüfen, bevor Sie Ihrem Hund den Sprung nach oben erlauben. Kommt so ein Stapel Baumstämme nämlich ins Rutschen, kann dies böse Verletzungen geben.

Klettermöglichkeiten gibt es fast überall.

26. Slalom laufen

Sie brauchen dazu:
eine natürliche Slalommöglichkeit (Baum-Allee, Anpflanzung von Obstbäumen)
Fördert:
Führigkeit, Wendigkeit

Slalomlaufen macht Spaß, fördert das geschmeidige Bei-Fuß-Laufen und macht aus Ihnen und Ihrem Hund bald ein eingespieltes Team. Deshalb sollten Sie, wann immer sich die Gelegenheit bietet, diese beim Schopf greifen und einen zackigen Slalom hinlegen. Sie können gemeinsam laufen oder dem Hund beibringen, den Slalom alleine zu bewältigen: Führen Sie ihn dazu per Fingerzeig, mit oder ohne Leckerli, durch den Slalom.

Lassen Sie sich Zeit, bis der Hund erkennt, um was es bei dieser Übung geht. Was uns so einfach erscheint, ist für unsere Hunde eine relativ schwierige Aufgabe, die Intelligenz, Wendigkeit und Führigkeit zugleich benötigt.

27. Alpin-Wanderungen mit Hund

Sie brauchen dazu:
eine Wanderausrüstung für Sie, Erste-Hilfe-Set für Sie und Ihren Hund, gute Wanderkarten
Fördert:
Kondition

Einmal rechts, und einmal links! Slalom laufen bringt den Kreislauf in Schwung.

Alpin-Wanderungen sind für Hunde nicht geeignet, meinen Sie? Da müssen wir Ihnen widersprechen: In der Zwischenzeit gibt es für Wanderer mit Hund sogar schon sehr gute Literatur und Kartenmaterial, aus dem jeder Klettersteig, jede Info, die für Hundehalter wichtig sein könnte, ersichtlich wird. Mehr als den Hinweis auf diese Möglichkeit der Freizeitgestaltung können wir Ihnen hier nicht geben, denn alles Weitere würde den Rahmen sprengen. Wir meinen jedoch: Warum nicht einmal mit Hund in den Alpen wandern, statt Baden im Meer?

Alpine Wanderungen sind ideal für sportliche Hunde und Menschen.

28. »Skijöring« mit dem Hund

Sie brauchen dazu:
ein Zuggeschirr mit langen Leinen, einen Brust- oder Bauchgurt (Bergsteigerbedarf oder Marke Eigenbau, zur Not tut's auch ein Trapez aus dem Windsurferbedarf)
Fördert:
Ausdauer, Führigkeit

Das Schlüsselwort »Halt!« muss hier funktionieren, sonst endet der Ausflug vielleicht böse.

Es ist inzwischen Winter, eine dicke Schneeschicht verhüllt die Landschaft und Ihr Fahrrad ist eingemottet? Dann ist jetzt die Zeit gekommen, um einen weiteren sportlichen Höhepunkt mit Ihrem Partner Hund anzugehen: Skijöring mit Hund. Mit Pferden ist es seit vielen Jahren eine bekannte und heiß begehrte Sportart, die wir Hundehalter uns nicht entgehen lassen wollen! Beim Einüben und Ausführen gelten im Großen und Ganzen die unter Freizeitidee Nr. 14 »Sich auf dem Fahrrad ziehen lassen« angeführten Punkte. Die dabei benötigten Schlüsselworte sind auch hier gebräuchlich, zusätzlich muss Ihr Hund sich nun an Ihre Langlaufski und die damit verbundenen Geräusche gewöhnen. Üben Sie unbedingt abseits der gespurten Loipen; später können Sie auch Loipen aufsuchen, auf denen Hunde erlaubt sind. Aber Achtung: Gehorsam und Disziplin sind bei dieser Sportart das A und O! Wie beim Spiel »Sich auf dem Fahrrad ziehen lassen« kann ein verkehrter Ruck schlimme Folgen haben.

Als einfachere Alternative bietet sich hier das Langlaufen mit Hund an.

29. Mit dem Hund Skilanglaufen

Sie brauchen dazu:
siehe Freizeitidee Nr. 6 »Dogging statt Jogging«, außerdem Langlaufski
Fördert:
Ausdauer, Führigkeit

Wintersport mit Hund ja – Skijöring nein? Dann probieren Sie's mal mit dem guten alten Skilanglauf. In vielen Skigebieten gibt es inzwischen spezielle Hunde-Loipen, auf denen Vierbeiner erlaubt sind. Was Aufbau und Ablauf des Trainings betrifft, können Sie sich an Freizeitidee 6 orientieren. Das sollten Sie beim Skilanglauf mit Hund außerdem beachten:

▸ Nehmen Sie auf längeren Touren eine Flasche Wasser mit, damit Ihr Hund nicht vor lauter Durst Schnee frisst und sich dabei aufgrund des Kälteschocks eine entzündete Magenschleimhaut zuzieht.

▸ Nehmen Sie bei kleineren Hunden auf längeren Touren zur Sicherheit außerdem einen Trage-Rucksack mit.

▸ Ist Ihr Hund von Natur aus nicht gerade mit einem dicken Unterfell ausgestattet, sollten Sie ihm beim Rasten eine isolierende Folie unterlegen.

▸ Ob Langlauf oder Skijöring – nach dem Sport kühlen auch Hunde mit dickem Fell schnell aus. Längeres Warten im Auto sollte daher unbedingt vermieden werden. Schnell heim ins Warme, lautet der beste Grundsatz!

▸ Prüfen Sie nach dem Wintersport immer die Pfoten Ihres Hundes sorgfältig auch auf Verletzungen und Risse durch Eis, Schnee oder Streusplit.

30. Den Hund vor den Schlitten spannen

Sie brauchen dazu:
einen Holzschlitten, ein Zuggeschirr
Fördert:
Führigkeit, macht einfach Spaß

Hier haben wir eine wundervolle Freizeitidee, von der vor allem Ihre Kinder begeistert sein werden. Die Vorgehensweise ist gleich der in Freizeitidee Nr. 15 auf Seite 103. Auch hier gilt, dass sich der Hund erst langsam und schrittweise an das Zuggeschirr und das ungewohnte Gefährt hinter sich gewöhnen soll. Begleiten Sie Kind und Hund, wenn Sie auf Straßen unterwegs sind. Übrigens ist es beim Rodeln praktisch, wenn der Hund den leeren Schlitten den Berg wieder hinauf zieht.

Skilanglaufen mit Hund ähnelt dem zügigen Bei-Fuß-Gehen.

Niemals dürfen kleine Kinder allein mit Hund und Schlitten losziehen!

Den Slalom durch die Beine müssen Sie Ihrem Hund in kleinen Schritten beibringen, wie es die beiden auf der Fotosequenz sehr schön vorführen.

31. Slalom durch die Beine

Sie brauchen dazu:
Ball mit Schnur oder Leckerchen
Fördert:
Wendigkeit, Reaktionsvermögen

Hierbei ist absolutes Teamwork zwischen Mensch und Hund gefragt! Aber es lohnt sich, denn ein Team, das dieses Spiel kann, wird sich wie ein eingespieltes Tanzpaar präsentieren und große Harmonie ausstrahlen. Sie können sich der Bewunderung Ihrer Zuschauer sicher sein! Dass beim Erlernen des Spiels – eben wie bei einem Tanzpaar auch – mal ein Tritt daneben gehen kann oder einer der Partner anfangs Koordinationsschwierigkeiten zeigt, ist völlig normal.

Stellen Sie sich mit Ihrem Hund »bei Fuß« auf einer Wiese auf. Als Übersetzungshilfe dient Ihnen der Spielzeugball Ihres Hundes oder einige Leckerlis, je nachdem, worauf Ihr Hund besser reagiert. Setzen Sie nun das rechte Bein vor, halten Sie den Ball rechts von sich auf Augenhöhe des Hundes. Sagen Sie ihm »Durch«. Er wird beim Anblick seines Balles natürlich aus seiner Fußposition aufstehen und unter Ihrem nach vorne gestellten Bein durchlaufen, um sein Spielzeug zu erhaschen. Das darf und soll er auch! Loben Sie ihn dafür ausgiebig! Wiederholen Sie das noch ein- oder zweimal.

Beim nächsten Schritt fangen Sie wieder genau so an. Doch dieses Mal lassen Sie es nicht zu, dass er sein

Spielzeug erwischt, sondern setzen Sie Ihr linkes Bein nach vorne, sobald Ihr Hund unter Ihrem rechten durchgelaufen ist, wechseln schnell den Ball in die linke Hand, den Sie dann dem Hund sichtbar auf der linken Seite präsentieren. Dieser wird sich inzwischen schnell umgedreht haben, als er sein Spielzeug entwischen sah. Sagen Sie wiederum »Durch«, sobald er sich gedreht hat. Er wird erneut versuchen, seinen Ball zu erwischen und unter Ihrem linken Bein durchlaufen. Üben Sie dies einige Male, bis beide Durchgänge – einmal rechts und einmal links – problemlos klappen. Mit der Zeit können Sie die Durchgänge im wahrsten Sinne des Wortes Schritt für Schritt erweitern, bis Sie gemeinsam im Slalom eine ganz schöne Strecke vorwärtskommen!

32. Wie ein Bumerang

Sie brauchen dazu:
einen Baum/Busch/Wassertonne o. Ä., Spielzeug
Fördert:
Kondition, Wendigkeit, Gehorsam, macht großen Spaß

Bewegungsfreudige Hunde werden dieses Spiel lieben! Alles, was Sie dazu brauchen, finden Sie unterwegs beim Spazierengehen: einen frei stehenden Baum mitten auf einer Wiese, ein einzelnes Gebüsch oder auch mal auf dem eigenen Grundstück eine Wassertonne, das Gartenhäuschen oder ähnliche Objekte, die man innerhalb von Sekunden umrunden kann.

Wie ein Bumerang lässt sich die Hündin losschicken und kommt genauso schnell wieder zurück.

Stellen Sie sich mit Ihrem Hund vor dem Busch auf, lassen Sie ihn dort absitzen. Gehen Sie nun alleine um den Busch, zeigen Sie dabei deutlich, dass Sie Bellos Spielzeug dabei haben, legen dieses außer Sicht des Hundes hinter dem Gebüsch ab, und kommen Sie auf der anderen Seite wieder zum Vorschein. Nun gehen Sie zu Ihrem Hund zurück und schicken Sie ihn mit einem Schlüsselwort Ihrer Wahl, z.B. »Lauf herum« los. Er wird natürlich zum Gebüsch rasen und sein Spielzeug finden. Sobald er auf der anderen Seite wieder zum Vorschein kommt, loben Sie ihn. Am Besten ist es, wenn Sie ihm ein Spielzeug hinters Gebüsch legen, mit welchem Sie nachher mit ihm rangeln können, also eine Beißwurst oder ein Stoffknoten o.Ä.

> **Tipp**
>
> Wenn Sie mit dem Ball üben, bietet sich hier ein Ball mit Schnur an. Er vermeidet bei sehr schnellen Hunden Schrammen an den Fingern, die unweigerlich entstehen, wenn der Hund nach dem Ball in der Hand schnappt.

Wenn Sie dies ein paar Mal geübt haben, gehen Sie dazu über, das Spielzeug NICHT mehr auszulegen, wenn Sie selbst den Busch oder den Baum umrunden. Statt dessen schicken Sie ihn los und sowie er um das Objekt herumgerannt ist, loben Sie ihn, rufen ihn zu sich und geben ihm stattdessen direkt bei Ihnen sein Spielzeug. Wenn er verstanden hat, dass er sein Spielzeug trotzdem bekommt, und zwar bei Ihnen, sobald er ein von Ihnen angezeigtes Objekt umläuft, können Sie dazu übergehen, ihn aus dem Stehgreif loszuschicken. Er wird losrasen, den Baum oder den Busch umrunden und auf dem direkten Weg zu Ihnen zurückkehren, da er ja genau weiß, dass der Weg zum Spielen mit Ihnen über den Umweg um den Baum führt. Mit der Zeit können Sie auch den Abstand zu einem Baum vergrößern; wie gesagt, bewegungsfreudige Hunde lieben dieses Spiel schon allein deshalb, weil man so schön ausgiebig rennen kann!

33. Skaten mit dem Hund

Sie brauchen dazu:
Skateboard/Inliner, evtl. Geschirr für den Hund, gute Portion eigene Sportlichkeit
Fördert:
Gehorsam, Kondition

Skaten oder Inlinern mit dem Hund ist in den letzten Jahren so richtig in Mode gekommen. So wunderbar diese Sportart für Mensch und Hund auch ist, möchten wir dennoch auf die möglichen Gefahren hinweisen! Stürze bei hoher Geschwindigkeit sind immer unangenehm und können vor allem beim Menschen zu Verletzungen führen. Bedenken Sie, dass so ein Vierbeiner keine Bremse hat; alles funktioniert nur und ausschließlich über den

Los geht's! Gemeinsames Skaten macht Mensch und Hund gleichermaßen Spaß!

Gehorsam! Versuchen Sie diese Sportart also bitte nur mit einem gut erzogenen und ausgebildeten Hund. Extrem raufllustige Hunde oder so genannte »Abhauer« sind keine geeigneten Partner für diesen Sport. Und es versteht sich wohl von selbst, dass alte Hunde, Hunde mit Verletzungen oder solche, die keine Freude am ausdauernden Laufen haben, nicht gezwungen werden, diesen Sport mitzumachen.

Hörzeichen wie »Lauf«, »Rechts«, »Links«, »Langsam« und vor allem »Halt« sind für das gemeinsame Skaten sehr wichtig. Wichtig ist auch, dass Sie nicht mit dem Hund durch eine feste Leine, Schnur, Seil oder Ähnliches verbunden sind, damit im Falle eines Sturzes jeder von beiden in der Lage ist, sich bestmöglich aus der Affäre zu ziehen, was dem Hund in der Regel besser gelingt als uns Menschen! Als Strecke ist ein möglichst ebener, asphaltierter Feld- oder Wanderweg geeignet. Geschotterte Wege sind absolut ungeeignet, hier droht auf jeden Fall Sturzgefahr! Stellen Sie sich mit dem Skatboard bzw. mit Inlinern hinter Ihren Hund und halten Sie sich entweder an seinem Halsband oder aber an einem entsprechenden Brustgeschirr fest. Auf das Hörzeichen »Lauf!« hin kann es dann losgehen! Ein Mensch-Hund-Team, das diese Sportart betreibt und aufeinander eingespielt ist, wird es lieben, auf diese Weise am Sonntagvormittag unterwegs zu sein!

Und nun bleibt uns nur noch eines übrig: Ihnen viel Spaß beim Spielen und Ausprobieren zu wünschen!

Service

235	Zum Weiterlesen		239	Bildnachweis
236	Nützliche Adressen		240	Impressum
237	Register		241	InfoLine

Zum Weiterlesen ...

... finden Sie hier eine Auswahl an Hundebüchern aus dem Kosmos-Verlag

Verhalten

Collins, Sophie: Schwanzwedeln. Hundesprache auf einen Blick.
Feddersen-Petersen, Dr. Dorit: Ausdrucksverhalten beim Hund. Mimik und Körpersprache, Kommunikation und Verständigung.
Jones, Renate: Aggression bei Hunden. Von Besitzanspruch bis Drohverhalten.
Nijboer, Jan: Hunde verstehen mit Jan Nijboer.
Rütter, Martin: Sprachkurs Hund. Körpersprache verstehen, richtig kommunizieren.
Rütter, Martin und Jeanette Przygoda: Angst bei Hunden. Unsicherheiten erkennen und verstehen, Vertrauen aufbauen.
Schöning, Dr. Barbara: Hundeverhalten.

Haltung

Führmann, Petra und Iris Franzke: Zwei Hunde – doppelte Freude. Haltung und Erziehung von zwei und mehr Hunden.
Glanz, Christiane: Der Rüde. Wesen, Haltung, Gesundheit, Erziehung.
Kusch, Carola: Die Hündin. Wesen, Verhalten, Pflege, Gesundheit..
Poetting, Beate und Sabine Winkler: Endlich Zeit für einen Hund. Hunde für die besten Jahre.
Theby, Viviane: Das Kosmos-Welpenbuch. Entwicklung und Auswahl, Eingewöhnung und Welpenschule. Mit Geräusch-CD zur sanften Gewöhnung.
Winkler, Sabine: Kosmos Handbuch Hund. Rassen, Haltung, Erziehung, Beschäftigung, Gesundheit.
Winkler, Sabine: Welpenkindergarten. Prägung, Spiel und Erziehung.

Ernährung

Bucksch, Martin: Ernährungsratgeber für Hunde.
Hans, Sabine: Iss was, Dog! Kochen für mich und meinen Hund.
Rauth-Widmann, Brigitte: 1 x 1 der Rohfütterung.

Erziehung

Bloch, Günther: Der Wolf im Hundepelz. Hundeerziehung aus unterschiedlichen Perspektiven.
Fichtlmeier, Anton: Grunderziehung für Welpen.
Fisher, Sarah und Marie Miller: 100 Wege zum perfekt erzogenen Hund.
Führmann, Petra und Iris Franzke: Erziehungsprobleme beim Hund.
Führmann, Petra und Nicole Hoefs: Erziehungsspiele für Hunde.
Führmann, Petra, Nicole Hoefs und Iris Franzke: Die Kosmos Welpenschule.
Krauß, Katja: Hunde erziehen mit dem Clicker.
Mücke, Anke: Zufrieden an der Leine. Der Weg zum leinenführigen Hund.
Toll, Claudia: Kommt nicht, gibt's nicht.
Winkler, Sabine: So lernt mein Hund.

Beschäftigung

Blenski, Christiane: Schnüffelspiele für Hunde.
Büttner-Vogt, Inge: Spiel & Spaß mit Hund. Beschäftigungsideen für zu Hause und unterwegs.

Doepp, Simone und Gabriele Metz: Trick Dogs. Coole Kunststücke für pfiffige Hunde.

Lübbe, Perdita und Ulrike Thurau: Das Kosmos Buch vom Apportieren. Such und Bring! Beschäftigung für alle Hunde.

Nijboer, Jan: Hunde beschäftigen mit Jan Nijboer. Mit der Trendsportart Treibball.

Schneider, Dorothee: Fährtentraining für Hunde.

Theby, Viviane und Michaela Hares: Agility.

Weber, Nicole: Dog Dancing.

Zvolsky, Norma: Die Kosmos-Retrieverschule. Grunderziehung und Dummytraining.

Gesundheit

Bergmann-Scholvien, Claudia: Schüßler-Salze für meinen Hund.

Biber, Dr. Vera: Allergien beim Hund.

Buksch, Dr. Martin: Notfallapotheke für Hunde.

Narath, Elke: Massage für Hunde.

Niepel, Gabriele: Kastration beim Hund. Chancen und Risiken – eine Entscheidungshilfe.

Rakow, Dr. Barbara: Homöopathie für Hunde.

Rustige, Dr. Barbara: Hundekrankheiten.

Stein, Petra: Bach-Blüten für Hunde.

Nützliche Adressen

Hundeerziehung

Berufsverband der Hundeerzieher/innen und Verhaltensberater/innen BHV e. V.
Eichenweg 2
D - 65527 Niedernhausen
Tel.: 0 61 28 – 95 00 80
info@bhv-net.de
www.bhv-net.de

aHa – die andere Hundeausbildung
Beate Poetting & Sabine Winkler
Bielefelder Str. 126
D - 33824 Werther
Tel.: 0 52 03 – 88 37 70
www.aha-hundeausbildung.de

Hundesport

Deutscher Hundesportverband e. V. (dhv)
www.dhv-hundesport.de

Bayerischer Landesverband für Hundesport
www.blv-hundesport.de

Deutscher Sporthund Verband e.V. (DSV)
www.dsv-dog.de

Deutscher Verband für Gebrauchshundsportvereine (DVG)
www.dvg-hundesport.de

Hundesportverband Rhein-Main e.V.(HSVRM)
www.hsvrm.de

Schutz- und Gebrauchshunde-Sportverband e.V. (SGSV)
www.sgsv.de

Südwestdeutscher Hundesportverband (swhv)
www.swhv.de

Haustierzentralregister

TASSO e.V.
Frankfurter Str. 20
D - 65795 Hattersheim
Tel.: 06 19 0 – 93 73 00
Fax: 06 19 0 – 93 74 00
tasso@tiernotruf.org
www.tiernotruf.org

Rassehunde-Verbände

Verband für das Deutsche Hundewesen VDH e.V.
Westfalendamm 174
D - 44141 Dortmund
Tel.: 02 31 – 56 50 00
www.vdh.de

Österreichischer Kynologenverband ÖKV
Siegfried-Marcus-Str. 7
A - 2362 Biedermannsdorf
Tel.: 0043 / 22 36 – 71 06 67
www.oekv.at

Schweizerische Kynologische Gesellschaft SKG
Länggassstr. 8
CH - 3012 Bern
Tel.: 0041 / 31 – 3 06 62 62
www.hundeweb.org

Fédération Cynologique Internationale FCI
Place Albert 1er, 13
B - 6530 Thuin
Tel.: 0032 / 71 – 59 12 38
www.fci.be

Register

Abenteuerspaziergang 206
Ablenkung 60, 89
Abrufen 138 f.
Aggression 116, 118
Allein bleiben 65, 168, 198
Alphatier 33
Alpin-Wandern 227
Alter des Hundes 151, 157
Angst 12, 13, 21, 119
Anspringen 55, 112
Apportieren 40, 100, 185, 188, 192
Apportierholz 174, 176, 200
Artgenossen 39, 44, 55
Auf die Plätze ... 215
Aufmerksamkeit 187
Aufräumen 188 f.
Aus 28, 59, 224
Ausbildung 70, 75, 106
Ausdauer 179 ff., 185, 200, 209, 221, 228
Auswahlkriterien Familienhund 156
Auto fahren 12, 67

Babys 157
Baden 216
Ball 128, 172, 174, 207, 214
Begleithundprüfung 103
Begrüßen 55
Bei Fuß gehen 78
Beißen 37, 58
Bellen 22, 115, 196
Belohnung 13, 15, 16, 18, 85, 93
Beschäftigung 38, 44, 96
Beutespiele 168
Beutetrieb 133, 163
Beweglichkeit 191, 195
Bindung 38
Bleib-Übungen 84
Brav 28, 50
Bring 146, 188, 224
Bringtrieb 133, 163

Brückensignale 73
Büffelhautknochen 174 f.
Bumerang 231 f.

Calm down 198
Camping 222
Clicker 43, 74, 93

Desensibilisieren 53, 114, 120
Discs 43, 113
Disziplin 209 f., 228
Dominanz 32, 34, 36

Erdnüsse 194
Erfolgserlebnis 148, 171, 189
Ersatzbeute 21, 99
Ersatzverhalten 21, 68
Erste-Hilfe-Set 227
Erziehung 132, 134, 144, 149, 156

F&B 75
Fahrrad fahren 209
Fährtensuche 160 ff., 207, 212 f.
Falsch 28, 75
Fang den Ball 128
Fang-das-Leckerli-Spiel 199
Fein 28, 74

Fitness 212
Flaschenspiel 200
Formen 73
Fotografieren 201 f.
Fresstrieb 133, 162
Frisbee 173 f., 207, 224
Führigkeit 180, 206, 209, 212, 218, 220 f., 227 ff.
Fuß 28, 78, 80, 83, 85, 88, 91, 93
Fußball 214
Futter 16, 31, 44, 45
Futterbelohnung 189
Futterschüssel 189

Garten 220
Gassi-Ritual 191
Geduld 149, 196, 201, 203
Gehorsam 10, 26, 39, 70, 179, 181 f., 184, 187 ff., 191 f., 195 f., 198, 200 f., 203, 209, 214, 228, 231 f.
Geruchssinn 179 ff.
Geschicklichkeit 196 f., 199 f., 204
Gesellschafter-Spiel 201
Gesundheit 40, 44, 45
Gewinnen lassen 183
Gewissen, schlechtes 11, 13, 14

Gewöhnung 12, 21, 53
Gib Laut 196
Graben 185, 215

Haftpflichtversicherung 37
Halt 228, 232
Halti 42, 111, 112
Handling–Übungen 62
Hat-der-Hund-Hunger-Spiel 189
Hatschi-Spiel 198
Haushalt 185
Herz-Kreislauf-Training 207, 215, 216, 224
Hetzen 68, 114
Hier 28, 138 f., 151
Hindernis-Parcours 220
Hochheben 62
Hörzeichen 12, 26, 28, 82
Hotelportier 204
Hula-Hoop-Reifen 214
Hundebox 42, 52
Hunderassen 124
Hundeschule 145
Hundesport 39, 103, 104
Hundesportverein 125, 145, 223
Hundskaputt-Spiel 200

Jackpot 19
Jagdvergnügen 40, 68, 114
Joggen 98

Kaubedürfnis 54, 61
Kinder 37, 59, 61, 148, 154 f., 219, 225, 229
King-Kong-Spiel 191
Klapperbüchse 43, 50, 114
Klauen 60
Klettern 226
Kombinationsvermögen 186, 189, 191, 195, 198
Komm 151
Kommandos 12, 26
Kommen auf Ruf 77, 80, 83, 85, 87, 90, 93
Kondition 206, 212, 216, 231 f.

Konditionierung 11, 12, 147
Kong 172, 191
Konsequenz 149
Konzentration 152, 186, 188, 196, 206, 214, 218, 220, 225
Konzentrationsübung 76, 79, 81, 84, 86, 89, 91
Körperpflege 36, 44, 63
Kräftemessen 130, 182
Kunststückchen 195

Lachsack 188
Langsam 218, 232
Lauf 232
Laut geben 130
Leckerchen 15, 16, 59
Leine 41, 88, 191, 207
Leinenruck 56, 110
Leineziehen 42, 56, 109
Leistungsgrenzen 151
Lernen 11, 26, 27
Lob 139 ff., 143, 146, 148, 150, 164, 170
Lustlosigkeit 15

Meideverhalten 15
Memory-Spaziergang 225
Meutetrieb 133, 138, 162, 164
Motivation 13
Mut 206, 216, 220, 222, 226
Mutsprung 184

Nachtwanderung 223
Nackengriff 25, 49, 55, 59
Namen-Spiel 187
Nasenarbeit 100
Nein 28, 48
Notfallapotheke 222
Nüsse knacken 194

Packtaschen 221
Pass auf 28
Peng 203
Pfote geben 52, 102, 190
Pfui 139, 142

Planschbecken 217
Platz 28, 79, 82, 84, 89, 139, 141, 203
Platz-Bleib 85, 87, 89, 92, 138, 181
Prägung 30

Rangordnung 32
Rassen 156
Raufereien 59
Räum-auf-Spiel 188
Reaktionsvermögen 186, 191, 222 f., 230
Recycling-Spiel 193
Regeln, klare 44
Reisen 42, 67
Ritual 152, 191 f., 197, 201
Rückrufprobleme 113
Rudelchef 148, 155, 167

Sag Hallo 190
Sauberkeit 51
Schäm dich 203
Schlafplatz 42, 44, 45
Schlitten fahren 229
Schlüsselwörter 138 f., 151, 160, 187
Schnauzengriff 25
Schublade öffnen 195
Schutzhundsport 105
Schwimmen 216
Selbstbewusstsein 150, 182, 192, 195, 198, 220, 224
Selbstvertrauen 184, 189, 212, 216, 221 f., 226
Shaping 73
Sichtzeichen 12, 26, 27, 79, 123
Sitz 28, 76, 79, 82, 84, 89, 139 f., 149, 151 f.
Sitz-Bleib 84, 86, 89, 92
Skateboard 232
Skijöring 228
Skilanglauf 228 f.
Slalom 227, 230
Sockenspiel 181
Sozialisation 30, 38

Sozialverhalten 132, 135, 208
Spazieren gehen 40, 96
Spiel 17, 39, 60, 99, 122 ff.
Spiel beenden 170
Spielregeln 165
Spielverhalten, angeborenes 130
Spielzeug 15, 17, 54, 99, 158 ff., 171
Spielzeug-Tauschbörse 202
Sportlichkeit 127, 226
Sprung 184, 209, 211, 214
Spurenlesen 161 ff.
Stachelhalsbänder 41, 106
Stadtspaziergang 208
Stimmungsübertragung 126, 147
Stöberhund-Spiel 180
Strafe 13, 15, 22, 24, 54, 148 f.
Stubenreinheit 50
Such 39, 101, 163, 180 f., 186, 188, 225

Taschentuch 198
Tauziehen 182

Tierarzt 44, 63
Timing 12, 22, 86
Tricks 39, 102, 103
Trieb 132 ff.

Ungezogenheiten 14, 21, 54

Verhaltensprobleme 20, 25, 39, 115
Verknüpfung 11, 43, 50, 137 f., 147, 160
Verstärkung 13, 15, 20, 43, 73
Verstecken spielen 181, 207, 224 f.
Vertrauen 36

Wandern 221 f.
Warte 28, 64
Weglaufen 113
Wehrtrieb 105
Welpen 130 f., 139, 149, 155, 169
Welpenspielgruppen 30
Wendigkeit 214, 227, 230 f.
Wettrennen 215

Wolf 130 f., 161
Wühlmausspiel 185
Wundertüten-Spiel 197
Wurfkette 23, 42, 50, 114
Würgehalsband 106

Zeitung 146, 192
Zelten 222
Zerrspiel 168, 174, 182
Zimmerservice-Spiel 195
Zirkus-Spiel 195
Zwangspause 22, 58
Zwingerhaltung 45

Bildnachweis

Mit 5 farbigen Signets von Wolfgang Lang sowie Farbfotos von Peter Beck (2: S. 6, 53), Petra Durst-Benning (12: S. 151, 186u., 194or., 195, 199, 202, 219o., 228 beide, 229 beide, 241), Heike Erdmann/Kosmos (3: S. 28, 35l, 36), Thomas Höller/Kosmos (10: S. 1, 21, 22, 63u, 65o, 65u, 67, 71u, 96u,123), Juniors Bildarchiv (2: S. 131u., 161u.), Carola Kusch (4: S. 210, 216, 226u., 241), Pedigree Pal (1: S. 104), Ralf Roppelt/Kosmos (Kapitelkennfotos ohne Hund), Christof Salata/Kosmos (alle nicht einzeln aufgeführten Aufnahmen bis S. 121 sowie S. 136, 140, 141, 154, 155 beide, 172o.,191), Sven-Olaf Stange/Kosmos (4: S. 8/9, 20, 38l, 54), Horst Streitferdt/Kosmos (alle nicht einzeln aufgeführten 112 Aufnahmen ab S. 122, die eigens für dieses Buch angefertigt wurden), Viviane Theby/Kosmos (3: S. 132 beide, 144), Karl-Heinz Widmann (2: S. 60, 108u), Karl-Heinz Widmann/Kosmos (27: S. 5ol., 7ml., 124, 125, 131o., 138 beide, 139, 142 beide, 143, 150 alle 3, 157, 159, 161 o., 169, 173 beide, 183 alle 3, 189 beide). und Sabine Winkler (13: S. 19, 23, 32, 33o, 33u, 49, 50, 62, 105u, 117, 119, 241).

Impressum

Umschlaggestaltung von eStudio Calamar unter Verwendung von zwei Aufnahmen von Ulrike Schanz.

Mit 280 Farbfotos und 5 Signets.

> Alle Angaben in diesem Buch erfolgen nach bestem Wissen und Gewissen. Sorgfalt bei der Umsetzung ist indes dennoch geboten. Der Verlag und die Autorinnen übernehmen keinerlei Haftung für Personen-, Sach- oder Vermögensschäden, die aus der Anwendung der vorgestellten Materialien und Methoden entstehen könnten.

Unser gesamtes lieferbares Programm und viele weitere Informationen zu unseren Büchern, Spielen, Experimentierkästen, DVDs, Autoren und Aktivitäten finden Sie unter **www.kosmos.de**

Gedruckt auf chlorfrei gebleichtem Papier

© 2010, Franckh-Kosmos Verlags-GmbH & Co. KG, Stuttgart
Das Buch ist ein Doppelband aus den beiden aktualisierten Werken
„Hundeerziehung" von Sabine Winkler,
© 2000, Franckh-Kosmos Verlags-GmbH & Co. KG, Stuttgart
und „Spiele-Spaß für Hunde" von Petra Durst-Benning und Carola Kusch,
© 2006, Franckh-Kosmos Verlags-GmbH & Co. KG, Stuttgart
Alle Rechte vorbehalten
ISBN 978-3-440-11863-4
Redaktion des Doppelbandes: Angela Beck
Grundlayout: eStudio Calamar
Produktion: Eva Schmidt
Printed in The Czech Republic / Imprimé en République Tchèque